"十二五"国家重点出版物出版规划项目

空/间/科/学/发/展/与/展/望/丛/书

丛书主编 胡文瑞

进入太空

日地空间探测

JINRU TAIKONG
RIDI KONGJIAN TANCE

主　编 王　赤　都　亨

编　者 都　亨　王　翼　左平兵　向长青　罗　熙

赵新华　熊　明　沈　超　陈　涛　黄　娅

陈志青　张灵倩　张永存　史建魁　王国军

程征伟　王　铮　张子迎　陶　伟　徐寄遥

姜国英　高　红　李钦增　刘　晓　朱亚军

刘墨寒　刘伟军　陈光明　王　赤　杨国韬

杜　艰　任丽文　李　晖　张佼佼　唐斌斌

孙天然　郭孝城　钟秋珍

陕西新华出版传媒集团

陕西人民教育出版社

·西安·

图书在版编目（CIP）数据

进入太空：日地空间探测 / 王赤，都亨主编. ——
西安：陕西人民教育出版社，2015.12
（空间科学发展与展望 / 胡文瑞主编）
ISBN 978-7-5450-3737-1

Ⅰ.①进… Ⅱ.①王… ②都… Ⅲ.①空间探测–普
及读物 Ⅳ.①V1-49

中国版本图书馆 CIP 数据核字（2015）第 127003 号

进入太空

日 地 空 间 探 测

王赤　都亨　主编

出版发行	陕西新华出版传媒集团 陕西人民教育出版社
地　　址	西安市丈八五路 58 号
邮　　编	710077
责任编辑	黄雅玲　郑丹阳
责任校对	耿　亮　张　星
装帧设计	沈　斌　陈晓静
经　　销	各地新华书店
印　　刷	中煤地西安地图制印有限公司
开　　本	787 mm×1092 mm　1/16
印　　张	25
字　　数	450 千字
版　　次	2016 年 5 月第 1 版
印　　次	2016 年 5 月第 1 次印刷
书　　号	ISBN 978-7-5450-3737-1
定　　价	58.00 元

　　人类文明的发展速度极大地取决于科学和技术的创新水平。1957年10月4日，苏联成功地发射了世界上第一颗人造地球卫星，这意味着人类进入了太空时代。1961年4月12日，苏联航天员加加林乘东方1号飞船第一次遨游近地太空并安全返回地面，标志着人类进入了载人航天时代。1969年阿姆斯特朗、柯林斯和奥尔德林三名美国航天员乘坐阿波罗11号飞船成功登上月球并安全返回地球，开启了人类探索地球以外天体的篇章。20世纪70年代以来，人类的空间探索活动高潮迭起，每个高潮都成为大国综合实力的表征和突显大国空间竞争优势的丰碑。时至今日，人们已研发了6 000多颗卫星和其他航天器，其中包括各种类型的空间科学卫星。俄、美、中等国分别研发了多种常规的飞船，美国研制了航天飞机，它们不仅是常规的天地往返运输器，而且为进一步深空探测奠定了技术基础。苏联建造和运营了舱段式的礼炮号空间站系列及和平号空间站，美、俄、日、加等国和欧洲空间局合作建成的有足球场大小的桁架式大型国际空间站将运营到2024年，以后，中国自主发展的空间站

将独遨太空。空间站是太空中长时间有人操作的微重力研究实验室，可以进行地面上难以开展的微重力实验。目前，各国准备于21世纪30年代实现载人探索火星，在此期间还会进行一些载人登月活动。人类的空间探索以先进的空间技术为基础，以发展空间科学和空间应用为目的。近60年的飞速发展，人类的空间活动极大地促进了地球文明，也开拓了太空文明。

在已经发射的6 000多颗科学卫星和载人或无人的空间科学飞行器中，主要涉及空间天文、空间物理、空间地球科学、空间生命科学和微重力科学的研究。卫星工程不仅是高技术的综合系统工程，而且耗资巨大。根据卫星质量的大小，人们常将质量在1吨以下、1吨~3吨和3吨以上的卫星分别称为小型卫星、中型卫星和大型卫星，科学卫星大多是中、小型卫星。21世纪以来，一些大型科学卫星平台陆续升空和筹建，诸如正接近尾声的哈勃空间望远镜和正在筹建的詹姆斯·韦伯空间望远镜等。而载人登月计划、空间站计划和载人登火星计划都需耗资百亿至千亿美元。各国政府斥巨资发展空间科学取得了丰厚的回报，极大地拓展了我们对宇宙的认识，极大地丰富了自然科学的内涵，同时也极大地促进了空间应用和空间技术的发展。作为一个发展中国家，中国的空间活动理应以空间应用为主。中国政府责成中国科学院负责我国的空间科学活动，"十二五"期间组织实施了空间X射线调制望远镜卫星、量子通信卫星、暗物质探测卫星和返回式微重力科学实验卫星计划，这些科学卫星将在不远的将来择时发射。中国科学院也正在计划和安排中国空间站上的空间科学试验以及无人的月球和火星的科学探测计划。随着我国经济实力的提高，中国科学家正在对空间科学的发展做出越来越重大的贡献。

每当我们在地面仰望星空，看着满天繁星闪烁，总会思索浩瀚宇宙的来龙去脉，惊叹宇宙构造之神奇。中国古代对天象的长期观测，记录了诸如太阳黑子分布、超新星爆发等许多天文现象，为天文学做出了难以磨灭的贡献。1609年，伽利略研制出首台地面光学望远镜，光学望远镜极大地扩展了人们的视野，可以在可见光波段更清楚地观察到更遥远的天体。受制于地球大气层对许多波段的吸收，在地面上，人们只能观测到从太空辐射来的射电、可见光和几个波长上的红外光，其他位于可见光和射电波段之间和比可见光更短波段的大量太空辐射都不能在地面上被观测到。在地球大气层外可以获得宇宙全波段的辐射信息，太空中的卫星观测开创了空间天文学的新时代，它包括亚毫米波天文学、紫外天文学、红外天文学、X射线天文学、γ射线天文学等新的领域。如果能成功地探测到引力波，将意味着开辟崭新的引力波天文学。在太空进行可见光观测可以避免地球大气层中气体抖动的影响，获得比地面更清晰的图像；空间的全波段天文观测揭示了宇宙天体在各个波段表现出的复杂天象。它为天文学谱写了崭新的篇章，也提出了许多有待进一步探索的科学前沿问题。

空间物理学极大地受益于太空中的卫星测量结果，使人们对太阳、行星以及行星际空间的认识发生了质的飞跃。在卫星上天的初始时期，苏联、美国的科学家都发现在近地空间中、低纬度外太空中测量的电子浓度极高，突破了仪表的限度值。美国科学家范艾伦将此解释为存在地球辐射带，并被称为范艾伦辐射带。苏联的卫星先于美国发现了同样的现象，但未能很好地解释。众多的卫星测量数据揭示了太阳和太阳系的结构和变化。观测发现，太阳大气层从光球层向外至色球层和日冕的大气温度急剧升高，太阳的大尺度磁场在日面按经度方向形成四瓣形极性交叉区域并延伸成扇形结构，太阳耀斑的能源来自于太阳外层大气中磁场的磁能释放，太阳大气的等离子体加速成向外流动的太阳风与太阳磁场一起延伸到行星际空间，并最后在日球层的边界与恒星际空间相连接，太阳风和行星际磁场绕过行星时形成行星的磁层并控制着行星的环境。空间物理卫星不仅要探测日球层中各个特定区域的特征和变化，而且特别强调研究相同时间内太阳系不同区域之间活动和变化的相互关联，这就需要一组卫星进行相关的联合测量。所以，国际同行不断地在组织一些国际的空间物理联合观测计划。尽管空间物理的内容非常丰富，它又和太阳物理的研究密切相关，但空间物理的两个重点内容十分明确。一个是日地关系，即研究太阳的能量、动量和质量如何通过行星际空间、地球磁层、电离层、大气层向地球表面传输和对地球环境产生影响。另一个是行星科学，即研究行星及其卫星、行星环境的特征和变化，其中还特别关注行星上的生命现象，诸如探测火星生命现象和探索土卫-2上可能的生命等。

人们一直非常注意发展观测地球过程的卫星系列，诸如气象卫星、陆地资源卫星、海洋卫星系列等，以了解和研究具体的地球天气、地球资源和海洋变化过程。20世纪80年代以来，许多空间地球科学家提倡和推动全球变化的研究，它是不专注于地球局部区域或单一过程的研究，而是把地球看作一个行星整体，研究地球陆地圈、岩石圈、水圈、冰雪圈、大气圈和生物圈等特定圈层之间的相互关联，研究地球作为一个行星的整体行为。这类研究领域就叫作空间地球科学，它主要利用卫星遥感技术进行观测，研究不同时间尺度中地球大系统的变化规律，也称为地球系统科学。空间地球科学不仅是一门新兴的前沿科学，是科学家关心的领域，而且它还涉及严峻的政治问题，是各国政府和首脑十分关心的问题。工业发展和生活改善需要大量能源，目前人类使用的能源大部分是不可再生的化石能源。化石能源燃烧后产生大量的二氧化碳等温室气体，这些温室气体滞留在大气中包裹着地球。从地球表面反射太阳红外辐射的能量被大气中的温室气体层又反射回地面，由此造成的温室效应使全球升温。温室效应已经造成地球北极圈和南极圈面积减小、冰雪融化、海平面升高等诸多变化。累积的数据显示，地球大气中二氧化碳的含量确实在逐年增长。科学家们预计，如果地球表面温度增加超过2℃的阈值，地球环境将发生不可逆的灾难性变化。严峻的现实使一些人提出地球村的概念，希望大家紧密地联系在一起，共同关心全球环境变化。各国地球科学家正在加强对全球气候变化和全球环境变化的研究。各国政治家也都在为改善全球环境而焦虑，制定减少二氧化碳排放的政策和措施。在目前和今后相当长的一段时间内，中国的能源都是以煤为主，每年烧煤达30亿吨左右，燃烧1吨煤就排放大约2.28吨的二氧化碳，中国在今后相当长一段时间内将是二氧化碳排放量最大的国家，中国的政治家和科技专家将承担起重大的责任。

通过观测星际分子研究生命起源和用大型射电望远镜搜寻地外智能生物是空间生命科学的重要问题。同时载人航天也带动了空间医学和生理学、重力生物学、辐射生物学、空间生物技术所关联的空间生命科学，以及由微重力流体物理学、微重力燃烧、空间材料科学、空间基础物理学等构成的微重力科学的蓬勃发展。载人航天工程和相关的空间探索活动都是牵动全球关注的重大活动，研制和运营近地轨道的空间站和天地往返运输器更是经费投入巨大和技术难度非常高的任务。在近地轨道上运行的空间设施受到的地球引力与离心力抵消，处于微重力环境。在微重力环境中物体处于失重状态，地面上由重力主导的各种现象都消失了，物质不再有轻重之分，也不再受浮力作用和重力引起压力梯度的影响。在太空运行的空间站环境中，液滴不需要容器约束而自由地悬浮在空间。人们为了能在微重力环境中正常地生活和工作，必须了解和遵循微重力环境的规律，这就需要掌握和利用微重力科学和空间生命科学。另一方面，微重力环境是一类极端的物理环境，它为人们提供了地面上难以实现的研究条件，可以进行地面上难以或无法进行的实验，为发展重大的科学前沿创新研究开拓了极好的条件。人们利用空间站把在地面进行定量的物理学和生命科学的研究室搬到了太空，空间站实际上就是人们可以长时间进行有人操作的微重力实验室。国际空间站已经并还在为人类科技发展做出重大贡献。2020年建成中国空间站，2024年以后，中国空间站将独自遨游于太空，中国的科技工作者正在积极准备，将在微重力科学和空间生命科学等领域做出巨大贡献。

空间科学是发展迅速的新兴领域，不断地探索空间，不断地拓展新现象、新知识和新概念，需要人们不断地增进对它的了解。陕西人民教育出版社在"十二五"初期就筹划出版一套"空间科学发展与展望"丛书，它包括《遨游天宫——载人航天器》、《从太空看宇宙——空间天文学》、《进入太空——日地空间探测》和《从太空看地球——空间地球科学》。这套丛书的作者都是长期从事该领域研究的专家，对相关领域的内容和前沿科学有深刻的理解。十分感谢这些专家承担繁重的撰稿任务，将相关领域的精髓和发展动向深入浅出地介绍给读者。这套丛书具有很强的知识性和可读性，读者一定会从中受益。在此还要感谢陕西人民教育出版社的领导和编辑，是他们有远见的选题、辛勤的组稿和细致的编辑才使这套优秀的科普丛书成功出版。

胡文瑞

2015年1月8日

第一章　开篇 / 001

1. 历史——源远流长谈古论今 / 001

　　1.1 空间的神话、传说与科学 / 001

　　1.2 走上科学轨道 / 003

　　1.3 联合探测之路 / 006

2. 探测——开启认识空间之窗 / 009

　　2.1 探测的作用 / 009

　　2.2 探测的方式 / 012

3. 灾难——来自空间的威胁 / 014

　　3.1 通信中断 / 016

　　3.2 导航失效 / 018

　　3.3 电网崩溃 / 020

　　3.4 航班改线 / 020

　　3.5 卫星故障 / 021

第二章　追踪溯源日地间——太阳大气和行星际 / 026

1. 奇异的空间等离子体世界 / 026

1.1 最普遍的物质形态 / 026

1.2 等离子体的奇异特性 / 029

1.3 等离子体运动的多视角描述 / 032

2. 太阳简介 / 034

2.1 火热的心，艰难的路 / 034

2.2 最后一撞 / 036

2.3 暗线之谜 / 037

2.4 太阳基本参数汇总 / 040

3. 如何看太阳 / 041

3.1 地面观测 / 042

3.2 空间太阳观测 / 049

3.3 探求太阳内部秘密的利器——日震学 / 052

4. 多姿多彩的太阳大气 / 060

4.1 明亮的光球层 / 061

4.2 粉红色的色球层和剧热的过渡区 / 065

4.3 淡淡的日冕 / 068

4.4 太阳活动的标志物——太阳黑子 / 073

5. 风起太阳 / 079

5.1 千呼万唤始出来——太阳风的发现历程 / 080

5.2 神机妙算——太阳风的理论模型 / 082

5.3 管中窥豹——太阳风的早期观测特征 / 084

5.4 空中芭蕾舞——行星际磁场和扇区结构 / 085

5.5 揭开庐山新面目——太阳风研究新进展 / 090

5.6 未来到底有多远——太阳风的未解之谜 / 094

6. 太阳风暴 / 095

　6.1 惊天动地的爆炸——太阳耀斑 / 095

　6.2 威力巨大的喷发——日冕物质抛射 / 104

　6.3 风暴肆虐行星际 / 110

　6.4 太阳风暴之数值建模 / 116

　6.5 未来探索 / 117

7. 行星际旅行的"天荆地棘"——高能带电粒子 / 118

　7.1 宇宙线 / 118

　7.2 银河宇宙线:宇宙的信使 / 120

　7.3 太阳宇宙线:空间达摩克利斯之剑 / 125

　7.4 异常宇宙线 / 126

　7.5 行星际空间中激波的伴生物 / 127

8. 日球层之概观 / 129

　8.1 日球层——由太阳风"吹"出来的巨大"气泡" / 129

　8.2 日球层的探索之路 / 131

　8.3 人类最遥远的足迹——日球层顶之旅 / 134

参考文献 / 136

第三章　磁层物理中的科学发现与未揭之谜 / 143

1. 引言 / 143

2. 地球磁场 / 144

　2.1 结构特征 / 144

　2.2 起源 / 148

　2.3 演化 / 150

2.4 磁层磁场 / 153

3. 带电粒子在磁层空间磁场中的运动 / 155

　3.1 磁层电场 / 155

　3.2 带电粒子在电磁场中的运动 / 157

　3.3 带电粒子的绝热不变量 / 160

　3.4 不同能量带电粒子的运动 / 162

4. 磁层中的等离子体分布 / 166

　4.1 磁层中等离子体的来源 / 166

　4.2 磁层中等离子体的分布 / 168

　4.3 等离子体层 / 171

　4.4 等离子体片 / 178

5. 磁层活动 / 182

　5.1 磁层亚暴 / 182

　5.2 磁暴 / 187

6. 地球辐射带 / 191

　6.1 辐射带的结构 / 191

　6.2 强烈变化的辐射带 / 200

　6.3 扰动电磁场对辐射带的强烈影响 / 205

　6.4 结语 / 210

参考文献 / 212

第四章　奇妙的电离层 / 219

1. 电离层概述 / 219

　1.1 电离层的简介 / 219

1.2 电离层的大气背景 / 220

1.3 电离层的分层结构 / 222

1.4 电离层的探测方法和技术简介 / 224

2. 电离层形态分布及扰动 / 226

2.1 电离层的变化 / 226

2.2 电离层异常 / 228

2.3 电离层不规则体 / 230

2.4 电离层行进式扰动 / 234

2.5 电离层突然骚扰 / 236

2.6 电离层暴 / 237

3. 极区电离层 / 240

3.1 极区电离层概述 / 240

3.2 极区电离层中的电流系 / 242

3.3 极区电离层中的现象 / 246

4. 电离层上行粒子 / 247

4.1 电离层上行离子 / 247

4.2 电离层上行电子 / 254

5. 极光 / 255

5.1 极光的发现及研究历史 / 255

5.2 极光的产生机制 / 256

5.3 极光的特性 / 258

5.4 极光的周期变化 / 259

5.5 极光的不同分类 / 260

参考文献 / 262

第五章　追风掣电识大气 / 265

1. 概论 / 265

　　1.1 大气成分 / 265

　　1.2 大气温度结构 / 266

　　1.3 大气风场结构 / 268

　　1.4 季节变化 / 269

　　1.5 中高层大气研究的重要性 / 270

2. 中高层大气中波动现象 / 271

　　2.1 重力波 / 271

　　2.2 "涛之起也，随月盛衰"——潮汐波 / 272

　　2.3 行星波 / 274

3. 中高层大气中的发光现象 / 276

　　3.1 极光——燃烧在地球两极的卵形"火焰" / 277

　　3.2 气辉——包裹着整个地球的彩色"迷雾" / 277

4. 大气臭氧层和臭氧洞 / 285

　　4.1 大气臭氧层概述 / 285

　　4.2 平流层臭氧源自何方，去向何处 / 287

　　4.3 臭氧"洞"的科学概念及历史探测 / 288

　　4.4 南极臭氧洞是怎么形成的 / 289

　　4.5 北极有臭氧洞吗 / 291

5. 中高层大气有云吗 / 291

　　5.1 夜光云的形成 / 292

　　5.2 夜光云的颜色与形态 / 294

　　5.3 夜光云的观测 / 295

5.4 夜光云全球变化与气候变化关系 / 297

6. 中高层大气有雷电吗 / 297

6.1 红闪 / 298

6.2 小精灵（elves）/ 299

6.3 蓝激流（blue jet）/ 300

6.4 巨大喷流 / 302

7. 下层大气的天气事件对中高层大气的影响 / 302

7.1 地震 / 302

7.2 火山 / 303

7.3 海啸 / 304

7.4 台风 / 305

7.5 雷暴 / 305

8. 太阳和地磁活动引起的高层大气变化 / 306

8.1 太阳辐射引起的高层大气密度变化 / 306

8.2 地磁活动引起的高层大气密度变化 / 309

9. 中高层大气探测——八仙过海各显神通 / 316

9.1 地基探测 / 317

9.2 空基探测 / 323

9.3 天基探测 / 323

参考文献 / 327

第六章 观"云"看"雨"，预测空间天气 / 334

1. 什么是空间天气 / 334

1.1 人感受不到的空间天气现象 / 334

1.2 空间天气可以预报吗 / 341

2. 空间天气预报模式 / 342

2.1 山雨欲来风满楼——空间天气经验预报 / 342

2.2 谈天论道识规律——空间天气物理预报 / 349

3. 空间天气预报为人类进入太空保驾护航 / 362

3.1 阿波罗计划的太阳质子事件预报 / 362

3.2 美国空间天气预报中心 / 367

3.3 我国载人航天和月球探测中的空间天气预报 / 369

3.4 空间天气预报蓬勃发展 / 381

参考文献 / 383

第一章
开　篇

1 历史——源远流长谈古论今

1.1 空间的神话、传说与科学

地球是人类的摇篮，千百年来，人们在摇篮里繁衍生息，在这个目前已知的唯一适合人类居住的星球上，慢慢成长。在很长的时间里，为了生存，人们和自然进行着不懈的斗争。在刀耕火种、茹毛饮血的时代，在人们还不得不艰辛地为生存而斗争的时候，一方面，对于不时降临的自然灾害怀有极其畏惧的心理，为了提升防御自然灾害的能力，人们努力去了解和适应各种自然现象，包括来自"天上"的各种现象；另一方面，即使是"衣不蔽体、食不果腹"的艰难生活也没有能阻挡人们遥望摇篮之外景色的视线，努力想象摇篮之外的空间是怎样的世界。也就是从那时开始，人类自觉或不自觉地不断观察并记录下这些摇篮外的现象，留下了许多宝贵的科学资料，成为构筑现代科学的一块块基石。

"日地空间""行星际空间""磁层""日层""日地物理""太空物理""行星物理""日层物理""太空环境""太空天气"等极具现代色彩和空间时代特色的名词，反映了人类进入空间时代以后对新开拓疆域的最新认识，也是半个多世纪以来科学研究的热点。当我们回望人类探索

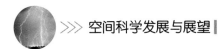

自然的历史时，立即惊奇地发现这些现代科学的几个核心现象，包括太阳黑子、地球磁场、绚丽多彩的北极光以及曾被误认为会带来厄运的彗星等，都已经有数千年的历史。正是在这漫长的岁月里累积起来的知识，奠定了如今迅速发展的现代科学的基础。下面就让我们以简短的篇幅来回顾一下这漫长的历史。

1.1.1 太阳表面闪黑影

"万物生长靠太阳。"太阳为我们提供了光和热，才使地球成为宜居的摇篮，太阳的任何微小的变化，都可能造成巨大的灾难。于是人们对太阳给予了特别的关注，十分小心地观测太阳表面的变化，发现明亮、耀眼的太阳表面经常会出现小的黑斑，我国天文学家在公元前264年编制的一个星表中最早记录了这一现象。在西方，第一次明确的黑子记录出现在公元807年3月17日，是一名僧侣观察到一颗肉眼可见的大黑子出现了8天。

1.1.2 "厄运征兆"扫帚星

彗星因其奇特的尾巴而受到关注，并且由于它十分罕见，一旦出现就会引起人们诸多猜测，常常成为预卜吉凶的天象。在我国现存最早的一部编年体史书《春秋》中，记载了鲁文公十四年（公元前613年）出现的彗星："秋七月，有星孛入于北斗。"数千年来，无辜的"扫帚星"一直被认为是天灾人祸的象征，背负着会带来厄运的骂名。

1.1.3 天使眼泪流星雨

流星是绕太阳运行的流星体进入地球高层大气时，因摩擦而发光的现象，是人们认识太阳系的一个窗口。古书《竹书纪年》中就有关于流星的记载："夏帝癸十五年，夜中星陨如雨。"《左传》中记载鲁庄公七年（公元前687年）"夏四月辛卯夜，恒星不见，夜中星陨如雨"，这是世界上最早的天琴座流星雨记录。有文字可查的中国古代关于流星雨的记录大约有180次之多，其中天琴座流星雨的记录大约有9次，英仙座流星雨的记录大约有12次，狮子座流星雨的记录有7次。这些描述流星雨的记录，场面相当动人。

1.1.4 帝王兴衰看极光

北极光因其绚丽多彩而吸引人们的目光，我国虽然处于"低磁纬"区，看见极光的机会很少，但仍留下了一些宝贵的记录，尽管多数以神话的形式出现。汉代考察帝王命运兴衰的《河图稽命徵》中，记录了公元前2600年的故事："附宝（黄帝之母）见大电光绕北斗权星，照耀郊野，感而孕二十五月，而生黄帝轩辕于青邱。"文中把帝王的诞生和极光的出现联系在一起。比较确切记录极光的文字是战国时的《竹书纪年》，记载自夏商周至战国时期的历史，其中有这样的描述："周昭王末年（公元前1002年），夜清，五色光贯紫微。其年，王南巡不返。"此文虽如实地记录了北极光出现的时间、方位和颜色，但是又把极光和帝王的夭折（王南巡不返）联系了起来。

1.1.5 指引方向靠磁力

地球具有磁场对人类来说是很幸运的，因为它是地球很重要的屏障，将来自太阳的等离子体和部分高能带电粒子拒之门外，免除或减缓它们对地球环境和人类的伤害。但是在数千年前人们并不知道它的这个作用，关注它仅仅是因为它能给人指引方向。我国依然是最早了解和利用这一特性的国家，由此发明了指南针。在实际的应用中，又发现指南针指向的"南"方与用天文方法确定的"南"有一些差异，也就是现代科学中所说的磁偏角。

1.2 走上科学轨道

随着生产力的发展，人类活动的范围越来越大，原来感觉十分宽敞的陆地上的"摇篮"日益显得狭小，于是人们渴望着走遍"摇篮"里的每个角落，第一步是从陆地走向大海。在东方，从1405年开始，郑和七次下西

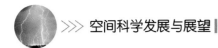

洋。后来，西方也进入了"大航海时代"，从1492年开始，意大利航海家哥伦布先后四次出海远航，开辟了横渡大西洋到美洲的航路，首次登上美洲大陆。16世纪末为了商业贸易的利益，人们的目光又投向了极区，希望在北极取得突破。此时我们可以清楚地看到人们成功地从陆地扩展到了海洋，从温暖宜居的中低纬度扩展到了寒冷的极区，人类的足迹遍及全球。在这一进程中，我们所关心的与太空有关的现象也取得了很大的进展。

14世纪开始于欧洲的文艺复兴，加快了人类发展的步伐，在科学上，特别是对地球和宇宙的认识上也发生了质的飞跃。1543年波兰天文学家哥白尼出版了《天体运行论》，提出了"日心说"体系，摆正了太阳和地球的关系。1609年伽利略发明了天文望远镜，1619年开普勒提出了行星运动的三大定律。在此基础上人们对"摇篮"内外的景象的态度也逐渐从惊恐与迷信转为科学与务实，从表象的观测转为分析与思索，究其原因，探索相互间的关系。

1.2.1 初识太阳黑子

1607年，天文学家开普勒利用屋顶上的一个小孔将太阳成像（小孔成像），发现了太阳表面的一个黑点。1609年，伽利略用望远镜观察到太阳黑子，并发现了太阳的自转。1611年秋天，Johannes Fabricius第一个出版了有关太阳黑子的专著 *De Maculis in Sole Observatis*（《关于太阳上观测到的黑斑》）。随着观测技术的改进，太阳黑子观测趋于常态化，人类开始积累长期、连续的太阳黑子的数据。1844年，德国的S. H. Schwabe提出太阳黑子有周期为10~11年的变化。1859年，太阳发生大耀斑，即卡灵顿事件，卡灵顿第一次观测到太阳耀斑。1879年，获得第一张太阳日珥照片，发现太阳耀斑可以立即引发地磁场的小扰动。1870年，指出活动的或爆发的日珥获得的速度可能超过太阳逃逸速度，即可能离开太阳。

1.2.2 了解彗星来历

1680年11月14日，望远镜观测到的第一颗彗星 Kirch 出现，并且一直观测到1681年3月19日，它的轨道证明彗星也是沿着以太阳为焦点的椭圆轨道运行的。1705年，哈雷分析了1337—1698年的彗星观测记录，其中有三次记录应该是同一颗彗星，并预测了它再次回归的日期，这就是哈雷彗星。1687年牛顿提出彗星是在倾斜轨道上运行的密实的、持久的物体，彗尾是在太阳照射下从彗核蒸发出来的气流。1755年，德国哲学家康德假设彗星是由可挥发物质组成的，所以在近日点附近产生的蒸气使它变得十分明亮。

1.2.3 描述极光性质

用罗马黎明女神的名字"aurora"来称呼北极光这个神秘的自然现象，指这是在北极上空非常非常高的地方的发光现象。1716年，发现极光的出现和地磁场扰动有关联。1731年，提出极光起源于太阳。1790年，英国科学家卡文迪什和他的同事在剑桥附近三个地点同时观测同一个极光弧，利用三角测量原理测定出极光高度在80~112 km。北极探险家、英国船长富兰克林在1819—1822年的北极探险过程中，发现极光出现的频次并不是越往北越多，即发现了极光出现频次最高的极光带。1859年，美国教授绘制了极光发生位置分布图，提出"极光卵"概念，描绘了极光的形态。

1.2.4 认清地球磁场

1600年，英国物理学家吉尔伯特发表有关磁场的专著《磁学》，开启了地磁学的研究。他根据地面磁场的方向提出地磁场起源于地球内部，地球像一块巨大的球形磁铁，磁铁的磁北极在地球的南极。1634年，盖里布兰特根据伦敦50年的地磁记录确定磁极也在随时间变化，并称之为"长期变"。1702年，哈雷根据多年来在大西洋上航行积累的数据，绘制了第一幅世界磁图。1808年，德国科学家亚历山大·冯·洪堡提出"磁暴"概念和术语。1827年，挪威科学家在整个北欧和俄罗斯测量地磁场的倾角和强度，用等值线图的方式绘制了第一幅磁场强度的分布图。1832年，高斯提出描述地磁场的数学方法，用球谐分析来表述磁场的标量位势，这种方法一直沿用到今天。

1.3 联合探测之路

在经历了许多次北极探险以后，人们逐渐认识到零散的、无组织的探险活动收效甚微，需要长时间地、连续地在极区多个位置同时进行探测才会收到事半功倍的效果，才有可能深入研究极区的现象，全面综合地分析各种现象，才有可能认识事物的本质。有人把这比喻成一群人在玩拼图游戏，每人都零星地拿了几块，都想把它们拼在一起，但是他们没有分享信息，没有一个人知道拼成后完整的图将是什么样的。

1.3.1 第一次联合探测——第一国际极年

1877年魏普雷希特提出联合探测北极和南极的建议。1879年10月，来自奥地利、丹麦、法国、德国、荷兰、挪威、俄国和瑞典等国家的代表聚集在汉堡举行第一次国际极地会议，讨论进行一次联合探测的可能性，制订了一个在北极地区至少设立八个观测站工作一年的计划。在圣彼得堡举行第二次和第三次会议上决定从1882年8月1日到1883年9月1日执行这一计划，并称其为"第一国际极年"。观测项目主要是气象、在极区出现的北极光和磁场。在第一国际极年期间的观测进行得很顺利，将一年多的观测数据都收集起来，有些还在科学论文中公布了。遗憾的是，第一国际极年结束以后，所有的观测站都停止了观测，没能维持下来。科学家错过了从各个视角最大限度利用测量数据的机会，数据的应用被限制在各自的学科，并没有被综合利用，也没有重要的科学发现。但是第一国际极年作为第一次国际联合观测，为以后的国际合作树立了良好的榜样。

1.3.2 第二次联合探测——第二国际极年

第一国际极年以后的半个世纪里，科学技术的发展、社会的进步，使世界发生了很大的变化：发现了宇宙线、确认了电离层、解释了北极光、建立了日地联系、极区探险取得进展、气球技术日臻成熟、火箭技术提出概念、航空技术投入应用。科学技术的进展激励人们进一步探索的欲望，它为探测提供了更好条件的同时也提出许多新的问题等待人们去研究。在20世纪20年代末，距离第一次国际极年将近50周年的时候，科学家们提出了再进行一次国际联合探测的建议。1930年8月26日的国际极年委员会第一次会议上就有加拿大、丹麦、芬兰、法国、德国、日本、苏联、挪威、英国和美国共10个国家参加，另有阿根廷等15个国家表示愿意参加联合观测。科学界满怀着希望和热情推动这次全球联合观测，可是却"生不逢时"，1929年世界金融危机使各个国家和国际机构的资金极度匮乏，使计划险些"夭折"。但由于当时航空、通信等急需收集许多重要参数，计划才得以从1932年8月1日至1933年9月1日勉强实施。

尽管如此，这次国际极年还是在北极区域取得了重要的科研数据。仅苏联在北极地区就投入了115个基本考察点（其中50个是在本次极地年间首次投入使用的）。这些观测提供了北极区域大气、海洋和冰区的特性和动力学方面的大量新信息。在电离层物理研究方面所取得的成就据说相当于当时几百万美元的效益。

1.3.3 第三次联合探测——国际地球物理年

第二次世界大战对科学研究的影响是非常巨大的，常规的、基础性的研究大多处于停顿状态，但是战争也推动了它所需要的一些科学技术的发展。例如，与本书主题密切相关的是火箭技术，它使我们可以飞得更高，甚至克服地球的引力，冲破大气层的阻拦，真正进入宇宙空间。原来"可望而不可即"的、离我们十分遥远的"太空"已经近在眼前，伸手可及了。科学家们想要充分利用这一机会，于是在相隔25年以后就迫不及待地开始计划第三次联合探测。

1951年10月，国际科学协会理事会执行局的会议上采纳了科学家的建议，决定成立专门委员会，组织在1957年到1958年太阳活动峰年时进行联合探测，项目名称改为"国际地球物理年"，因为计划开展的研究远远超出"极区"范围。卫星探测是国际地球物理年最大的亮点，在卫星方案还在图纸上的时候，美苏都宣布要发射科学卫星。

国际地球物理年原定计划在1958年12月31日结束，实际取得的成果使科学家们又决定延长一年，实际结束的时间是1959年12月31日，并称其为"国际地球物理协作1959"。成立了国家地球物理专门委员会的国家和地区有66个，另外有33个国家和地区虽没有成立专门委员会，但参加了联合观测。各个专业参加的地面观测台站一共2 456个，大约有10万名科学家参与，耗资约20亿美元。其规模远远超过了前两次联合观测。

1957年10月4日，作为国际地球物理年计划的一部分，苏联成功地发射了第一颗人造地球卫星，标志着人类进入了崭新的太空时代，其意义和影响远远超出了国际地球物理年计划的范围。

吸取了前两次国际极年的经验，为了更好地保存和分发观测数据，让尽可能多的科学家能接触和使用，委员会在一开始就成立了数据中心，而且为了数据的安全不致因天灾人祸而损坏，设立了三个中心。一个在美国（数据中心A），一个在苏联（数据中心B），它们收集所有学科的数据，第三个数据中心C由多个分中心组成，分散在欧洲和亚洲，各自收集部分学科的数据。1988年，在我国建立了世界数据中心D。

2 探测——开启认识空间之窗

2.1 探测的作用

探测是人类认识空间最主要的手段。探测在认识的过程中有哪些作用呢？

2.1.1 叩开太空之门，闯入未知世界

1957年10月4日，人们终于等来了历史性的一天。第一颗人造卫星闯入了人类从未涉足的太空领域，使我们能够在太空之中直接地、"原位"地对它进行测量，而不是像以往那样远远地、笼统地，有时还需要充满想象地进行观测。它所携带的探测设备给我们带来了一次又一次的惊喜。

第一次惊喜来自辐射带的发现。尽管人们对此早有思想准备，从宇宙线强度随高度增加的现象，预测到在宇宙空间可能会存在强度比较高的带电粒子。从带电粒子在偶极子磁场中的运动规律分析，知道在地球周围会有一个"捕获区"，它像一个磁场构成的"瓶子"，可以将带电粒子装在里面而出不去，但外面的带电粒子也进不去，兴许它是"空的"。正是在诸多猜想的驱动下，探测带电粒子的仪器成为空间探测的第一批设备。1957年11月3日苏联发射的斯普特尼克二号和1958年1月31日美国发射的探险者一号都携带了辐射探测器——盖克计数器，它们测量到了高能带电粒子，但由于数据的限制没能发现辐射带。

1958年3月26日发射的"探险者三号"卫星，由于安装了磁带记录器，它可以将盖克计数器的数据连续、完整记录下来，获得全球数据，由此才发现了辐射带。辐射带的发现可以说是太空探测的第一个胜利，虽然历经曲折，仍可算是漂亮的开门红。随后在直接探测的优势下，新的发现一个一个接踵而至。1959年苏联航天器"月球一号"探测到太阳风，"探险者十二号"探测到地球磁层顶；1963年11月发射的行星际"监视台一号"探

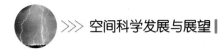

测到磁层前面的艏激波；1971年轨道太阳观测台观测到日冕物质抛射；1983年行星际监测台探测到长长的地磁尾……这些新发现在我们面前展现了一幅幅美丽而神奇的图像，它们将在本书以后章节中讨论。

2.1.2 编制太空地图，开拓航天之路

人们出远门的时候习惯准备一张地图，行军探险时地图更是不可缺少的必备物件。从陆地走向大海的时候，通过探测掌握海水的深度、海流的方向和速度，以及影响航海的气象条件，绘制出尽可能详尽的航海图。开始在大气层中飞翔的时候，更是对大气的密度、风向、风速、雾、雨、雷、电等状态进行全球性的测绘，制订安全飞行的航线。在进入太空以后，同样迫切地想知道宇宙空间是怎么组成的，对宇宙航行有什么威胁，哪些地方是安全的，哪些地方是危险的。人们也急需一张描绘太空状态的"地图"。绘制地图的第一步就是探测，探测得到的数据是绘制地图的基础。

绘制地图对探测数据的要求很高，需要逐点探测数据，探测点越密，地图的精度越高，在卫星发射以前这是不可能做到的，只有在卫星发射成功以后才有这个可能。利用卫星"测绘"太空环境具有很大的优势，因为卫星环绕地球不停地运动，只要选择适当的轨道就可以到需要探测的地点直接探测，或者在需要的区域内逐点进行探测。例如，在圆轨道上运行的卫星，可以在等高面上，或者说在一个球面上进行测量。在2 000 km以下的轨道上，1.5 h（小时）就可以绕地球一圈，轨道面的进动和地球自转相结合，少则几天，多则几个月就可以覆盖全球。由于太空环境的"地图"比较复杂，不是一张平面的"地图"所能表达的，通常需要用很复杂的数学公式来计算，在计算机技术发达的今天，通常是用一个计算机的软件来实现，以图形或表格的形式给出结果。这种数学计算方法、软件或图表，我们称之为"太空环境模式"。在二十世纪六七十年代发射了大量的卫星

进行探测，并在此基础上编制了描述高层大气、电离层、地磁场、等离子体层、辐射带等模式，它们可以给出各个高度、经度和纬度，不同季节、时间的各种环境参数。迄今为止，可以说对航天器有影响的环境参数都已经有了基本能满足需要的"地图"了。有了这些"地图"，在设计航天器的阶段就能预示航天器在轨道运行时将会遇到的太空环境状态，预测航天器可能遇到的危害及应采取的对策，如果有几个轨道可选的话，还能比较它们各自面临的环境风险进行优选。

2.1.3 监测太空变化，保障航天安全

在太阳活动的影响下，日地空间是在不断变化的，在后面的章节中我们将看到太阳表面发生猛烈的风暴时，会发射出大量的高能电磁辐射，如紫外射线、X射线、γ射线、高能带电粒子，它们对于在空间运行的卫星和航天员构成严重的威胁，加上太阳喷射出的等离子体——太阳风会引起日地太空环境剧烈的扰动，并影响到地面的通信系统和供电系统，预报太阳活动的爆发以及随之而来的各种扰动就成为太空时代的重要任务。预报的基础和前提是监测，为预报而进行的监测可分为三类：一是太阳表面的监测；二是传播过程的监测；三是近地太空环境状态的监测。

2.1.4 评估太空效应，制订防范对策

了解航天器在太空环境下会受到怎样的影响和伤害有三种手段：一是天基试验，就是在实际的太空环境条件下进行的效应试验，或直接监测航天器参数在太空环境影响下发生的变化，它是空间各种环境因素的综合效应；二是地基实验室模拟，即在地面实验室里创造太空的环境条件，模拟航天器可能受到的影响；三是计算机模拟，即编制计算机程序对影响过程进行仿真计算。三者比较，天基试验手段是最"真实"的。许多太空环境条件目前在地面上还不能做到和"真"的一样。例如，太空中的高能带电粒子的能量很高，地面加速器还不能实现；太空中的粒子有很宽的能谱，

加速器只能产生单一能量的粒子，需要通过"能量等效"来间接模拟各种能量的粒子；太空中的粒子是低流量、长时间的作用，而加速器实验则是大流量、短时间的作用，需要加入"时间等效"因子的考虑，如此等等。至于计算机模拟，核心问题是无法检验模拟的真实性，只能起到辅助的作用。总之，天基试验是最基本、最真实的手段，可以用来检验其他手段的研究结果。

2.1.5 研究机理，探索过程本质

人们对自然的认识，不仅要"知其然"，还要"知其所以然"，就是说不仅要知道它是什么样的，还要知道它为什么是这样的，要追求形成的机理和变化的机理。太空环境确认对探测有更高的要求，大多数的探测卫星，特别是20世纪80年代以后的探测卫星大多数是为此而设计和发射的。

2.2 探测的方式

2.2.1 从地面探测太空

从地面探测太空是最古老的、也是持续时间最长的探测手段，特别是对日地关系和太阳系的探测，因为探测的主体——人或设备都在地上，被称为地基探测。尽管在卫星上天以后，用卫星在太空直接探测，被称为天基探测，成为主要的探测手段，但是由于地基探测具有很多不可取代的优势，迄今为止，各种各样的地面站和测量设备仍然活跃在探测的第一线，提供大量的数据，发挥着重要的作用。概括起来它具有以下几个特点（包括它的优势与劣势）：技术成熟，成本低廉；固定位置，连续观测；布网全球，整体观测；综合探测，信息全面；主动遥感，探测高空；大气遮掩，观测受限。

2.2.2 在太空探测太空

天基探测是当前主要的探测手段，它的特点是：原位探测，直截了

当；不受干扰，看得清楚；时间空间，分辨率高；技术制约，费用昂贵。在空间探测早期，二十世纪五六十年代，探测卫星都是"孤军奋战"，各个探测卫星之间没有形成有机的配合，虽然取得了很大的成功，发现了许多新的现象，但也感到单个航天器的探测"势单力薄"，很难依靠这些单薄的数据对日地空间进行全面深入的了解。于是科学家们开始组织卫星系列，同一个系列中的卫星具有同样的探测目标，有相近甚至相同的探测设备，例如，轨道地球物理观测台（OGO）系列由6颗卫星组成、国际日地探险者（ISEE）系列由3颗卫星组成、行星际监测台（IMP）系列由8颗卫星组成、GOES卫星系列由19颗卫星组成，等等。这样探测的好处是扩大了探测覆盖的时间和空域，积累更多相近的数据，对全面掌握空间状态有利。随着用于空间探测的航天器日益增多，如果把同时在轨道上运行的航天器所取得的数据集中统一分析，将会是十分有益的。于是在20世纪70年代初有科学家提出"国际磁层研究计划（IMS）"，这个计划不是发射一组航天器，而是组织当时在轨道上的7个航天器进行联合探测，集中分析它们的数据，研究地球磁层空间的问题。这可能是第一个国际范围的航天器联合探测计划。

2.2.3 天地联合探测

由于应用卫星都在电离层以上空间活动，它们和地面之间的联系都要通过整个电离层，所以在应用上这是很重要的一个参数，特别是导航卫星。因为卫星导航的基本原理是已经知道卫星的位置，测量出信号从卫星到达接收站的时间，根据信号传播的速度，计算出卫星到接收站的距离。"电子总含量"直接决定信号延迟到达的时间。反过来，如果知道了卫星和接收站的位置，即它们之间的距离，那么测出了信号传输的时间，就可以得到沿信号传输途径上的"电子总含量"。于是我们只需要一次性地确定接收站的位置，就可以在每次导航卫星通过接收站时轻易地获得电离层的"电子总含量"。这就为电离层探测提供了新的手段，其优点是利用导航卫星信号，不需要大功率的发射；导航卫星的接收设备简单易行，便于设站；导航卫星数量多（如GPS系统有分布于6个轨道面上共24颗卫星），探测机会多，所以这种手段很快得到了广泛应用。很多区域已经建立起相当稠密的接收站网，监视电离层的变化。当然，实际操作起来要复杂得多，因为电波在电离层中不是沿直线传播，由于电离层电子密度的不均匀使射线弯曲，而且通常还需要把"斜向"的"电子总含量"换算到垂直方向上的"电子总含量"才有普适性。

3 | 灾难——来自空间的威胁

自古以来，人们对于为我们提供了光和热的太阳始终充满了敬畏之心，在感激它给我们提供光明和温暖的同时，又时刻担心它会给我们带来灾难。可是千百年来的人类历史经验表明，狂风暴雨、山河决堤、地震海啸都和太阳没有直接的关系，人类忐忑不安的心才逐渐放了下来。然而，在长期的科学研究中，人们逐渐发现了太阳表面的活动确实和人类生活中的许多现象有密切的关系，例如，地磁场的扰动、极光的出现等。随着生产力的发展，随着各种各样高新技术的应用，特别是在人类进入太空，人们的生活越来越依赖在空间轨道上运行的卫星以后，逐渐发现太阳活动、日地空间环境对人类的影响越来越大。

对近些年发生的日地空间环境事件实际案例的研究发现，在现今的社会中，科学技术的发展，各种网络的出现、各个部门之间严重的相互依存关系，使得日地空间环境诱发的事件造成的后果迅速向各相关领域扩展，影响所及远远超出局部地区，向全国甚至全球扩散，最终造成的损失远远大于直接的经济损失（例如报废卫星的建造价值、损坏供电变压器维修或再造的损失），在向外扩散的同时，还会像"放大器"一样，使造成的损失迅速扩大甚至倍增。以地磁暴造成供电系统故障为例，地磁暴直接造成的可能只是一个地区或少数几个地区供电设备损坏，但是由于现在的电网是大面积相互连接的，局部地区电网的损坏，可能会造成整个电网供电不平衡，拖累邻近没有受地磁暴影响的电网，使其由于负荷迅速增加而断电，断电范围像雪崩一样进一步扩大，最后造成整个电网的崩溃。它的影响还不止于此，由于供电系统是社会主要的基础设施之一，所有行业都依赖供电系统，停电造成的后果远远会比停电本身严重，如工厂停工、交通停运、银行停业……各行各业遭受的损失就会远远高于供电系统的损失。事情到此还远没有终结，各行各业的"停摆"会直接影响人民生活：没有电，水泵无法运行，饮用水供用就会暂停；没有电，通信完全中断，无法与外界联系；没有电，加油站不能供油，交通、物流中断，生活必需品告缺；没有电，医院手术无法进行；没有电，交通信号灯失效造成交通瘫痪……其结果是人民生活极度困难，人心恐慌。如果是大范围供电设备损坏，需要数天或更长的时间来修复，就会影响社会稳定。太阳风暴、日地空间环境诱发的灾难是属于"低频次、高危害"的灾害事件，尽管发生的概率很低，但是一旦发生，其后果十分严重，绝不可等闲视之。因此，有的国家将地磁暴和流行病、金融危机、网络风险并列为未来四大造成全球性冲击的灾害，地磁暴被列为需要紧急应对的事项。最近，美国国土安全部风险管理和分析办公室已将"地磁暴"纳入管理范围。据2012年英国政府公布的《全国紧急事务风险清单》，太阳风暴与流行性感冒大流行、沿海地区洪灾、恐怖分子攻击和火山爆发并列为英国可能面临的四大风险。

那么究竟还有哪些是来自太空的危害呢？

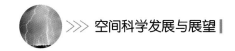

3.1 通信中断

3.1.1 有线通信

19世纪30年代，铁路迅速发展，迫切需要一种全天候的、传递的信息量比较大、传递速度又比火车快的通信工具，在车站之间传递信息。此时，有线电报应运而生。1837年，英国设计制造了第一台有线电报机；1850年，首条海底电缆横越英吉利海峡；1866年，首条大西洋海底电缆投入使用。不幸的是，人们刚刚开始享受电报通信带来的方便，太空环境造成的困扰就随之而来。1847年就经常发现有"异常电流"在电报线路中流动，第一次发现是在英格兰中部地区的电报线路中，它表现出明显的白天为正、夜晚为负的日变化，并且经常伴随极光而出现，电报工程师们无法解释这一现象。

1859年第八个太阳活动峰年时发生了一次迄今为止我们所知道的强度最大的太阳风暴，它对电报通信的干扰，使人们第一次体会到太阳具有破坏性的一面。太阳引起地球磁场剧烈变化，出现极光的同时，变化的磁场在长长的电报线路中感应产生了电流，它既可能干扰电报甚至使之中断，也可能替代电池产生发送电报所需要的电流。在以后的岁月中，这样的事件一而再，再而三地发生，人们也开始不断领教太阳给我们带来的烦恼，开始感受到来自太阳的威胁。

3.1.2 无线通信

工业革命后欧洲的科学技术飞速发展。1860年麦克斯韦尔预言了电磁波的存在，1887年观测到电磁波的传播，1895年马可尼首次成功收发无线电电报，1899年他成功进行英国至法国之间的无线电传送。1902年，"嘀、嘀、嘀"三声微弱而短促的讯号（莫尔斯电码中的字母S），通过电波传过了2 500 km，首次以无线电的方式进行横越大西洋的通信，展开了无线通信的新纪元。无线通信和有线通信相比较，有明显的优势：传播距离远、不需要架设电线、可以通到地球上的各个角落。首先需要回答的疑惑是：无线电波是沿直线传播的，为什么它能不受地球表面弯曲的影响，漂洋过海在几千千米以外的地面上被接收到？为了回答这个问题，在高空有一个能反射电磁波的"导电层"存在的假设被提出来了，这就是后来被称为"电离层"的最初的概念。无线通信和有线通信遭遇了同样的命运，在一开始就感受到太阳和地磁场扰动的影响。跨大西洋无线电信号强度和太阳黑子数几乎在同步变化，并且表现出十分复杂的特性。

在20世纪上半叶，无线通信都是信息传递的主要手段。无线电的应用和电离层的研究可以说是同"孪生兄弟"一样同步发展、互相促进的。无线电技术的发展，为电离层研究提供了有力的工具，促进了电离层的研究。电离层研究的进展和深化，对电离层本质的认识和扰动在提高无线通信质量、加快技术发展上发挥了巨大的作用。

3.1.3 卫星通信

在卫星上天之前很长时间，就有人提出利用卫星进行通信的想法。20世纪30年代就提出了只需三颗地球同步轨道卫星就可以覆盖全球的通信卫星星座的概念。卫星运行的轨道在大气层以上，地面与卫星的无线电联系必定要通过电离层，于是在选择电波时，放弃能被电离层反射的短波无线电，采用能穿过电离层的频率更高的波段。所以电离层对卫星通信采用的频段影响较小，即使在电离层扰动时期，只会引起信号幅度有些波动。但是太空环境复杂多变，仍然可能干扰通信卫星的工作甚至使其损坏，而由于卫星几乎挑起了所有信息传输的重担，一旦卫星失效，造成的后果会影响到社会生活的各个角落。在20世纪末，就有人描述过"银河四号"卫星在1997年5月19日停止工作以后的景象：上百万的寻呼机拥有者在第二天醒来后发现，他们的高技术通信设备变成毫无用处的塑料块；在当地的加

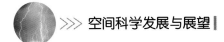

油站加油时，他们的信用卡被拒绝了，因为无法通过卫星获得信用卡的确认码；10万个美国私人卫星碟状天线的使用者不得不每人花100美元来改变天线的指向；英国广播公司在休斯敦播出的新闻节目销声匿迹了，不得不通过互联网来访问这个节目；数据传输网络公司无法向16万订阅者提供服务，损失达600万美元；医院无法紧急呼叫医生，器官移植者无法通过这个信息系统获取维持生命操作的提示；等等。在随后的几个星期内，各大报刊纷纷评论说我们社会的许多关键任务和服务过于依赖脆弱的高科技，以致美国总统克林顿下令进行全面的评估。这个事件已经过去十几年了，人们更加依赖卫星进行信息传递了，可想而知，如果今天再次发生类似事件，人们列出的后果清单将要更长、更多。

3.2 导航失效

出门远行需要知道方向才不会迷失方向，不会走弯路，它是人类社会活动的基本需求之一。

3.2.1 指南针

指南针是最原始的导航工具，也是地磁场的"恩赐"。地磁场的变化也自然会给人们带来困惑。最早是我国科学家发现由地球磁场确定的"南北"方向和用地理方法或天文方法确定的"南北"方向并不完全一样，即现在所说的磁偏角，在中国地区"微偏东"。科学家们长期的观测还表明这样的偏离是会变化的，1635年西方发现磁偏角的长期变化，1722年发现磁偏角的日变化，这可能是后来所谓的变化磁场或外源磁场最早的观测和研究了。大量的磁罗盘在远航船舶上的应用，也提供了大量测量磁偏角的机会，大大扩展了探测的区域。英国科学家埃德蒙·哈雷总结了大西洋航行中获得的磁偏角的数据，在1700年公布了绘制的第一幅磁偏角分布图，地磁场的研究成果进一步为航海提供了日益可靠和精确的服务，两者紧密结合，相得益彰。

3.2.2 无线导航

无线电技术发展起来以后，人们很快就想到利用它来确定远处目标的相对位置，为飞机和船舶导航。随后提出了多种多样的导航方法，建立了许多实用的导航系统，例如，罗兰导航系统、奥米加导航系统等，它们在20世纪的大部分时间里是主要的导航设备。无线电导航的基本原理不外乎建设一个或多个无线电发射设备——导航台站作为确定物体位置的基准点，在需要确定位置的飞机或船舶上安装接收机，接收导航台发出的信号，通过接收信号的特性确定相对于导航台的方向、距离或速度，用简单的几何方法就可以确定飞机或船舶的位置。需要导航的飞机和船舶往往是在视距以外、距离遥远的地方，沿直线传播的导航信号不可能被接收到，除非利用能沿地球表面"弯曲"传播的无线电波，而我们已经知道电离层的存在是这种传播的基础，电离层的扰动对它也会产生很强的干扰，于是无线电导航就和电离层结下了不解之缘。

3.2.3 卫星导航

最早的导航卫星是子午仪卫星，在第一颗卫星发射失败以后，第二颗卫星子午仪1B卫星于1960年4月13日发射成功。作为实用的导航卫星系统，1989年发射了第一颗全球定位卫星（GPS），1994年完成24颗卫星的组网。

卫星导航系统由三部分构成：第一部分是在中轨道上运行的卫星星座；第二部分是在地面上的控制部分，包括主控站和大量专用或共享的天线与监测站；第三部分是成千上万地面上的用户。基本原理是首先确定一组卫星的轨道和位置，再以此为基础确定用户的位置。这三部分都会产生定位误差，因为在这个过程中卫星和地面之间需要多次传输信息，每次都要通过电离层，都会受到它的影响产生误差，而且电离层产生的误差是各项误差中最大的。

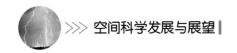

3.3 电网崩溃

电力系统第一次受地磁感应电流冲击而损坏发生在1940年3月24日，大磁暴造成电压骤降，使加拿大和美国的变压器群跳闸。后来在1972年8月2日，英国哥伦比亚23万伏变压器爆炸。1989年3月13日的大磁暴造成的重大事故是最为典型的事例。在当地时间凌晨2点42分，魁北克供电系统一切正常，2点43分，美加边境出现大的磁场扰动，地磁感应电流立即开始在魁北克南区电网中流动。对地磁感应电流的反应是，随着磁暴强度的增加，电网上的电压开始下降，网络中的电压自动补偿设备快速启动以改正出现的电压不平衡，遗憾的是这个补偿器本身对于网络变压器产生的谐波很微弱，保护这些设备的继电器错误动作，导致整个系统7台补偿器在60秒内先后关闭，电网崩溃，随即将该地区600万居民带入黑暗。从正常运行到完全停电前后不到90秒，电力系统操作员没有时间来了解发生了什么情况，更不用说采取人工方法来阻止或挽救电网。停电导致的电力损失达21 500兆瓦，经过9小时的努力，恢复了83%的电力。至于这次事件具体造成社会经济的损失可能很难估计，没有见到相关报道。但是有人估计，损坏规模比它小得多的一次法国大范围停电4小时的损失就超过10亿美元。

3.4 航班改线

我们知道球面上两点之间以大圆的距离为最短，于是像美国和亚洲之间的最短航线是通过极区的。跨极区航线的效益十分显著，例如，从纽约到新加坡一个航班可以节省209分钟，节约4.4万美元；从波士顿到香港一个航班可以节省138分钟，节约3.3万美元。此外，航空公司飞行员每天飞行的时间规定不得超过16小时，典型的美国飞亚洲的跨极区航线通常需15个小时，在允许范围内，不跨极区的航线则超过这一规定。

由于地磁场的偶极子特性，来自太空的威胁使极区的环境比中低纬度区的环境更为恶劣，这些跨极区的航线就会遇到更多困难，有时甚至不得不将航线改变为始终在中低纬度区飞行的航线。

对于航空公司来说，在环境条件许可的前提下，跨极区的航线可以节省费用，降低成本，这是他们的首选，因此近年来跨极区的航班越来越多。可是在遇到太阳风暴时，为了保证安全，需要临时改变航线，就需要付出额外的代价。2005年1月，美国联合航空公司在强烈扰动的时段里就改变了26个跨极区的航班，每次改变航线，航空公司都要为增加的燃油、延长的飞行时间、临时租用机场的服务等增加开支，估计每次改变航线的费用在1万至10万美元之间。2005年因为太空天气变化而多付出的燃料费达1.86亿美元。为了保证航空飞行的安全和降低成本，航空和气象部门已经考虑将太空天气的预报整合到常规的气象预报之中。

3.5 卫星故障

在第一颗人造地球卫星发射之前，已经知道的太空威胁有两个：一个是高能粒子组成的宇宙线，另一个是流星体。这些干扰自然而然地反映在初期的探测之中，高能带电粒子和微流星体成为最早的探测项目。

事情的发展与人们想象的完全不同。微流星体的探测证明了它的数量很少，专门携带的探测器几乎没有记录到流星体的撞击，也没有发生航天器遭撞击而损坏的事件。探测数据不断积累以后，逐渐形成了共识：在通常情况下，微流星体的威胁不需考虑，但是在发生流星暴的时候，微流星体的数量急剧增加。例如，哈雷彗星回归时导致的微流星体暴，还是需要给予关注，采取防护措施。对于高能带电粒子影响的认识则是通过另外一番经历，尽管人们已经做好在空间会遭遇强辐射的思想准备，但是发现辐射带的"探险者"二号卫星的测量结果远远超出人们预想，成了对航天器构成威胁的主要太空环境因素之一。1962年前后，美国和苏联进行的多次高空核试验形成的人工辐射带更是雪上加霜，使当时在太空运行的几

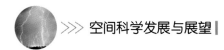

颗卫星相继失效，这是太空环境（尽管它是人为的环境）导致航天器失效的第一例。

3.5.1 卫星陨落

高层大气对航天器运行的阻力是低轨道航天器主要的轨道摄动力，密度越大，阻力越大，陨落越快。由于高层大气的密度随高度的增加是急剧减小的，在椭圆轨道上运行的航天器，在近地点附近遇到的大气密度最大，受到的阻力也最大，在这里受到阻力的后果却表现在远地点上，使远地点的高度减小，航天器的轨迹呈现为一个近地点高度不变、逐渐收缩的椭圆，变成近地点高度上的圆轨道以后，圆轨道高度逐渐降低直至陨落。

3.5.2 表面腐蚀

在200~700 km高度内氧原子是含量最多的大气成分，占绝对优势。它是太阳光中紫外线部分与氧分子相互作用并使其分解而形成的。氧原子是最具活性的气体粒子之一，航天器以8 km/s的速度在其中飞行，它对航天器的高速碰撞，具有极强的氧化潜力，对某些材料产生严重的剥蚀效应。剥蚀的程度与高层大气中氧原子的数密度大小和分布变化密切相关。对于需要长期在低轨道上运行和工作的航天器，例如空间站，这种剥蚀的后果是十分严重的。

3.5.3 辐射损伤

1945年的日本原子弹爆炸，1986年切尔诺贝利核电站事故、2011年日本福岛地震诱发的核电站事故等给人留下的惨痛教训深深地印在人们的心里。"核灾难""核威胁""核扩散"等惊恐之声不绝于耳，甚至到了"谈核色变"的地步。在进入太空以后才发现，原来"天堂"不如"人间"，在整个宇宙空间都充满了核辐射的威胁，包括强烈的紫外辐射、X射线、高能带电粒子和其他粒子，回过头来审视我们的地球——生命的摇篮就更加感到幸运，这样一个"无核"的环境仅仅局限于地球表面而已。"无核"摇篮的形成要归功于地球的磁场和大气层，它们是两道天然的屏障，地球磁场使大多数来自太空的带电粒子偏离原来的轨迹，"反弹"回到宇宙空间，大气层则吸收了绝大部分有害的高能电磁辐射，仅仅让地球生命所需要的光和热到达地面。

带电粒子对航天器的辐射损伤作用，主要是通过以下两种作用方式：一种是电离作用，即被照物质的原子吸收入射粒子的能量而电离；另一种是原子的位移作用，即被高能粒子击中的原子的位置移动而脱离原来所处的晶格中的位置，造成晶格缺陷。这些作用导致航天器上的各种材料、电子器件的性能变差，严重时会损坏。

3.5.4 单粒子事件效应

所谓单粒子事件是空间高能粒子（质子、重离子或中子）轰击微电子器件，导致微电子器件逻辑功能翻转或器件损坏的事件。二十世纪五六十年代航天事业兴起的时候，电子工业正由真空管时代迈入半导体时代，1962年就有人预言在半导体器件的灵敏度越来越高的时候，单个带电粒子就会改变半导体的状态，称之为"单粒子事件"。1975年，Intelsat IV卫星上第一次观测到了这一现象。由于单粒子事件的发生，常常给卫星带来故障，甚至造成灾难性的后果。随着航天事业的发展和微电子器件水平的提高，具有小体积、低功耗、快运行速度、大存储量的大规模集成器件的使用，使这些器件每一次状态的改变所需的能量和电荷变小，其抗单粒子事件的能力下降。因此，在航天器上使用的微电子器件如何提高抗单粒子事件的能力，已是科学界关注的热点问题。

3.5.5 高压充电

人们认识到在宇宙空间的物体会被环境充电已经有很长的历史了。在20世纪20年代，提出了宇宙尘粒子是带电的猜测。20世纪50年代用火箭测

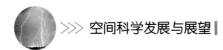

量电离层的时候就考虑到航天器会被充电。1961年开始系统建立航天器充电的理论。

但是在20世纪70年代初，在地球同步轨道的卫星因充电而不断发生故障甚至失效时，航天技术人员并没有立即意识到是卫星充电的结果。在技术上找不到故障原因时，还是太空物理学家根据故障发生的地点、发生的时间和当时的太空环境条件以及他们的统计规律，最终确认其原因是空间存在的高温等离子体使卫星充电到数千伏而导致的故障。从此以后，航天器的充电问题成为航天器设计中必须考虑的环境问题。

3.5.6 载人航天

航天员相对于航天器的设备、部件来说是最宝贵又是最脆弱的，在考虑航天员的安全时，以上所有太空环境对航天器的影响都需要加以考虑，执行的标准也更严格。

辐射带中的高能带电粒子对人体的损伤是十分严重的，载人航天器必须尽可能地避开它。从分布模式可以看到，最强的区域在数千千米的高空，而在其下边缘，由于大气的吸收，粒子通量随高度下降而迅速减小，由于地磁场的不对称性，各地相差比较大。在我国上空要在1 600 km的高度辐射强度才出现明显的上升，但这绝不是说可以在这个高度以下安全飞行，因为载人航天器不可能只在我国上空飞行，而是要飞经世界各地，我们占不到任何"便宜"。在南大西洋上空的带电粒子分布刚好相反，在250 km高度上带电粒子通量就开始明显上升，对航天员的安全构成威胁。为了减少辐射损伤，载人航天器的飞行高度通常都选在500 km以下。另外，前面我们也讲到了高层大气对航天器会产生阻力，高度越低，阻力越大，在轨道上运行的寿命越短，或者说要维持飞行的高度需要更频繁地抬升飞行轨道，消耗更多的燃料，这就是我们常常会听到的"轨道维持"。它限制了飞行高度不能太低，特别是因为载人航天器要提供航天员活动空间，一般体积比较大，需要的能源较多，太阳电池帆板的面积比较大，造成面积、质量比相对较大，所以通常必须在200 km以上。由此看来，尽管茫茫太空无边无际，但恶劣的太空环境将载人航天活动的区域限制在200到500 km窄小的球壳里。此外，所有的载人航天器的轨道倾角都没有超过52°，因为倾角代表了航天器能到达的最高纬度，加上地球自转轴和地磁轴之间11°的夹角，航天器到达的地磁纬度可能到63°以上，进入极光带以内的危险区，宇宙线强度将急剧增加。

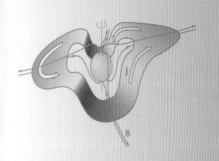

第二章
追踪溯源日地间——太阳大气和行星际

1 奇异的空间等离子体世界

按照我们日常生活经验，物质一般可以分为三种状态：固态、液态和气态，对它们的不同状态及性质的直观理解构成了我们的科学世界观。但是离开地面一定的高度，我们面对的环境就会发生很大的变化：距离地球表面约80 km以上，大气中包含了电离成分，而且随着高度的增加，中性成分的相对重要性变得越来越低，电离成分占支配地位。甚至在地球磁层和行星际空间，几乎所有的气态物质都被来自太阳的强电磁辐射迅速电离，太阳系中充满了这种被称作等离子体的电离气体。这一章我们将简单介绍人类正孜孜不倦探索的空间中最主要物质——等离子体的基本现象和特点，以及描述等离子体运动的科学方法。

1.1 最普遍的物质形态

等离子体（plasma）是一种以自由电子和带电离子为主要成分，有时也包括中性粒子的物质形态，常被视作物质的第四态。1879年，英国物理学家克鲁克斯研究了真空放电管的放电过程后，第一次指出"物质的第四态"的存在。1928年美国科学家朗缪尔首次将"等离子体"一词引入物理学中（Langmuir，1928），用来描述气体放电过程产生的物质形态。对人类来说，等离子体看似非常神秘罕见，这是因为在我们这颗蔚蓝色的星球上，绝大部分物质还是以固体、液体和气体的形式存在，缺少等离子体产生的高温环境。实际上，我们对等离子体现象并不陌生。当夜幕降临的时候，在城市的各个角落，我们都会看到五彩缤纷的霓虹灯，这些发出奇异光彩的灯管里面就充满着部分电离的等离子体。非常高温的火焰也可以使极少量燃烧的物质电离，形成部分电离等离子体。中国古代五行之一，八卦中的"离"即代表火。古希腊哲学家认为火是构成世界万物的四种元素之一。可见，很早以前那种简朴的世界观就已经蕴含着等离子体是构成世界的重要物质的认识。现在人类甚至已经利用等离子体知识创造了很多技术和工艺，比如，等离子体电视、空间飞船的等离子体主动防护技术、生产集成电路的电介质层蚀刻技术，等等。

对于整个宇宙来讲，几乎99.9%以上的物质都是以等离子体态存在的（这里我们没有考虑现在还存在争议的暗物质），所以说等离子体态是宇宙中最普遍的物质形态。

在自然界里，蔚为壮观的闪电（见图2-1）和绚烂多彩的极光（见图2-2）等都是等离子体作用的结果。闪电是一种长距离大气强放电现象，其成因现在已经比较清晰。当大气中云的不同部位聚集足够多的异号电荷，云的内部和云与地面之间会形成强大的电场，这个强电场足以使云内、外的大气发生击穿而电离，形成一条狭窄的放电通道。通道

图2-1　大气闪电现象示例
（图片来源：http://zhang'xin.fang.blog.163.com/album#m=2&aid=64201415&pid=2686867731）

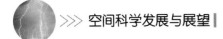

内的电流和温度都非常高，以至于将空气电离形成等离子体，并发出耀眼亮光。闪电实际上是一个直径达几十厘米的电离气体管。

极光五彩缤纷，姿态万千，绚丽无比，也是大自然最奇特的美景之一。随着科技的进步，人们对极光这一"天象"已经摆

图2-2　极光现象
（图片来源：http://zhang'xin.fang.blog.163.com/
album#m=2&aid=64201415&pid=2686867746）

脱了对其宗教外衣的敬畏，逐渐认识到极光只是一个等离子体世界经常发生的现象。太阳大气会连续发射速度为400~800 km/s的太阳风。高速的太阳风等离子体包含的带电粒子经过磁层时会沿漏斗状的磁层极尖区顺着磁力线沉降，进入地球的两极地区，并与大气分子或原子碰撞，使气体激发和电离，形成稀薄的等离子体，并绽放光芒。

行星际、星际和所有恒星都由电离气体组成。最靠近我们的恒星空间就是日球层。太阳是一颗炽热的等离子体球，日球层中充满了太阳风以及冻结在里面的太阳磁场，太阳风即是完全电离的稀薄等离子体。日球层顶将日球层与星际介质分开，日球层可以延伸到至少100天文单位（AU）（1 AU即太阳到地球的平均距离，大约是1.5亿千米）的尺度。在这个空间内，太阳风与行星磁场相互作用形成行星磁层，受行星际磁场控制的行星磁层形成一个中空系统。磁层可以定义为一个受行星际磁场控制的等离子体区域。离我们最近的空间等离子体区域是地球电离层。太阳电磁辐射、宇宙线和沉降粒子作用于地球高层大气，使之电离而生成由电子、离子和中性成分构成的一个准中性的等离子体区域。

1.2 等离子体的奇异特性

等离子体的许多现象与我们日常生活中的直觉和经验相去甚远。譬如，根据我们日常的经验，冷的稠密气体团或液体在热环境中将下沉。但是，太阳日珥比较稠密，温度也较低，但是在磁场的作用下它竟然可以克服重力的作用，悬浮在相对稀薄的太阳大气等离子体中。另外，把牛奶倒入一杯热咖啡中，我们会发现牛奶将被加热并且与咖啡迅速混合。太阳黑子是嵌在炽热的太阳光球内的一团冷等离子体，但是，它能在几个月内保持相对稳定，黑子等离子体并不会被太阳大气加热或者与之混合。这些看似无法解释的等离子体现象其实是由等离子体的奇异特性决定的。

等离子体是电离的"气体"，基本粒子单元是带有正负电荷的粒子（电子、离子），而不是其结合体。虽然如此，等离子体中正负电荷在宏观上的分布是呈现准电中性的。等离子体对于这种准电中性的破坏是极灵敏的。由于外界因素或者自身的不稳定性，等离子体的电荷会出现不均匀分布，那么它自身将产生电场作用，迫使正负电荷运动，使其立即恢复到电中性状态。如果没有外界扰动，等离子体在宏观上始终保持电中性不变。

等离子体区别于中性气体主要是因为等离子体中包含带电粒子。在气体中，电离成分只要超过千分之一，它的行为就主要由离子和电子之间的库仑力所支配，中性粒子间的相互作用退居次要地位。在等离子体中，由于存在长程库仑力，原则上来说，彼此相距很远的带电粒子仍然感受得到对方的力量。在相互作用的力程范围内存在着大量的粒子，这些粒子间会发生彼此自洽的相互作用，结果使得等离子体中粒子运动行为在很大程度上表现为集体运动。等离子体中会产生这样或者那样的扰动，或者不稳定性。等离子体集体运动的另一个含义就是由于带电粒子通过库仑力发生集体相互作用，局部的扰动可以很快影响整个等离子体区域，这种影响即表现为等离子体波动的激发和传播。

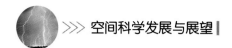

一方面等离子体的基本单元是带电电荷，所以电磁场可以支配其运动；另一方面等离子体中带电粒子的运动会引起局部的电荷集中，产生空间电场，电荷的运动又会形成电流，产生磁场。这些电场和磁场又影响着其他带电粒子的运动。所以我们说等离子体中粒子的运动与电磁场的运动紧密耦合，不可分割。

等离子体另一个特性是所谓的德拜屏蔽。我们知道，单个电荷会在空间激发电势，甚至可以影响无穷远处的其他电荷，其影响力会随着其他电荷离其距离的增加而降低。但是由于等离子体呈电中性，在等离子体中一个粒子的周围会聚集很多异性电荷，这些异性电荷的存在将削弱该电荷在附近的影响力。就类似于金属内部自由电子的存在产生静电屏蔽一样，最后产生的效果是它的电场只能作用在一定的距离内，超过这个距离，基本上就被周围异性粒子的电场所屏蔽，这个物理过程即称为德拜屏蔽，这个距离即为德拜长度（λ_D）。也就是说，在德拜长度以内，粒子之间能清晰地感受到彼此的存在，但在德拜长度以外，由于其他粒子的干扰和屏蔽，直接的粒子间的相互作用消失，取而代之的是由许多粒子共同参与的集体相互作用。空间内一点以德拜长度为半径的德拜球包含大量的粒子。

描述等离子体一般有两个独立参量。一个是描述等离子体密度的参量。因为等离子体呈电中性，电子密度和总的离子密度近似相等（等离子体的离子主要由单电荷的质子构成，也包括极少量的其他非单电荷离子，故近似相等），所以一般用电子密度（n_e）指代等离子体密度。另一个参量是等离子体温度。原则上讲，只有等离子体达到宏观热平衡状态，谈等离子体温度才有意义。等离子体包括离子、电子和中性成分（分子或者原子）等不同的微观粒子，它们之间的相互作用比较复杂，这种相互作用通常也称碰撞。从微观的角度，温度反映的是分子无规则热运动的剧烈程度。一般相同成分之间的碰撞容易使之达到热平衡状态，而不同种类的粒子间碰撞的效率比较低，所以一般很难达到统一热平衡状态。因此，等离子体中分别达到热平衡的电子成分和离子成分的温度可以不同，分别用T_e和T_i表示。只有等离子体完全达到热平衡状态，电子温度和离子温度才会一致。在等离子体物理中一般用能量表示温度，电子伏特（eV）是我们常用的能量单位。我们知道，粒子的平均能量等于$\frac{3}{2}kT$（K是玻尔兹曼常数），基于这种对应性，我们谈温度是多少电子伏特（eV），实际上指的是$\frac{3}{2}kT$的值。1 eV相应于等离子体真正意义上的温度为11 600 K。

上面提到的德拜长度是电子温度和电子数密度的函数，表述式为：

$$\lambda_D = 6.9\sqrt{T_e/n_e} \quad (\text{cm})$$

其中，T_e是以开尔文为单位的电子温度，n_e是以每立方厘米的电子个数为单位的电子数密度。这也是等离子体一个比较重要的参量。

为了使读者更容易理解后面章节介绍的日球层中不同等离子体区域的特性差异，图2-3给出了一些典型区域的等离子体的各等离子体参数的分布。

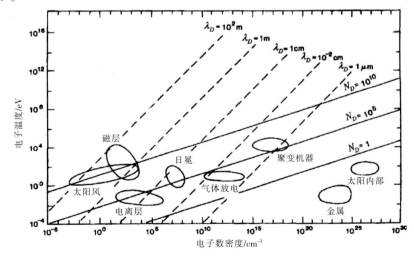

图2-3　按电子温度和数密度绘出的各种等离子体的参数
（图片来源：曹晋滨等，2001）

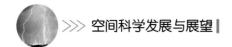

等离子体是由大量可以独立运动的带电粒子组成的，所以具有强导电性。在这种导电流体中，流体的运动和磁场的关系非常复杂。这里简单描述一下磁场在这种导电流体中产生的两种重要的效应：磁场冻结和磁场扩散。所谓磁场冻结，指的是当等离子体的电导率为无穷大，即可以看作理想导电流体时，随等离子体一起运动的任意曲面的磁通量不随时间变化，以至于磁力线一直跟着等离子体一起运动，就像冻结在这种导电流体中一样。当然，磁力线像弹性绳，其形状可以改变。磁场冻结概念的一个实例就是行星际的磁场冻结在太阳风中并随着太阳风一起从太阳传播到磁层。相反，如果一个携带弱磁场的等离子体团向一个强磁场区运动，则等离子体团将"推着"强磁场区域运动，等离子体团的动能将转化为强磁场区增加的磁能，但是磁场不能进入等离子体团，因为这样的话将改变等离子体团里面的磁通量，这与冻结效应违背。实际上等离子体并不是理想的导流流体，它具有有限电导率，类似于热通量通过热传导的方式传播，磁场也会从强磁场区向弱磁场区扩散并伴随着磁能的耗散过程，这就是磁场扩散效应。

1.3 等离子体运动的多视角描述

大多数空间等离子体是包含运动带电粒子的准电中性统计系统，所以最精确的描述其运动的方式是基于统计的方法，计算每一种粒子的分布函数。同时，由于等离子体的集体运动特性以及与磁场千丝万缕的联系，我们也可以将等离子体当作一种导电流体来处理。基于这些认识，目前等离子体物理中常用的描述等离子体运动的方法有单粒子轨道理论、磁流体动力学和等离子体动力论（徐家鸾，1981）。

单粒子轨道理论完全略去等离子体粒子间的相互作用。把等离子体视为大量独立的带电粒子的集合，由牛顿力学方程确定单个带电粒子在外场作用下的运动轨道。单粒子轨道理论只适用于极稀薄等离子体，例如，在有些太空等离子体中，由于碰撞的平均自由程大大超过等离子体本身的空间尺度，因此粒子间的碰撞对等离子体行为几乎没有影响。这时单粒子的轨道理论能够对观察到的等离子体现象给出直观合理的描述。在其他情况下，单粒子轨道理论虽然不能直接给出等离子体的行为，但却是进一步讨论其复杂行为的出发点。

磁流体动力学是研究导电流体在电磁场中运动规律的一种宏观理论。这种理论最初是在研究天体物理的过程中发展起来的，从20世纪40年代开始又由阿尔芬（Alfvén）等人加以发展。他们把流体力学和电动力学结合起来描述电磁场中导电流体的运动。当研究等离子体的宏观运动时，等离子体可视为导电流体，就可以用磁流体力学描述。导电流体中，除了有一般流体的重力、压强、粘滞力等作用外，电磁作用力起着很大作用。当导电流体在磁场中运动时，流体中将引起感应电场，产生感应电流。这个电流一方面与磁场相互作用，产生洛伦兹力，改变流体的运动；另一方面又引起原有磁场的改变。磁流体理论最适合处理稠密等离子体，而且适合于研究等离子体中缓慢的大尺度变化现象。所谓缓慢的大尺度变化是指研究的等离子体现象的特征长度和特征时间远大于等离子体的粒子平均自由程和平均碰撞时间。

等离子体动力论是关于等离子体的统计理论，它从微观粒子运动出发，用统计的方法来研究粒子在位置空间和速度空间的分布函数的演变以及宏观的不可逆过程。在求出粒子分布函数基础上，我们可以对所有粒子的微观量经过统计平均得到宏观量，从而把宏观理论中所出现的一些输运系数与物质的微观结构联系起来。该理论能够讨论很多用磁流体力学所不能讨论的现象，如等离子体波动、微观不稳定性及湍流等。等离子体是由大量微观粒子组成的系统，因而用统计物理学的方法研究它是更适宜的。

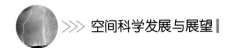

等离子体动力论的基础是微观粒子的分布函数及它的演化方程——各种形式的动力论方程。

2 太阳简介

第一章已经提到灾害性的空间天气会给支撑人类生产生活的现代技术系统和空间活动带来严重的不利影响，而这一切的根源在于太阳的剧烈活动——太阳风暴。在介绍太阳大气及太阳风暴之前，我们先简要认识一下太阳本体及太阳辐射。

太阳是离我们最近的极普通的恒星。虽然最近，但日地平均距离也有1.5亿千米，如果一个时速4.5 km的人不停地走着去太阳，那么要花上3 800多年的时间。日地平均距离也被称为1 AU（1AU也等于215个太阳半径），是度量太阳系的常用"量尺"。太阳是一个半径约为 6.96×10^5 km 的巨大气体火球，其质量约为1.989×10^{30} kg，约是地球的33.3万倍，而体积是地球的130万倍，密度约为水的1.41倍，太阳表面的重力加速度为地球表面的28倍，一个体重为60 kg的人若能站在太阳表面的话，将重达1.69吨！

2.1 火热的心，艰难的路

我们肉眼看见的光芒四射的太阳，只是它可见的表面——光球，厚度约500 km。光球是不透明的，因此我们不能直接看到太阳内部。通过太阳标准模型（Bahcall和Ulrich，1988），我们可以推定太阳的内部结构。图2-4是太阳内部结构的示意图。太阳从内向外由日核、辐射区和对流区组成，在辐射区和对流区之间有一层极薄的差旋层，没有画出。

从日心到大约四分之一个太阳半径的核心球被称为日核，密度高达$20\sim150$ g/cm³，温度达 $7.76\times10^6\sim1.56\times10^7$ K，这一区域的质量占太阳总质

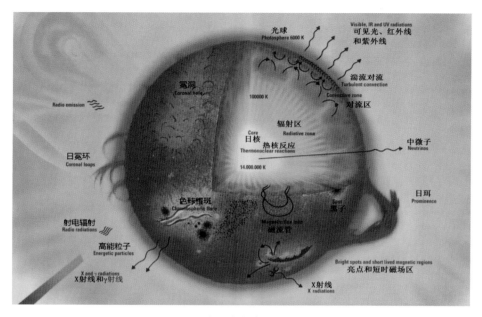

图2-4 太阳内部结构的示意图

（图片来源：改编自http://burro.cwru.edu/Academics/Astr221/StarPhys/sunstar.html）

量的一半，每时每刻都发生着热核聚变反应，是太阳的产能区，到日核外缘，太阳的光度已达太阳总光度的99%。

从日核外缘向外到大约0.7个太阳半径的区域是辐射区（Miesch，2005；Eff-Darwich和 Korzenni，2013），密度从20 g/cm³（大约和黄金相当）降到0.20 g/cm³，温度从7×10^6 K下降到2×10^6 K，核心区产生的能量以辐射的形式向外传输，但是这一区域的物质却仍然待在原处。由于密度极高，来自内部的高能γ射线和X 射线光子不断地与浓密的物质粒子发生碰撞，被物质粒子吸收再辐射，反复多次的吸收和再辐射，光子逐步被软化为可见光，到达太阳的表面。这样核心处的一个光子，由于上述随机游走式的反复碰撞过程，大约需要经过17万年的挣扎，经历10^{25}次吸收和再辐射的过程（Mitalas和Sills，1992），才能以改头换面的形式到达对流层内边缘。另外，Stix（2003）认为日核产生的能量传输到太阳表面的时间应该由太

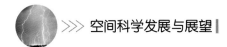

阳在经受突然的热扰动之后，建立平衡的时间尺度来确定。如果是这样的话，这一时间将达到3 000万年。总之，核心区产生的能量到达太阳表面的时间真是很长很长，真可谓道路曲折，前途光明。

日震学（参看本章3.3节）的分析发现，辐射区外面有一层薄薄的分界面，其内的辐射区是刚性自转的，而外面的对流区的自转速度却随纬度的变化而变化，因此这一分界面叫作差旋层（tacholine）。太阳磁场被认为是差旋层两侧流体的速度剪切拉伸磁力线从而使磁场增强产生的，同时化学组成在跨越差旋层时也会发生突变（见网页：http://solarscience. msfc. nasa. gov/ interior. shtml）。

差旋层向外直到可见的太阳表面——光球底部的对流层，温度从$2×10^6$ K下降到光球底部的$5.7×10^3$ K，密度则从0.20 g/cm³下降到$2×10^{-7}$ g/cm³，大约只有海平面空气密度的万分之一。在对流层底部，重离子的复合使得辐射传能变得困难，以至于向外辐射引起的温度下降比绝热膨胀引起的温度下降还要快，这时就会产生对流，对流元胞把能量从底部温度较高的地方带到温度较低的外部，到0.94个太阳半径时，能量就完全由对流传输（林元章，2000）。在光球上观测到的线度为1 500 km的米粒组织和2万~3万千米的超米粒组织（参看本章4.1节）就是对流运动存在的证据。相对于光子在辐射区需要经过十几万年的艰难跋涉，在对流区的整个传输过程只要大约10天的时间。

2.2 最后一撞

对流层以外，就是光球，大约500 km厚，气体密度为$2×10^{-7}$ g/cm³，非常稀薄，应该是非常透明的了，实际上却不然。虽然几厘米厚的薄层气体宛如一片轻纱那样透明，但几百千米厚的气体就像成千上万层轻纱重叠在一起，其效果就像一道墙壁，变成不透明的了。因此，人们难以看到光球层几百千米深度以内的太阳辐射。

从辐射功率来看，太阳电磁辐射几乎全部来自薄薄的光球。为什么会这样呢？原来对流层顶向外，由于温度的下降使电子与离子复合，光子向外行走的阻力看似变大，但是密度却更快地下降，二者综合的结果，就是光子行进的阻力下降很快，结果在几百千米的范围内，光子从跌跌撞撞的前行一下子变得畅通无阻了，这也就意味着太阳大气从极不透明转变为基本透明，二者相等的附近区域就是太阳向外辐射最后的有效发射层。因此，太阳发出的光子，在光球区经过最后一次碰撞，就没有任何羁绊地射向四周。研究表明，这一有效发射层的厚度在可见光波段只有100~200 km，所以我们肉眼看到的太阳边缘非常锐利。如果包括红外至紫外的太阳辐射所在的主要波段，那么厚度就有500~600 km。

如果我们把天文望远镜对准太阳，将太阳在望远镜中的像用滤光片减弱光亮后，就可以看到光球表面了。这时，太阳圆面的中间部分要比边上亮一些，这就是"临边昏暗"现象。观测表明，波长在$1\ 700 \times 10^{-10}$ m（远紫外波段）到200 μm（红外波段）的辐射都呈现临边昏暗现象。而在此波段之外的辐射，则呈现临边增亮现象（临边昏暗和临边增亮现象请参看本章4.1节和图2-19）。

2.3 暗线之谜

太阳辐射在观测上表现为连续谱上附加许多吸收线，也叫夫琅禾费谱线。太阳辐射覆盖了无线电波、红外线、可见光、紫外线、X射线、γ射线等电磁波段，主要集中在可见光部分（波长0.4 ~ 0.75 μm），波长大于可见光的红外线（波长> 0.75 μm）和小于可见光的紫外线（波长< 0.4 μm）的部分很少。在全部辐射能中，波长在0.15~4 μm之间的占99%以上，且主要分布在可见光区和红外区，前者约占太阳辐射总能量的50%，后者

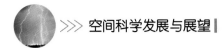

约占太阳辐射总能量的43%，紫外区的太阳辐射能很少，只约占总能量的7%。

太阳光谱属于天文学上的G2V光谱型，其频谱接近温度为5 800 K的黑体辐射。对于太阳辐射，我们通常用单位时间内，在垂直于太阳光束方向的单位面积上，在单位波长间隔内所接收到的能量来表示太阳辐射能谱分布，称作地球大气外太阳分光辐照（E_λ）。图 2-5所示是观测到的太阳辐射能谱分布，图上的化学成分表示由于它们的吸收使得海平面的太阳辐照度曲线出现了局部极小。可以看出大气层外的太阳辐照度曲线在主要谱段大体与5 900 K的黑体辐射相符。这里的黑体，是指入射的电磁波全部被吸收，既没有反射，也没有透射的理想辐射体。常把黑体辐射的总能量（其实是单位面积的辐射功率）等于测得实际物体辐射的总能量时的黑体温度定义为有效温度，那么太阳的有效温度为5 762 K。

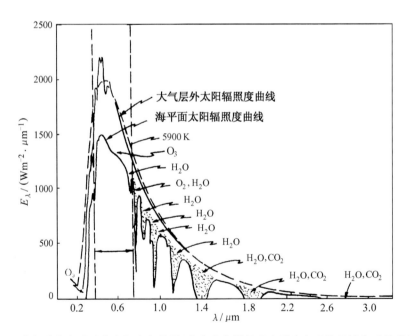

图2-5 大气外和海平面处太阳分光辐照(竖直虚线间用双向箭头表示的区域为可见光波段)

(图片来源:吴振一,窦建清,2008)

1814 年，夫琅禾费让太阳光通过窗子的狭缝再经过三棱镜，发现落到对面白墙上的从红到紫的光带有许多条暗黑的谱线，为了研究方便，他采用A、B、C、D等字母来代替其中一些较粗的谱线。1859 年10 月，基尔霍夫用自己的试验证明了D 线是在钠的光谱位置上。他首先用分光镜记下太阳光谱D 线的位置，然后遮住阳光，在本生灯上燃起钠盐。果然，钠的又粗又亮的粗亮黄线正好出现在D 线的位置上。基尔霍夫进一步发现，一团较冷的物质蒸气所吸收的波长，恰恰等于这种物质炽热发光时所发射的波长，也就是"吸收光谱"。基尔霍夫由此证明了太阳上存在着钠。夫琅禾费的"暗线之谜"由此被解开。原来太阳表面发出的连续光谱通过太阳外围的大气时，太阳外围大气中的某些元素，会把连续光谱中相应的谱线吸收掉。从而使夫琅禾费接收的太阳光谱中出现了暗黑的谱线。在解开夫琅禾费"暗线之谜"以后，科学家们进一步发现太阳大气中还含有铁、钙、氢。图 2-6所示是观测到的一段太阳光谱，图中的A到K是九条最显著的吸收线。其中A带、B带和α带是地球大气中氧气分子吸收产生的，C线和F线就是氢原子的H_α和H_β的谱线，H线和K线是钙的吸收线，D线是钠的吸收线。其他线不再一一介绍。经由精密的光谱仪分析太阳连续光谱上的吸收谱线，可辨认出太阳大气中的主要化学组成，除氢以外，尚有铁、镁、铝、钙、钛、铬、镍、钠……共57种元素。

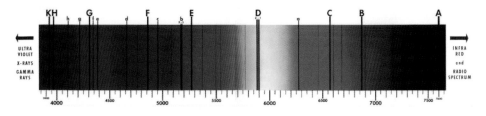

图2-6　太阳的一段夫琅禾费光谱

（图片来源：http://www.coseti.org/highspec.htm. Copyright Wabash Instrument Corporation, 1961）

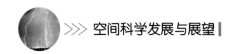

2.4 太阳基本参数汇总

下面我们把有关太阳的一些基本参数汇总在表 2-1 中，其中有些为典型值，有些为量级范围。

表2-1　太阳的基本参数（林元章，2000）

1. 总体情况		5. 自转	自转周期	会合周期
日地平均距离	1.496×10^{13} cm	太阳赤道φ=0°	25.0天	26.8天
最近距离	1.471×10^{13} cm	其他纬度φ=30°	26.2天	28.2天
最远距离	1.521×10^{13} cm	φ=60°	28.4天	30.8天
半径	6.963×10^{10} cm	φ=75°	29.3天	31.8天
平均角半径	960″=16′	6. 磁场强度		
质量	1.989×10^{33}g	黑子	约1 000~4 000 G	
体积	1.412×10^{33} cm³	极区	约1~2 G	
表面重力加速度	2.74×10^{4} cm/s²	宁静区网络	约20 G	
表面逃逸速度	617.7 km/s	谱斑区	约100~200 G	
表面压力	1.01325×10^{3} Pa	日珥	约10~100 G	
2. 密度		（地球极区）	（约0.7 G）	
平均密度	1.408 g/cm³	7. 太阳的化学成分（质量百分比）		
内部（中心）	约150 g/cm³	H	71	
表面（光球）	约10^{-9} g/cm³	He	27	
色球	约10^{-12} g/cm³	C	0.3	
日冕低层	约10^{-14} g/cm³	N	0.2	
（地球海平面）	约10^{-3} g/cm³	O	0.8	
3. 温度		Ne	0.2	
内部（中心）	约1.6×10^{7} K	Na	0.003	
表面（光球）	约6 000 K	Mg	0.015	
黑子本影	约4 200 K	Al	0.006	
黑子半影	约5 700 K	Si	0.06	
色球	约4 300~50 000 K	S	0.04	
日冕	约8×10^{5}~3×10^{6} K	Ar	0.006	
4. 辐射能		Ca	0.009	
太阳常数	1 367 W/m²	Fe	0.04	
总辐射功率	3.845×10^{33} erg/s	Ni	0.2	
表面发射率	6.311×10^{10} erg·s^{-1}·cm^{-2}			

注：1 erg/s=10^{-7} W；1 G=10^{-4} T。

3 如何看太阳

俗话说："工欲善其事必先利其器。"因此，我们在介绍太阳大气之前，简要介绍一下观测太阳的设备。太阳向外发射的能流中，最重要的是电磁辐射，其次是粒子流，包括太阳风（等离子体）、高能粒子流以及中微子。人们就是通过观测各种波段的太阳辐射和各种类型的太阳粒子流所提供的信息，加以分析，进而认识和理解太阳结构及其相关的物理过程。为了大家阅读方便，这里把电磁波谱的划分列在表2-2中。

表2-2 电磁波谱范围

光谱区	频率范围/Hz	波长
宇宙或γ射线	$>10^{20}$	$<10^{-12}$ m
X射线	$10^{20}\sim10^{16}$	$10^{-3}\sim10$ nm
远紫外光	$10^{16}\sim10^{15}$	$10\sim200$ nm
紫外光	$10^{15}\sim7.5\times10^{14}$	$200\sim400$ nm
可见光	$7.5\times10^{14}\sim4.0\times10^{14}$	$400\sim750$ nm
近红外光	$4.0\times10^{14}\sim1.2\times10^{14}$	$0.75\sim2.5$ μm
红外光	$1.2\times10^{14}\sim10^{11}$	$2.5\sim1\,000$ μm
微波	$10^{11}\sim10^{8}$	$0.1\sim100$ cm
无线电波	$10^{8}\sim10^{5}$	$1\sim1\,000$ m

1. 一般将波长小于0.1 nm的叫硬X射线，大于0.1 nm的叫软X射线。

2. 这里1 nm=10^{-9}m，1 μm=10^{-6}m；后面还会用到"埃"（Å），1Å=10^{-10}m。

3. 太阳物理中将波长大于1 mm的电磁波叫射电。

4. 可见光的波长范围在0.75~0.40 μm之间。波长不同的电磁波，引起人眼的颜色感觉不同。0.75~0.622 μm，红色；0.622~0.597 μm，橙色；0.597~0.577 μm，黄色；0.577~0.492 μm，绿色；0.492~0.455 μm，蓝靛色；0.455~0.40 μm，紫色。

5. 要注意的是，不同资料对波长（频率）范围的规定略有区别。

6. 数据来源：http://www.hxu.edu.cn/partwebs/huaxuexi/qt/hxsj/cutable17.htm

观测太阳的仪器设备主要有地面设备和空间设备两大类。地面设备可分为观测太阳可见光和红外辐射为主的光学仪器和观测太阳射电辐射的射电望远镜两种。早期的空间观测仪器可以对因地球大气吸收而不能到达地面的太阳紫外辐射、X光和γ辐射以及因地球磁层作用而不能到达地面的太阳粒子流进行观测，后来还陆续研制出观测太阳可见光和近红外辐射以至射电辐射的空间观测仪器。

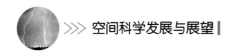

3.1 地面观测

地球大气中的湍流会对太阳光波前产生干扰，进而造成焦平面上太阳像的模糊和抖动，从而影响成像的空间分辨率。因此，必须选择大气湍流比较平稳的地方作为观测地点。一般选择高山地区或者受较大水域包围的地方。前者没有剧烈的地面对流，适度的山风还可以扫去局地湍流，因而有利于观测；后者则因水的比热容大，可以缓和局地的空气对流，北京天文台怀柔观测站就得益于此。另外，还可以把太阳望远镜安放在塔式建筑上，使望远镜远离地面以克服局地湍流。

3.1.1 光球望远镜和色球望远镜

最简单的太阳观测仪器就是太阳照相仪，也称光球望远镜。它就是配上了照相设备的天文望远镜，可以对太阳直接照相，整个仪器可以绕一个与地球自转轴平行的极轴以地球自转角速度从东向西转动以跟踪太阳。通常为减少像差或散射光，只加波段很宽的滤光片，所以实际上是白光照相，反映太阳光球的形象，可以看到临边昏暗现象，太阳黑子和光斑等特征物，用短于百分之一秒拍摄较好的白光照片，还可以看到米粒组织、黑子半影纤维等现象。光球望远镜的主要参数有物镜的口径和焦距。

在可见光波段，整个色球的辐射强度只占很小的部分，大约是光球辐射强度的万分之一。但是在色球发射谱线所在波长非常窄的波段中，其强度可以超过光球的辐射强度，因此在色球发射线波长处用非常窄的单色光（$\Delta\lambda < 1\text{Å}$，$1\text{Å}=10^{-10}$ m）进行观测，光球辐射贡献可以忽略，观测到的就是色球层。因此色球望远镜就是在光路中附加透过波长在色球发射线处，透过波宽很窄的滤光器的望远镜，其光路原理图如图2-7所示。色球望远镜通常用色球发射的可见光区最强谱线H_α（波长$6\,562.8\times10^{-10}$ m）作为透过波长，所以色球望远镜也称为H_α望远镜。滤光器的透过波宽一般在$0.25\times$

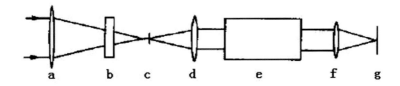

图2-7　色球望远镜光路原理图

a: 物镜,b: 宽波段滤光片,c: 第一焦平面,d: 准直镜,e: 双折射滤光器,f: 成像镜,g: 第二焦平面。

（图片来源：林元章,2000）

10^{-10}~0.75×10^{-10} m，物镜口径在10~20 cm，焦距2 m左右，可以录像、目视或配备CCD像感器与计算机，进行显示和资料处理。它可以观测到许多重要的色球活动现象，如日珥、谱斑和耀斑等。为观测耀斑，全世界有几十个天文台每天用H_α望远镜从日出到日落不间断观测太阳，1~5分钟进行一次照相或录像，各台站还进行资料交换或联合发表，这些资料是研究和预报太阳活动以及日地关系的重要依据。

3.1.2 太阳跟踪系统简介

口径大于30 cm，焦距大于20 m的大型太阳望远镜都是综合性的太阳观测仪器，通常由前端成像系统和后端设备组成。由于太阳的周期运动，望远镜必须随太阳转动才能跟踪太阳。太阳望远镜成像系统可分为主镜固定型和主镜可动型两种。当主镜焦距很长时，转动整个镜体极为不便，可以使主镜不动，而用附加的可动平面镜把太阳光反射到主镜上。常用的有：

（1）定天镜。光路原理图如图2-8所示。它由两个平面镜组成，第一块可以跟踪太阳，把太阳光反射到某一固定方向，在此方向放置具有法向调节功能的第二平面镜，可以把太阳不同部位通过物镜反射后对准后端设备（如狭缝等），以获取不同区域的光谱。如果光路与地面平行就叫地平式定天境；如果反射后使太阳光垂直于地面入射到主镜上，就叫垂直式定天境，因建筑总是呈塔式，也叫塔式定天境，它可以减轻地面附近因温度梯度和对流对太阳光波前端的歪曲。

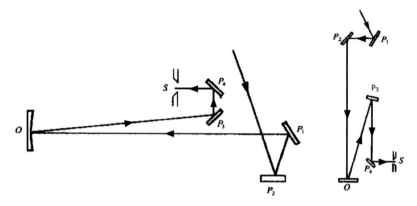

图2-8 定天镜光路原理图

左:地平式定天镜俯视图,右:塔式定天镜的侧视图。P_1、P_2为定天境,O为主镜,P_3、P_4为反射镜,S为狭缝。(图片来源:林元章,2000)

(2)定日镜。如图 2-9 左图所示,定日镜只用一块平面镜把太阳光沿极轴方向直接反射到极轴下端的主镜上,然后再向上方反射,借助平面镜转向,聚焦到后端设备入口处。

(3)追日镜。如图 2-9 右图所示,追日镜也由两块反射镜跟踪太阳,第一和第二平面镜都可以绕第二平面镜的垂直轴沿地平经度方向转动,而第二平面镜可以绕水平轴转动对准太阳,由计算机控制二者的同步。其特点是结构紧凑,两个平面镜可以装进真空光路中,免去圆顶室,降低局部

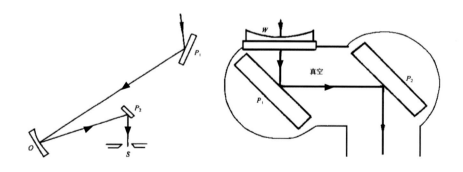

图2-9 左:定日镜侧视图,P_1为定日境,O为主镜,P_2为反射镜,S为光谱仪狭缝,OP_1为极轴方向;右:追日镜装置,W为密封窗,P_1和P_2构成追日镜,W、P_1和P_2可绕P_2的垂直轴转动,W和P_1可绕水平轴转动,从而对准太阳。(图片来源:林元章,2000)

对流的影响，其光路与地面垂直，形成太阳塔。

（4）赤道仪。主镜放在望远镜筒上，可以随极轴转动跟踪太阳。由于主镜焦距短，主焦点上的太阳像太小，常与副镜配合使合成焦距达几十米，从而得到几十厘米大小的太阳像。

（5）经纬仪。望远镜可以绕垂直轴和水平轴指向太阳，由计算机控制绕垂直轴和水平轴同时转动来跟踪太阳。

3.1.3 后端设备简介

太阳光谱仪和太阳单色光照相仪是太阳望远镜最基本的后端设备，用于太阳光谱和太阳单色光成像观测。太阳光谱仪大多用平面反射光栅做色散元件，称为光栅光谱仪。

3.1.3.1 光栅光谱仪

最早的光栅是夫琅禾费在1819年制成的金属丝栅网，现在的光栅一般是通过在平板玻璃或金属板上刻画出一道道等宽等间距的刻痕制成的。利用光栅把不同波长的入射光分解为单色光，这就是光栅色散。

光栅光谱仪的光路原理图如图 2-10所示。它在主镜的焦平面上安置狭缝，让聚焦后的太阳像的一个长条区域通过狭缝，再用准直凹面镜（其焦点也在狭缝处）将入射光反射变成平行光投射到光栅上，经过光栅色散后，不同波长的光以不同角度投射到反射镜上从而聚焦形成光谱，用照相

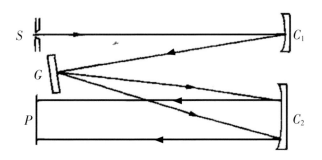

图2-10　光栅光谱仪的光路原理图

S为狭缝, C_1为准直镜, C_2为成像镜, G为光栅, P为光谱仪焦平面。（图片来源：林元章,2000）

底片或电子像感器进行记录。太阳光谱仪的色散可达每埃几毫米，所以在一张照片上得到的光谱范围只有几十到几百埃。为同时获得不同波段的太阳光谱，必须在光栅出射的不同衍射角方向上设置不同的成像镜，在各自的焦面上分别放置相感器，这样的光谱仪就称为多波段太阳光谱仪。

3.1.3.2 太阳单色光照相仪

如果在太阳光谱仪焦面处的照相底片前方放置另一个狭缝，使其对准某一研究谱线，并使太阳像相对于光谱仪入射狭缝均匀缓慢移动，同时照相底片也相对于前方的狭缝同步移动，这样拍出来的照片就是用该谱线波长观测到的入射狭缝扫过的太阳局部区域的单色像，这种装置叫作太阳单色光照相仪。它拍摄的太阳单色像，是由入射狭缝所扫过的太阳窄条拼合而成的，其主要优点是可以选择任何谱线得到任何波长的太阳单色像。

为了得到太阳上某一面元（区域）的光谱，必须让太阳像垂直于狭缝移动以扫描整个面元，具有这种扫描功能的光谱仪就是二维光谱仪。现在的成像光谱仪不仅可以得到准同时的二维日面视场中各点的H_α或其他谱线的完整轮廓，还具有依靠软件自动拼合成不同波长的二维单色像的能力。

3.1.3.3 表面物质速度测量

为了理解太阳表面的一些现象的物理过程，往往需要测定物质的运动速度。垂直于视向的运动速度可以从不同时刻特征物在日面的投影位置进行估算，而平行于视向的速度则从测定光谱中谱线的多普勒（Doppler）频移$\Delta\lambda$（$v=\dfrac{\Delta\lambda}{c}$，$c$为光速）获得。测定$\Delta\lambda$的方法是用多普勒补偿器，其原理如图 2-11 所示。在

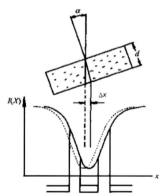

图2-11　多普勒补偿器原理图
虚线为存在多普勒效应时观测到的谱线轮廓，实线为转动波片α角后，谱线轮廓关于二狭缝对称。（图片来源：林元章，2000）

光谱仪焦平面前方安置一平行玻片，并在焦平面处放置两等宽出射狭缝，分别位于某谱线两翼的对称位置，狭缝后各放一根同样的光电管。当光束与玻片垂直且无多普勒位移时，光电管中电流相等；有多普勒位移时，则电流不同，可以转动玻片使电流差别消失，使谱线恢复到出射狭缝的对称位置，利用谱线的位移与转角的关系得到Δλ。如要测量某一面元的视向速度分布，可用二维光谱仪拍摄其二维光谱，测量各点的多普勒位移，计算各点视向速度，从而绘制出等值线。

3.1.3.4 太阳磁场测量原理

太阳磁场测量目前主要借助于太阳光谱线的塞曼效应，许多起源于太阳光球的谱线最适于此类测量。迄今最精确的太阳磁场测量基本上限于太阳光球磁场。源于色球层的谱线一般较漫，磁场测量精度较差，至于日冕以上的太阳磁场，大都只用射电偏振（关于偏振，读者可参见本章4.3节的简略介绍）观测，进行量级估计，难以获得精确的磁场分布。对于日冕及以上太阳高层大气的磁场结构，通常以观测的光球磁场分布为边值，在某种模型假定下，进行理论外推。

1896年，荷兰著名的实验物理学家塞曼（Zeeman）发现，当把光源放在磁场内时，光源发出的光谱线变宽了，再仔细观察后发现，每一条谱线分裂成几条波长略微不同的谱线，而不是任何谱线的变宽，这一现象称为塞曼效应。实验证实不仅可以观察到光谱发射线的塞曼效应，吸收线也会发生塞曼效应，这被称为逆塞曼效应。在天体物理中，塞曼效应可以用来测量天体的磁场。太阳磁场测量一般只用三分裂谱线。太阳黑子是太阳大气中磁场最强的局域，强度在1 000~4 000 G［1 G（高斯）=10^{-4} T（特斯拉）］，可以用直接测量谱线裂距的方法进行测量，此法只能测量500 G以上的磁场，也称强磁场测量。目前仍有些天文台利用此法进行常规的太阳黑子磁场极性和强度测量，作为太阳活动预报的依据之一。至于太阳黑

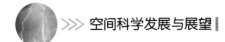

子区域以外的强度为几高斯至几百高斯的较弱磁场可以用光电磁像仪进行测量。这种仪器由电光调制的分析器、光谱仪、光电管和记录设备组成，灵敏度可达0.5 G，但对于200 G以上的磁场测量可能会出现饱和效应。

3.1.4 日冕仪

有些高山大气稀薄干净，天空散射光强度可达到日冕亮度相当的量级（约为日面平均亮度的百万分之一），这时借助地面上的日冕仪可以观测到离太阳边缘大约0.3个太阳半径的内冕，因此日冕仪常安装在海拔2 km以上的高山上。它的主要特点是整个仪器本身的散射光几乎可以忽略。其主要原理是使用挡板遮掉太阳光，就可以在天空散射光比较强的地方观测到太阳周围的日冕等区域。里奥（Lyot）在1930年发明的日冕仪原理如下：一个挡光圆盘，不大不小，正好把第一个物镜后的太阳光球影像给"切掉"，只让太阳周边的影像通过。但是这样做出来光球光线的散射仍然很强。有个美国人纽科克（Newkirk）看到里奥日冕仪的第一个物镜让整个太阳光球的光线都进来了，可能这也是个主要散射源，于是他在第一个物镜前安装一个挡光盘，这样另一种日冕仪便设计出来了，原理图如图2-12所示。这种日冕仪进一步减少了散射光干扰，从此以后地面观测就使用纽科

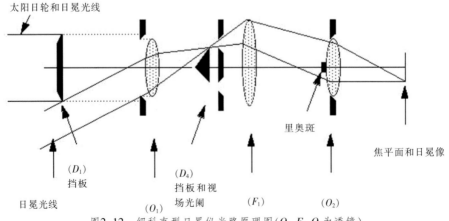

图2-12　纽科克型日冕仪光路原理图（O_1，F_1，O_2为透镜）

（图片来源：http://www.cchere.com/article/365955）

克设计的日冕仪了。

3.2 空间太阳观测

由于地球大气的吸收，波长短于2 900×10⁻¹⁰ m的紫外和X光辐射不能完全到达地面，而地球磁场的作用也使太阳的粒子流无法到达地面。太阳紫外和X光辐射对于研究色球和日冕的结构极为重要，太阳粒子辐射也包含着关于太阳高层大气和太阳活动现象的重要信息，而且短波辐射和粒子流又是形成地球电离层和产生某些地球物理效应的主要能源，因此对它们的研究有着重要意义，而且只能借助于空间太阳观测。

空间太阳探测包括火箭探测、气球探测和卫星探测。火箭探测起始于20世纪40年代二战结束之后，当时美国利用从德军缴获的V2火箭开展了系列空间探测试验，得到了第一张太阳紫外光谱照片，并首次观测到来自太阳的X射线辐射（甘为群，王德焴，2002）。虽然火箭探测的主要问题是时间太短，一般仅5~15分钟，但它在试验一些新技术中发挥着重要作用，至今仍在使用。气球探测也是空间太阳探测的常用手段，虽然它的飞行高度比火箭低，但持续的时间可以从数小时到数周。1958年，首次观测到太阳耀斑硬X射线发射，就是气球探测的结果。现在一些卫星计划实施之前，往往要开展气球探测试验。

3.2.1 国际上的空间太阳观测的发展历程和未来

太阳空间探测的主体是卫星，从1960年至今，全世界共发射了60余颗与太阳探测有关的卫星（甘为群等，2012a）。这里简要介绍一些各个时代的代表性卫星。

OSO-7（1971.09.29—1974.09.29）是轨道太阳天文台第七号卫星，它共携带四个太阳探测仪器：X射线和远紫外谱仪（2×10⁻¹⁰~400×10⁻¹⁰ m）、白光日冕仪和紫外成像仪、硬X射线监视器（2~300 keV）、γ射线监视器（0.3~10 MeV）。它的一个重要贡献是首次测量到太阳耀斑γ射线爆发

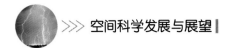

（Chupp等，1973）。

SMM（1980.02.14—1989.12.02）：即太阳极大年任务卫星（Bohlin等，1980），共携带七个载荷：白光日冕偏振仪、紫外谱仪、软X射线谱仪、X射线像谱望远镜、硬X射线像谱望远镜、γ射线谱仪以及射电流量监视器。在轨运行差不多十年时间，覆盖第二十一太阳活动周和第二十二太阳活动周的上升相，用SMM观测资料，对太阳耀斑等现象开展了前所未有的研究。

Yohkoh（1991.08.30—2001.12.14）：即阳光探测卫星（Ogawara等，1991），它有四个主要载荷：软X射线望远镜、硬X射线望远镜、软X射线谱仪、宽波段谱仪。Yohkoh的观测结果，将太阳耀斑的研究推向一个新高度，尤其是软X射线望远镜，在获取耀斑发生的形态方面，取得了巨大的成功。

SOHO（1995.12.02至今）：即太阳和日球层探测器（Domingo等，1995），是一颗用以研究从太阳内部深处到太阳风的综合性探测卫星。它有日冕诊断谱仪、电荷和元素同位素分析系统、高能粒子仪、远紫外望远镜、相对论性核子与电子实验仪器、大角度日冕观测仪、麦克逊多普勒成像仪等12个载荷。SOHO卫星已经在轨运行18年，对研究太阳内部结构、太阳大气层的物理性质、磁场和日冕之间的关系、日冕物质抛射过程做出了重要贡献。

Hinode（2006.09.22至今）：即日出太阳探测卫星（Kosugi等，2007），主要用来研究太阳磁场与爆发式能量释放之间的关系，它有三个主要载荷：口径0.50 m的光学望远镜、软X射线望远镜（2×10^{-10}~200×10^{-10} m）以及紫外像谱仪（170×10^{-10}~290×10^{-10} m）。

SDO（2010.02.11至今）：即太阳动力学天文台（Pesnell等，2012），它有三个载荷：太阳外层大气成像（AIA，10个波段全日面高分辨成像）、磁场和流场测量（HMI，全日面1″分辨率的光球矢量磁场）、远紫外变化高分辨测量(EVE)。主要研究三维日冕动力学结构、高精度向量磁场和速度场、高能粒子辐射和源区、各种波的形成及太阳辐射测量。

此外，还有一些特色十分明显的卫星，如 STEREO，它由两颗同样的卫星组成，分别从两个不同于地球的角度立体观测太阳。

太阳轨道载具（Solar Orbiter）是由欧洲空间局（ESA）发展，计划环绕太阳的卫星，距离太阳约45个太阳半径，执行内日球层太阳风的详细测量，并观测太阳的极区，计划于2017年发射。

美国宇航局（NASA）准备在2018年前发射一个名为Solar Probe Plus的太阳探测器，让它冒险进入太阳炙热的大气，在被太阳散发的巨大热量摧毁之前，收集太阳探测器地球"母星"的重要信息。该探测器将有望飞到距太阳表面7×10^6 km或9个太阳半径的地方，通过近距离对日观测，解开令人不解的日冕高温和太阳风加速之谜。

日本在成功实施Hinode卫星基础上，预计在2018年发射下一颗太阳探测卫星Solar-C。它的主要科学目标是理解太阳大气中三维磁场结构以及磁重联在太阳大气加热中的作用等。

3.2.2 我国的空间太阳观测

目前，我国在空间太阳探测方面与国际先进水平的差距较大。为此，中国科学院在2006年布置了空间科学中长期发展规划研究：一期（2006—2008）研究规划到2025年（甘为群等，2008）；二期（2009—2011）研究规划到2030年（甘为群等，2012b）。根据规划，在2020年左右，我国的空间天文卫星有望能够对现代天文学的发展做出被认可的贡献；在2030年左右，我国能够进入空间天文大国的行列。在2020年以前，可能立项的候选项目有：

DSO，即深空太阳天文台。主要研究太阳的磁场，不仅要获得0.1″~

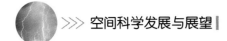

0.15″的空间分辨率，而且要获得高精度磁场结构，从而实现对太阳磁元的精确观测，配合多波段观测，取得太阳物理研究的重大突破，已纳入国家深空探测计划，争取"十二五"后期立项，2018年发射。

Kuafu，即夸父计划。它由三颗卫星组成，"夸父A"卫星位于日地连线上距地球1.5×10^8 km的日地第一拉格朗日点处，用来监测太阳活动的发生及其伴生现象向日地空间传播的过程；"夸父B"包括两颗卫星，位于磁层极区，主要观测目标是地球空间对太阳活动和行星际扰动的响应。

ASO-S，即先进天基太阳天文台。它通过观测全日面磁场、耀斑和日冕物质抛射，建立磁场变化与太阳剧烈爆发的因果关系，为空间天气预报提供物理基础，计划2013年完成方案阶段研究，之后进入背景型号阶段，赶在太阳活动25周峰年前夕的2020年发射，以期观测到一个完整的太阳活动周。

3.3 探求太阳内部秘密的利器——日震学

光球的不透明性使我们不能用电磁波来研究太阳的内部，然而近几十年发展起来的日震学使人们对太阳有了进一步的认识，为了解太阳内部结构、动力学过程及演化提供了前所未有的研究方法。日震学通过观测太阳表面大气振动，分析日震波在太阳内部的传播性质，以推测太阳内部的结构和演化。众所周知，地震学利用地震所引发的震波来了解地球内部的结构，日震学则利用观测太阳表面的震波来了解太阳内部的结构。不同的是，地球震动我们可以知道它震源的位置，可是对太阳的震波来说，太阳上的每一个点都是震波波源，并且任何时刻、任何地点震波都存在。所以利用地震与日震的震波数据来推测地球和太阳内部构造的方式是有所不同的。

3.3.1 太阳的脉搏——五分钟振荡

20世纪60年代，利用光谱线的多普勒位移数据发现了太阳大气的五分钟振荡现象，图2-13所示就是太阳一个小窄条区域的五分钟振荡的观测结果。当时的研究者认为，这种振荡只局限于太阳光球层和色球层，但是后来观测发现它是太阳内部的声波被束缚在球形壳腔中所形成的驻声波。

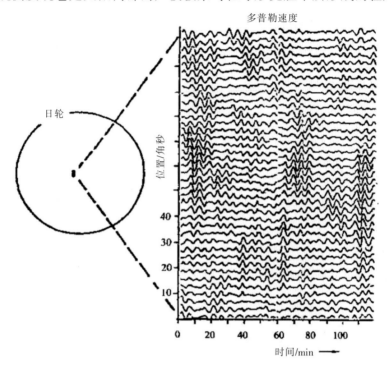

图2-13　太阳五分钟振荡的观测结果(图片来源:林元章,2000)

那么驻波所需要的壳腔的腔壁从何而来呢？上方的腔壁位于对流区顶部很接近光球层的区域。该区域之所以成为腔壁，是因为声波在太阳内部的传播存在一个所谓的截止频率（cut-off frequency），只有频率高于截止频率的声波才能传播。这一截止频率与温度有关，温度越低（即越接近太阳表面），截止频率就越高，能够传播的声波也就越少。计算表明，在对流区顶部接近光球层的区域中，截止频率将会高到使几乎所有声波都无法传播的程度。自内向外的声波碰到这种区域时，将会像光线碰到镜面一样遭到反射。

下方腔壁在太阳内部，根源在于声波的折射。具体地说，越往太阳里面走，温度越高，声波的波速就越高，经折射后就越往水平方向偏折，直至被反射回来为止。因此，下方腔壁的位置不是固定的，与声波的传播方向有关。图2-14是太阳内部的声波模式的示意图。传播方向越接近水平（比如图中位于对流区中的红色曲线），下方腔壁的位置就越浅，声波在上方腔壁的反射次数则越多（即水平方向的波长越短）；反之，传播方向越接近垂直（比如图中透入辐射区的黄色和绿色曲线），下方腔壁的位置就越深，声波在上方腔壁的反射次数则越少（即水平方向的波长越长）；当传播方向垂直到一定程度时（比如图中深入核心区的蓝色曲线），甚至会出现下方边界消失，完全靠上方边界反射的情形（这依然构成谐振腔）。

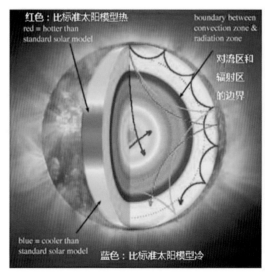

图2-14　太阳内部的声波模式
（图片来源：http://songshuhui.net/archives/71832）

五分钟振荡研究的发展对于太阳研究更是具有划时代的意义，因为它开启了一个全新的研究领域：日震学（helioseismology）。这是一个通过观测太阳上的各种振荡现象来研究太阳内部结构的新领域。在那些振荡现象中，最重要的是上面提到的声波，这是一种压强波，也称为p模（p来自于"压强"的英文pressure），振动的频率大于1 mHz（1 000 s完成一次振动），在频率2~4 mHz处（就是五分钟振荡）的振幅达到最大。另外还有就是 g 模和 f 模，g 模是以重力为回复力的重力波（gravity wave），振动的频率为0~0.4 mHz，在对流层下存在；f 模是表面重力波（surface-gravity wave），重力波的一种。日震学之所以重要，就是因为太阳上的振荡可以深入太阳内部的各个区域，因此日震学可以带给我们有关太阳内部各个区域的重要信息，诸如温度、密度、元素丰度、自转速度等与振荡传播有关的性质都可以通过日震学手段来加以研究。打个比方来说，太阳上的振荡仿佛是太阳的脉搏，而日震学手段则相当于是给太阳把脉问诊。

3.3.2 先进观测赐良机

为了提高观测精度，我们需要观测尽可能多的周期数目。周期数目越多，所测周期的相对误差就越小。那么，为了让日震学真正发挥作用，需要观测多少个周期呢？答案是一万个以上。对于"五分钟振荡"来说，一万个周期约为 35 天，因此需要连续观测 35 天以上。早期为了获得连续不断的观测，一般前往两极利用极昼进行观测。

自20世纪 90 年代中期开始，美国牵头组建了一个大型的"日不落"观测系统，由位于加那利群岛、西澳大利亚、美国加州、美国夏威夷州、印度及智利的六个观测站组成，称为太阳全球振荡监测网（GONG）。GONG的每个观测仪器都是一个相移干涉仪，每分钟记录一张图片。通过太阳光谱中的Ni I 6 768×10^{-10} m吸收线，来测量多普勒速度。2001年采用CCD，全日面多普勒速度图的像素提高为1 024×1 024。GONG同时每20分钟提供一张太阳视线方向磁场图。

与太阳全球振荡监测网的建设几乎同时，一种更先进的观测手段也开始付诸实施，那就是人造卫星。1995 年，NASA发射了SOHO卫星，与地球公转同步地绕着太阳运转，可以常年不断地观测太阳。其上的MDI是两个可调的迈克尔逊干涉仪，能够测量半峰全宽为94×10^{-7} m的单色像。通过像素为1 024×1 024的CCD，MDI每分钟记录Ni I 6 768×10^{-10} m吸收线周围5

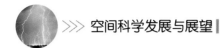

个波长处的20张单色像，可以计算出分辨率为4″的全日面速度图和光度图。SOHO卫星上除了MDI以外，还搭载了其他两个日震学观测设备：低频全球震荡仪（GOLF）、太阳辐射变化和重力波仪（VIRGO），致力于获得高灵敏度的p模振荡观测特性，并试图探测g模振荡过程。

NASA于2010年2月11日发射的SDO卫星，上面搭设了日震与磁成像仪（HMI）。HMI使用波长为$6\,173\times10^{-10}$ m的FeI线，每45秒记录一张光球层全日面多普勒图，像素为4 096×4 096。HMI进行高时空分辨率的太阳全日面观测，这使得太阳临边局部日震学的研究成为可能。

3.3.3 成果丰硕，前景无限

日震学有一种方法叫作全球日震学，它用日心距离和不区分南北半球的纬度为自变量，来描述太阳的特性，如声速、密度以及角速度等。因此，它对太阳的描述是二维的。全球日震学以具有一定空间分辨率的观测数据为基础，主要研究特定模式的声波的振动，以探测太阳内部，尤其是对流层的信息。在全球日震学中，人们通常使用反演方法，根据太阳振动频率推导出其内部结构。

利用全球日震学方法，科学家们确定了太阳内部的较差自转轮廓，发现太阳自转的角速度对纬度有很强的依赖性：越靠近赤道，自转速度越快，两极的转动速度最慢，这种现象被称为太阳的较差自转。太阳内部较差自转轮廓只有通过日震学才能得到。进一步研究发现，在对流层中，太阳自转速率对深度的依赖性较小，即同一纬度不同深度处的转动速度与太阳表面的转动速度基本一致；而在对流层底部，同一纬度的转动速率随深度变化的梯度很大，这个区域被称为差旋层（tachocline）。一般认为，这种发生在差旋层中的自转突变现象与太阳磁场的产生有可能存在密切关联，但很多细节仍有待进一步研究。

另一个发现是带谐流（zonal flow）的存在。带谐流描述的是太阳表面某一纬度的流体转动速率减去该纬度处的平均转动速率，得到的流体相对于平均流场呈现出的前进或倒退的运动情况。带谐流的流速约为±10 m/s。带谐流出现的位置，随着太阳活动周的变化呈现出分别向赤道和两极迁移的态势。从中纬度开始，一部分带谐流随着太阳活动周向赤道迁移，而高纬度区的部分则向两极迁移，这种迁移现象被称作扭转振荡。它存在于对流层的大部分区域，在高纬度区域，甚至可以延伸到对流层底部，图2-15展示出了部分结果。

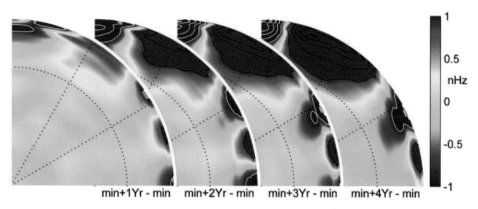

图2-15　带谐流的日震学反演结果。利用SOHO/MDI的观测数据得到的极小期后的第1,2,3,4年的太阳内部转动速率相对于头360天的变化。可以看出低纬度分支向赤道迁移而高纬度分支强度越来越大。点线示出了对流层底和0°,30°和60°的纬度。位于60°的高纬加速带一直穿透到对流层底,太阳表面向下大约0.29个太阳半径。位于30°的减速带也穿透到一定深度的对流层中。（图片来源：Vorontsov等,2002）

　　还有一种日震学方法，也是目前最流行的研究方式，叫作局部日震学。在观测上，需要较高的空间分辨率。主要利用高阶模式的振动，以研究太阳近表面，如活动区下方以及对流层上层十几兆米内的空间结构。以太阳经度、纬度以及深度为自变量，探测太阳内部的三维结构，使研究太阳表面局部特征和南北两个半球的不同结构以及各种流场成为可能。局部日震学通过分析局部区域的振动信号，研究三维流场、热与结构的不均匀性，甚至是磁场本身。这种方法可以用来预报太阳黑子何时浮现（见图2-16）。

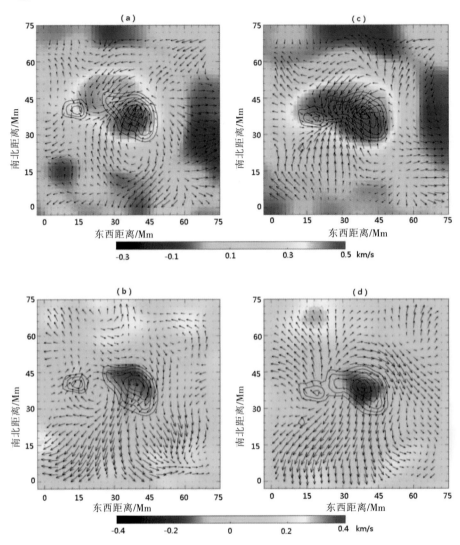

图2-16 黑子及其下方流场的分布图

左列为2000年8月7日在0~3 Mm(上)和9~12 Mm(下)处的结果;右列为2000年8月8日在0~3 Mm(上)和9~12 Mm(下)处的结果。(图片来源:Zhao 和 Kosovichev,2003)

太阳黑子是太阳表面的强磁场低温度区域,也是许多太阳耀斑和太阳风暴发生的源泉。如果能够预报太阳黑子的出现,就能够有效地预测大型活动区的浮现,以更好地预报太阳风暴,为空间天气服务。Ilonidis等人利用SOHO/MDI观测数据,用局部日震学方法,测量了太阳表面下42~75 Mm

深度处p模波的传播时间，计算出p模波传播时间相对于宁静太阳区的扰动。他们发现，在活动区浮现前的一两天，扰动值达到极大，如图 2-17 所示。因此，有理由期待进一步的研究可以将这种扰动作为磁场浮现的信号，开展各种预报工作。

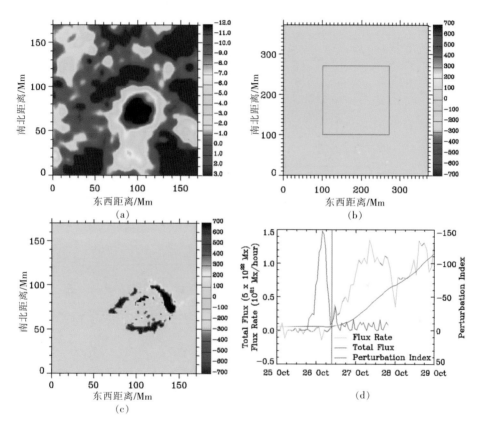

图2-17　以2003年10月26日3:00UT为中心的8小时数据反演得到的42~75Mm传播时间扰动
　　　　 (s)分布图(a)，同一天的光球磁场观测(b)，同一位置24小时后的光球磁场观测(c)，
　　　　 该区域的磁通量及其变化率和传播时间扰动指数的时间变化剖面(d)。(图片来源：
　　　　 Ilonidis等，2011)

以上的简要介绍是不是令大家觉得日震学很神奇？我们有理由相信未来必将揭示更多的有关太阳内部的秘密，如日核结构、太阳黑子的形成与演化、日震波的能量与矢量磁场之间的关系，等等。更令人期待的是，不久将要发射的Solar Orbiter会搭载一个可见光成像仪与磁像仪（VIM），它将首次观测到太阳极区的矢量磁场与速度场。另外，利用日冕振荡来研究日冕结构，也无疑是一个十分有意义但却极具挑战性的课题。

4 | 多姿多彩的太阳大气

从对流层往外，就进入了太阳的大气层，它是低密度的气体，从可见之表面向外延伸到约五百万千米的高度。其实太阳的大气层并没有明确的边界，它的最外层与往外流向各行星的气体（太阳风）混合。所以我们甚至可以说太阳的大气层往外延伸很广，甚至将地球包含在内。根据不同的高度，太阳大气层可以划分为光球层、色球层、过渡区和日冕。图 2-18 显示出了太阳大气各个分层的密度和温度随高度（离开光球距离）的变化。

图中最显著的特征是黄色和橙色峰，它们是上突到日冕的针状体（Spicules）。日冕和色球之间那条暗黄色窄带就是过渡区（transition region），它勾画出针状体的轮廓，厚度就几百千米。高度为零的光球（photosphere）顶部温度为 6 000 K，其下

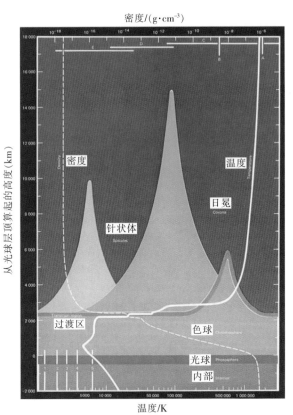

图2-18　太阳大气密度和温度随高度（离开光球距离）的变化

（图片来源：http://history.nasa.gov/SP-402/p2.htm）

是不可见的太阳内部，愈接近日心，温度愈高。从光球层顶向外走，温度先是降到最低点，那儿是低色球层，随后温度慢慢升高，直到高色球层，接着在几百千米的过渡区急速上升，到了5 000~10 000 km的日冕区域，温度就在一百万摄氏度以上了。再看看密度，从光球层向外，太阳大气的密度急剧下降。从光球层到过渡区顶部，高度有时不到3 000 km，密度却下降到一百亿分之一！下面让我们看看各层太阳大气的具体特征吧！

4.1 明亮的光球层

最低的太阳大气层是光球层。前面已经说过，光球是太阳向外辐射最后的有效发射层，太阳发出的光子，在光球区经过最后一次碰撞，就没有任何羁绊地射向四周。这一有效发射层的厚度在可见光波段只有100~200 km，若包括红外至紫外的太阳辐射所在的主要波段，那么厚度将达500~600 km。我们所看见的太阳光，多来自于光球层温度为6 000 K的区域，从该区域下层（温度约8 000 K）和上层（约4 000 K）所发出的光则较少。光球层其实是由密度相当低的气体组成，它上层的空气密度约只有地球海平面空气密度的百万分之一。一直要到光球层下48 000 km处的气体密度，才大体与我们所呼吸的空气密度相当。

光球物质相当不透明，光球层的底部是浓密的等离子体物质，发射出与其表面温度相当的热辐射光谱，在可见光范围内的强度最大，谱型与5 800 K的黑体辐射极为相近。太阳观测时，在太阳盘面中部视线与光球表面垂直，通过很短的距离就看到温度较高的光球层底部，而在盘面边缘，视线几乎与光球表面平行，即使通过比较长的距离，也只能看到温度较低的光球上层，这种太阳盘面中央较亮而边缘较暗的现象称为临边昏暗（limb darkening）。观测表明，波长在1 700×10^{-10} m（近紫外波段）到200 μm（远红外波段）的辐射都呈现临边昏暗现象。但在远紫外线区、X射线区、γ射线区及远红外线到无线电波段的辐射强度却远高于5 800 K

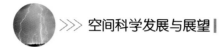

黑体辐射体，这些超额辐射主要来自光球层之上的稀薄太阳大气，那里的温度随高度的增加而升高，因而出现临边增亮的现象。图2-19展现了这两种奇特的现象。另外，光球层的温度不足以激发氦原子，所以太阳中含量仅次于氢的氦元素，在光球层光谱中没有它的谱线！

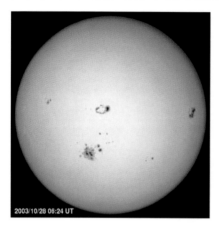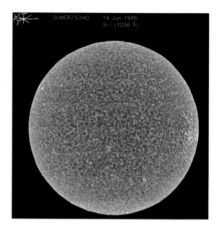

图2-19　SOHO用可见光拍摄到的太阳临边昏暗现象(左)和用远紫外(SOHO/SUMER 1256×10⁻¹⁰ m)拍摄到的太阳临边增亮(右)

[图片来源：http://www.britannica.com/bps/media-view/114586/1/0/0(左) http://www.solar-system-school.de/lectures/intro_solar_physics/Intro_solar_physics_part1.pdf(右)]

光球层常可以观测到米粒组织（granulae）、超米粒组织（supergranulae）、光斑（faculae）和冲浪（surge）等现象。当然还有很重要的黑子（sunspot），我们将放到后面专门认识。

米粒组织。光球层的大气中存在着激烈的活动，用望远镜可以看到光球表面有许多密密麻麻的斑点状结构，很像一颗颗米粒，称之为米粒组织。它们极不稳定，一般持续时间仅为5~10分钟，其温度要比光球的平均温度高出300℃~400℃。虽说它们是小颗粒，实际的直径也有1 000~2 000 km，这种米粒组织是光球下面气体的剧烈对流造成的。明亮的米粒组织很可能是从对流层上升到光球的热气团，不随时间变化且均匀分布，且呈现激烈的起伏运动。米粒组织上升到一定的高度时，很快就会变冷，并马上沿着上升热气流之间的空隙处下降；寿命也非常短暂，来去匆匆，从产生到消失，几乎比地球大气层中烟消云散的速度还要快，平均寿命只有几分钟。有趣的是，在老的米粒组织消逝的同时，新的米粒组织又在原来位置上很快地出现，这种连续现象就像我们日常所见到的沸腾米粥不断地上下翻腾的热气泡。

此外，近年来还发现超米粒组织，它的直径约30 000 km（约为地球直径的2.3倍），包含300个以上的米粒组织，寿命约为20 h。这些超米粒组织是上升非常缓慢的热气流，变化周期约一天。它们很可能是来自于光球层下方较深的大型对流元胞显现在表面的现象。依日震学观测的推测，甚至还有更大型的对流元胞深藏于太阳的对流层下。图 2–20所示是米粒组织和超米粒组织的图样。

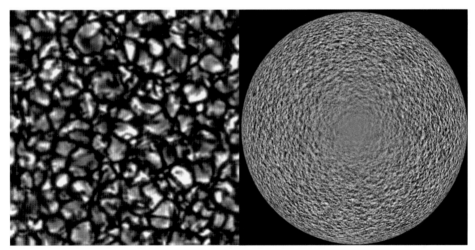

图2–20　光球上的米粒组织(左)和超米粒组织(右)
左图中亮的部分表示温度较高的上升流体,较暗的是温度较低的下沉流体;
右图是来自SOHO/MDI通过特殊处理得到的超米粒组织图样。
（图片来源:http://www.astro.umontreal.ca/~paulchar/grps/supergram–e.html）

光斑。光球上亮的区域——光斑也是太阳上一种强烈的风暴，天文学家戏称它为"高原风暴"。不过，与乌云翻滚，大雨滂沱，狂风卷地百草折的地面风暴相比，"高原风暴"的性格要温和得多。光斑的亮度只比宁静光球层略强一些，一般只大10%，温度比宁静光球层高300℃。许多光斑

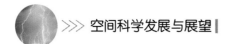

与太阳黑子还结下不解之缘，常常环绕在太阳黑子周围"表演"。少部分光斑与太阳黑子无关，活跃在70°高纬区域，面积比较小，光斑平均寿命约为15天，较大的光斑寿命可达三个月。光斑不仅出现在光球层上，色球层上也有它活动的场所。当它在色球层上"表演"时，活动的位置与在光球层上露面时大致吻合。不过，出现在色球层上的不叫"光斑"，而叫"谱斑"。实际上，光斑与谱斑是同一个整体，只是因为它们的"住所"高度不同而已，这就好比是一幢楼房，光斑住在楼下，谱斑住在楼上。光斑和谱斑如图 2-21所示。

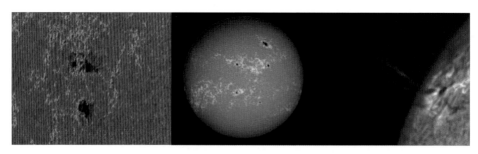

图2-21　光斑(左)，BBSO用Ca II3934×10⁻¹⁰ m谱线拍摄的谱斑(中)和太阳边缘日浪(右)
[图片来源：http://space.ustc.edu.cn/cfroums/course/20090407082427.344/at/chapt6.ppt(左、中)，
http://www.swpc.noaa.gov/ImageGallery/full/arch9.gif(右)]

冲浪。又称"日浪"，太阳光球层物质的一种抛射现象，如图 2-21右图所示。通常发生在太阳黑子上空，具有很强的重复出现的本领，当一次冲浪沿上升的路径下落后，又会触发新的冲浪腾空而起，如此重复不断，但其规模和高度则一次比一次小，直至消失。位于日面边缘的冲浪表现为一个小而明亮的小丘，顶部以尖钉形状向外急速增长。上升的高度各不相等，小冲浪只有区区几百千米，大冲浪则可达5 000 km，最大的竟达10 000~20 000 km。抛射的最大速度每秒可达100~200 km，要比最快的侦察机快100多倍。当它们到达最高点后，受太阳引力的影响，开始下降，直至返回太阳表面。人们从高分辨率的观测资料中发现，冲浪是由非常小的一束束纤维组成的，每条纤维间距很小，作为整体一起发亮，一起运动。

4.2 粉红色的色球层和剧热的过渡区

在光球层上方有一层厚约10 000 km的色球层。它的亮度大约只有光球层的千分之一，所以只有在日全食时，月球将光球层的光遮住后才看得到它。在日全食过程的几秒内，可以看到色球层像一层粉红色的线在光球层上闪耀（称为明线光谱，flash spectrum）。色球层的命名是来自希腊文中的chroma这个字，意思是颜色。这些明线谱线因为不是经由狭缝进来，而是直接观测日全食时色球层的薄薄的一层光产生的，所以是弯曲的。这些发射谱线与太阳的吸收谱线位置大致一样，只是多了中性氦（尚未电离的氦）的谱线。在日食过程中，随着月球遮盖光球愈来愈多，这些明线谱线也有改变，如图2-22所示。我们若仔细分析这些改变，就可以根据原子与光的交互作用知道太阳大气层中的结构。

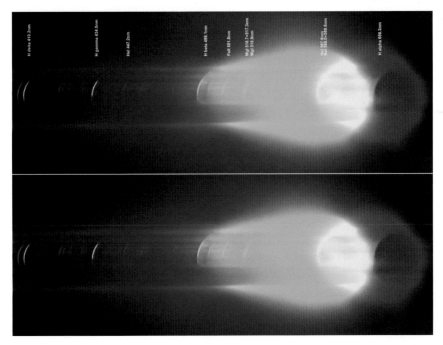

图2-22　2006年3月29日日全食时在利比亚Jalu南拍的明线光谱

（图片来源：http://www.capella-observatory.com/ImageHTMLs/SolarSystem//Eclipse_19.htm C2006 All photo images are copyrighted. Author：Stefan Binnewies）

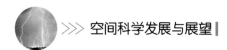

当明线光谱刚开始出现时，我们收到来自色球层顶层、中层及下层的光。因为底层的光最强，所以在明线光谱中最明显。在这最底层的光谱中，可以看到巴尔末线及中性氦的谱线。可以推断其温度大约是10 000 K。当月球遮住色球层的底层时，光谱中主要是色球层的中层发出的光，这时巴尔末线已较暗淡，出现了电离氦的谱线，温度至少需达到20 000 K，电离的铁及钛的谱线也证实了这一估计温度。当月影挡掉色球层中层以下的光，只看到最上层时，可看到高度电离的弱谱线，如钙、铁及锶。比如，其中一条线是由丧失13个电子的铁原子产生的谱线，要将原子如此高度的电离，温度必须非常高，在过渡区顶部温度必须达到1 000 000 K。图2-22所示是2006年3月29日日全食时在利比亚Jalu南拍的明线光谱。

由此可见，太阳大气在色球层具有反常增温现象，即色球层的温度随高度的增加而上升，由光球层顶部的4 200 K升至数万开的高温。根据升温的情况，大约可将色球层分成三部分：在厚度约为400 km的底层，温度由4 200 K升到5 500 K。然后在1 200 km的中层，温度缓慢上升到8 000 K。在最后约400 km厚的高层温度急剧升高，且在不到5 000 km的高度里，达到日冕的百万摄氏度以上之高温。部分色球层的温度，高于激发氦原子光谱的两万摄氏度，故色球层光谱中，可见到光球层光谱所没有的氦原子光谱。

虽然色球层在日食以外的其他时间无法用肉眼看见，不过如果我们用特殊滤光镜片进行照相，则可以看到色球层。例如，较常见的有使用H_α（红光）滤镜拍摄的照片，是由氢的巴尔末α线感光而成的，如图 2-23所示。若是将滤光的波长稍加改变，则可以看到不同深度的太阳大气层。

明线光谱不仅提供了太阳大气的温度信息，还可以提供太阳大气密度的线索。明线光谱随着高度而逐渐减弱的现象，不只代表温度增加，同时也表示密度变小了。光球层的气体较密，大约是地球海平面的大气的百万分之一；但是到了色球层，密度却接近真空，大约只有十亿分之一。

色球上可以观测到色球网络、针状物和日珥或暗条等现象，可以参见图2-23。

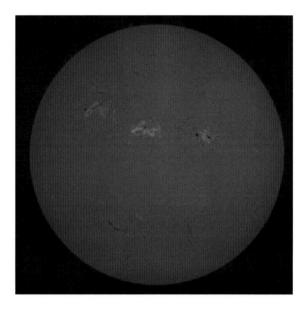

图2-23　2011年8月3日拍摄的太阳H_α的近真彩图像，可见谱斑、暗条和边缘日珥等

（图片来源：http://www.atscope.com.au/BRO/gallery113.html）

色球网络。它是一个由氢线（H_α）和钙线（Ca II 的 K 谱线）发射的、像网一样的部分。网的轮廓是超米粒组织外壳，与超米粒组织中因流动影响而产生的密集磁力线有关。

针状物。它是遍及色球网络的、小的、喷射状的爆发。在H_α谱线的图像上呈现短的线状。针状物质能存在几分钟，从太阳表面物质喷发至日冕（其速度可达20~30 km/s）的过程中产生。直径约100~1 000 km的针状物组织，往外延伸至12 000 km，且能持续达5~10 min。这些针状体是属于温度较低（约10 000 K）的区域，并延伸至温度较高（约500 000 K）的日冕内。在太阳盘面的边缘看，它们混合在一块看起来像是一片燃烧的草原；但假如往太阳盘面中心看，这些针状体直立在超米粒组织的四周，像是石

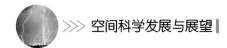

缝间的杂草一样。有些太阳物理学家认为针状体是太阳的能量从对流层传递到日冕的通道。

暗条和日珥。日珥是在日全食时肉眼可见于太阳盘面周围的红色喷出物。它的红颜色和色球层相同，都是由氢的发射谱线所造成的。暗条和日珥是一种物理实体，只是日珥在太阳边缘以外呈现。日珥和暗条都可以以静止状态存在数天甚至数周。它们实际上是密集的、温度较低、悬浮在太阳表面之上的物质云，是因为等离子体被磁场活跃区的磁力线捕捉所致。日珥和暗条可以在几分钟或几小时内从太阳表面喷发。日珥由太阳磁场所控制，大多数的日珥呈弧形，看起来很像撒在一块磁铁附近的铁屑一样的形状。从太阳边缘的红色滤镜下看日珥，它就像是暗丝条状物绕过靠近太阳黑子附近的磁场活跃区。爆发日珥（eruptive prominences）从复杂的磁场中爆出，可在几小时内向外射至高达500 000 km处；宁静日珥（quiescent prominences）形状为优雅的拱形，寿命约为数周或数月。

4.3 淡淡的日冕

在色球层外向外延伸的太阳大气层称为日冕（corona），是根据希腊字crown命名的。虽然它在最外层，距离表面很远，但它实际上和太阳的对流区域及色球层上的许多现象都有密切的关系。日全食中，当月面将色球遮掩后，可见到围绕太阳四周有一片淡白色的晕，这就是日冕。日冕物质非常稀薄，其密度约为地球表面大气的千亿分之一，比实验室能达到的高真空还要低，所以只有在日全食时才能观测到。当然如果使用特殊的望远镜——前面提到的日冕仪，纵然不在日全食时，也可用来在地球上研究日冕。日全食时可以看到日冕散发出淡淡的不如满月时亮的光芒。在地面上所拍到的照片中可以看到日冕可向外延伸达10个太阳半径，如果查看从飞机或高空气球上所拍摄到的日冕照片，则日冕的厚度可达将近30个太阳半径之多。图2-24是2006年3月29日日全食期间，在利比亚拍摄的日冕照片。

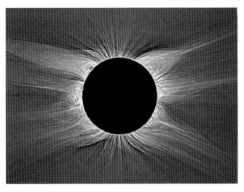 

图2-24　2006年3月29日日全食时在利比亚拍摄的太阳照片

[右:同一天由SOHO/EIT拍摄的太阳远紫外图像(中心)地面日全食观测(中间)和SOHO/LAS-CO C2观测（外部）合成的图片)(图片来源:http://ase.tufts.edu/cosmos/print_images.asp?id=28（左）,http://www.mnn.com/earth−matters/space/photos/8−images−of−solar−eclipses/total−solar−e-clipse−via−soho(右)]

　　日冕的光学辐射包含三种成分：①K冕。这是高温日冕的自由电子散射的光球辐射，有很强的偏振特性，它是内冕和中冕的主要成分。②E冕或L冕。这是日冕离子的发射线辐射（明线光谱），除了发射线的单色辐射显著外，它对白光的贡献很小。③F冕或内黄道光，基本没有偏振，它对内冕和中冕的贡献较小，对外冕的贡献大。所谓偏振，是指电磁波的电场矢量终端所划过的轨迹，如呈一直线，叫线偏振；如呈一椭圆，叫椭圆偏振。如随机分布，就说明不具有偏振特性。

　　日冕由内往外，电子的温度（注意日冕已经不能用热平衡来描述，所以电子和质子以及其他成分不具有同一温度）逐渐增高。上节曾经说过在色球层和日冕层相交界处名叫过渡带的地方，电子温度在300 km的范围内剧增，从几万开突增到近百万开。而日冕中主要有三种能量损耗：辐射耗能、向下的热传导耗能、向外的太阳风和向下流入色球的物质流耗能，总损耗能量为300~800 J·m²/s（焦平方米每秒）（Withbroe和Noyes，1977）。显然，需要有某些能量输入机制以补偿损耗来维持日冕高温，这就是长期争论而未得到很好解决的日冕加热问题。早期认为声波耗散加热了日冕，

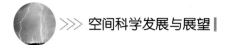
由于遇到诸多困难，近年来许多研究重视磁加热作用，认为电流的欧姆耗散或磁场湮灭释放能量可能占日冕加热的较大部分。

冕旒、极羽、冕洞和冕环是常见的日冕观测特征

冕旒和极羽。 在太阳活动极大（太阳黑子最多）时期，日冕近似圆形，在活动极小时期，日冕近椭圆形。赤道区比两极区更延展，这其实是指用日冕仪观测到的日冕在天平面上的投影。在日冕照片上，可以看到相当复杂的形态结构。很醒目的亮束称为"冕旒（或冕流）"，有的下部呈盔状。图2-24中向外延展很长的而且很亮的部分就是冕旒。冕旒可持续几个太阳自转周(一个太阳自转周约27天)。"日冕射线"是较细长的亮束。在太阳活动极小时期，射线尤其显著且数目多。有些呈羽毛状从极区散开，故称为极羽，如图2-25左图所示。其分布类似于长条形磁极附近的磁力线。细的射线约1″宽，而粗的超过20″，长度可达1 100″（或1.1个太阳半径）以上，寿命约15小时。

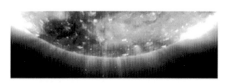

SOHO-EIT 1996 May 8 19:40 UT
Fe XII 195 Å 6.1 s exposure

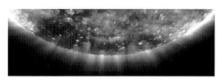

SOHO-EIT 1996 May 8 07:26 UT
Fe IX/X Å 7.1 s exposure

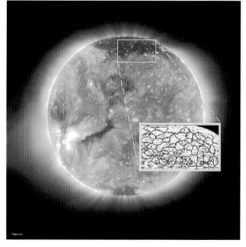

图2-25 1996年5月8日SOHO/EIT拍摄的南极冕洞的放大图(左)，图中从小亮点发出的射线状结构就是极羽；1996年9月22日的SOHO/EIT观测(右)，右下方的局部放大图是对应区域的磁场网络，蓝色表明存在强的外流，红色部分表示强的内流，外流集中于网络边界和交界处。两个图中较暗的部分是冕洞，被认为是高速太阳风的源。(图片来源:http://ase.tufts.edu/cosmos/print_images.asp?id=28)

冕洞。Bartels（1934）认为太阳上可能存在所谓的M区，那里发出的粒子流造成27天周期的地磁扰动。直到20世纪70年代中期，"天空实验室"拍摄的X射线太阳像上揭示出日轮上的暗区——"冕洞"，才是这些粒子流的源区，此后不再用M区这个概念。冕洞是日冕的温度和密度较低的区域，也是单极、开放的弱磁场区，因而允许高速太阳风粒子流出，图2-25右图是冕洞的远紫外观测图像。冕洞大致可分为极区冕洞、延展冕洞和孤立冕洞三种。单个冕洞占日冕总面积的1%~5%，而极区冕洞占6%~10%，冕洞在太阳活动极小期比极大期更大，寿命也更长，有的甚至超过10个太阳自转周，而小冕洞寿命约1个太阳自转周。冕洞的显著特征是刚性自转，一个从南到北跨越纬度范围达90°的延展冕洞常历经几个太阳自转周也没有明显形态变化。

冕环。发端于太阳内部的磁场向上膨胀，穿透光球进入色球和日冕，就会形成冕环。所以冕环无处不在，像线一样穿插在日冕中。闭合冕环的两个磁极扎根于光球，环内充满热的等离子体，在远紫外或是X射线拍摄的图像中，闪闪发光。受下方光球运动的影响，冕环往往呈现出扭曲、上升、剪切、相互纠缠和相互作用，进而释放磁能，加热日冕，驱动耀斑或触发日冕物质抛射等现象。大的冕环的基底往往在冕旒中，叶柄状结构向上向外延伸，扎根于光球的足点的一端有可能被太阳风带到行星际空间，成为开放磁场，形成太阳风的通道。冕环有各种大小，长度可以达到30多个地球半径，寿命长达几天至几个星期。图 2-26显示出冕环构成的壮丽景象。

日冕物质抛射。日冕常出现激烈运动的瞬变事件，呈环状、泡状、云状等增亮结构，以300~2 000 km/s的速度向外运动，发生"日冕物质抛射（CMEs）"。一次事件抛射质量为10^{12}~10^{13} kg，能量为10^{23}~10^{25} J，太阳活动极大期每天发生2~3次事件，极小期每10天发生1~3次事件。这些事件常跟

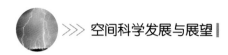

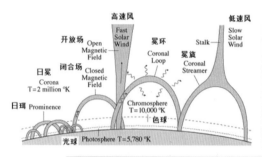

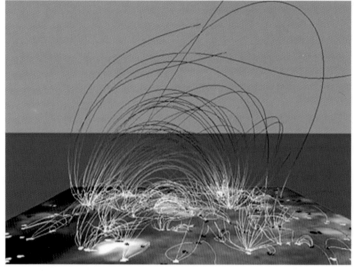

图2-26　左上：冕环结构示意图；右上：TRACE于1999年11月6日用171埃远紫外谱线观测到的冕环；下：SOHO/EIT和MDI的合成图片，图中各种尺度的冕环从光球向上延展，在低日冕形成磁毯（carpet of magnetism），磁场方向相反的冕环在日冕可能重联加热日冕。（图片来源：http://ase.tufts.edu/cosmos/print_images.asp?id=28）

耀斑或爆发日珥相伴。本章6.2节专门介绍CMEs。

太阳风。日冕层中有向外吹出的高热气体称为太阳风（solar wind），它主要包含了电离的氢和重元素组成的等离子体及其携带的磁场。每立方厘米只含几个粒子的太阳风以高达400~800 km/s的速度撞击地球大气层，且和地球磁场产生复杂的作用。由于太阳风带走了这些太阳上的粒子，太阳的质量也因此逐渐减少，每年约损失10^{14} t，只占太阳总质量极小的一部分（约10^{-13}）。太阳风的传播速度约为450 km/s，尤里西斯飞船（Ulysses）

的观测显示，由太阳极区流出的太阳风的速度可高达750 km/s甚至更高，而且极区太阳风的成分也略有不同。太阳风中的高能粒子如果直接吹袭地球表面，对地球的生命与生态环境将带来毁灭性的影响。但地球有磁场与大气的遮蔽，大部分的高能粒子被阻隔在地球之外，少部分从地球的极区进入地球的粒子与空气分子相碰撞，使空气分子电离并发出瑰丽的极光，在这过程中高能粒子损失了大部分的能量，也降低了其伤害性。地球磁场在太阳风的吹袭之下，形成了向阳面被压缩而背阳面被拉拽的磁层结构（magnetosphere）。本章第5节介绍太阳风，并在随后的章节探讨太阳风与地球空间的相互作用。

4.4 太阳活动的标志物——太阳黑子

太阳大气中充满了各种太阳活动现象，它们出现的区域和性质虽然不同，但它们之间或多或少有一定联系，常表现为群发性，显示太阳活动强弱有某些普遍的"韵律"周期，最明显的是约11年和22年周期。太阳的某些区域经常出现太阳活动现象，因而称为"太阳活动区"。几个活动区集中而形成"活动复合体"。太阳活动的白光表现是黑子和光斑，单色光表现是谱斑、耀斑、冕洞和日珥，而日冕表现更显著。

太阳活动最明显的标志是太阳黑子（sunspots）。未加保护措施即用肉眼直接观测太阳是相当危险的，不过有些较大的黑子的确可以在刚日出或日落太阳光线较弱时用肉眼看到。公元1610年，伽利略开始观测太阳，并且发现太阳黑子十分常见。黑子的演化一般非常缓慢。以黑子为示踪物，连续观测可以发现黑子在日面上是运动的，这是太阳自转的观测证据，如图 2-27所示。伽利略根据他的观测，发现太阳的自转有一定的周期，从地球上看来约为27天。后来，通过测量太阳全日面的自转速度，可发现自转现象：太阳自转速率在赤道最快，随纬度的增加而降低。黑子通常成群

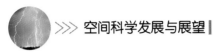

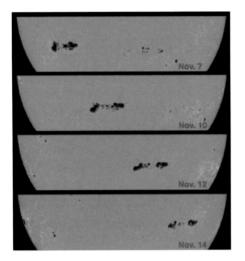

图2-27　一黑子区在相近数日的太阳光球观
测图像上的位置变化说明太阳自转
（图片来源：http://www.suntrek.org/solar-sur-
face-below/sunspots/how-fast-sun-spin.shtml）

出现，大的黑子群可能包含100个以上的单独小黑子，有时可持续长达两个月。一个小黑子直径大约有1 000 km，而一个大黑子直径则可达200 000 km。平均而言，太阳黑子的大小约为地球直径的2倍，平均寿命可持续一星期左右。

太阳黑子看起来较黑是因为它比光球温度低。较大的黑子中心温度约为4 200 K，而光球的温度为5 800 K，所以相对看起来较暗。事实上太阳黑子放出的辐射也不小。如果将太阳的其他部分挪走，只留下太阳黑子的部分放光，它看起来会是橘红色且比满月还亮。太阳黑子中间看起来较黑、较暗的部分称为本影区（umbra），周围较淡部分称为半影区（penumbra），图2-28展示出了单个黑子和黑子群的结构。黑子倾向

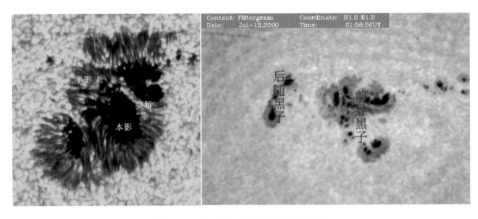

图2-28　单个黑子和黑子群的结构
（图片来源：http://space.ustc.edu.cn/cfroums/course/20090407082427.344/at/chapter6.ppt）

于成群出现，普通的黑子群通常由三至五个黑子组成，结构复杂的黑子群拥有三个甚至几十个大小不一的黑子。黑子群内的黑子大体上呈东西向排列。太阳的自转方向是自西向东的，因此，处于黑子群西部的黑子被称为前导黑子，东部的则被称为后随黑子。通常，前导黑子比后随黑子大，结构也较紧密。而且前导黑子比后随黑子出现得早，消失得晚。

1908年美国天文学家 Hale 发现黑子区内的磁场现象。Hale是根据磁场对原子能级的影响，也就是本章3.1.3节讲到的塞曼效应，发现黑子附近的磁场强度比太阳的平均磁场强度高出约1 000倍。强大的磁场抑制了对流，形成太阳黑子。因为等离子体内充满带电的粒子，根据磁冻结效应（磁场就像被冻结在等离子体内，气体与磁场被互相牵制在一起）可知，这些带电粒子不能被磁场移动，所以在光球层下的对流被黑子区内的强磁场减弱，造成黑子区内温度较低，成为较黑的太阳黑子区。

4.4.1 蝴蝶翻飞的黑子周期律

太阳黑子在日面上的分布具有规律性。太阳黑子活动大约每11年一个周期，在这个周期内黑子活动最高的时期称为（太阳活动）极大期，黑子活动最低的时期称为（太阳活动）极小期。在太阳活动极大期，平均有100颗左右的黑子；而在极小期，黑子数量只有几颗而已，有时甚至没有。

美国天文学家海尔研究证实：在同一个太阳活动周，北半球双极黑子群的前导黑子与南半球的后随黑子为同一极性；北半球双极黑子群的后随黑子与南半球的前导黑子为同一极性。在下一活动周，南北半球双极群的极性顺序发生变化，这就是太阳黑子的Hale极性定律。因此，准确地说，太阳黑子的周期是22年，涵盖了两次太阳磁场的磁偶极转变。海尔建立了太阳黑子与太阳磁场的联结，阐明了太阳活动周期的物理基础，开启了现代对太阳黑子的认识。

在每次太阳黑子周期开始时，黑子大都出现在太阳的中纬度约赤道南北30°的区域内。以后黑子出现的区域渐渐移往较低的纬度，到了周期最后，黑子只出现在赤道南北8°范围内。当上一个周期的黑子还没有完全消失时，下一个周期的黑子又出现在±30°纬度附近。以黑子的纬度为纵坐标，以时间为横坐标，绘出的黑子分布图很像蝴蝶，这种现象是英国皇家格林威治天文台的Maunder首先发现的，故又称此图为Maunder蝴蝶图（Maunder Butterfly Diagrams），如图2-29所示。

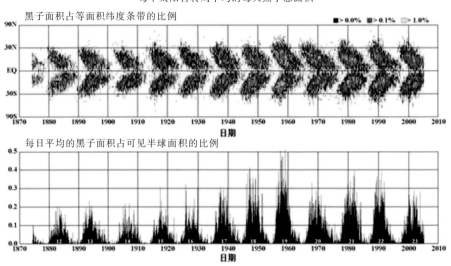

图2-29 太阳黑子的Maunder蝴蝶图(上)和11年周期律(下)
(图片来源：http://science.msfc.nasa.gov.cn/ssl/pad/image/bfly.gif)

4.4.2 太阳活动周期律的谜解

太阳黑子的周期看来和整体太阳磁场的变化情形有关，黑子周期的交替与磁极的交替有关。如果用塞曼效应去测量黑子区的磁场强度，将发现每一对黑子均是由磁偶(magnetic pair) 组合而成的。在一对黑子中若一个黑子呈磁北极性，另一个则呈磁南极性。另外，我们也会发现在太阳赤道以北，每对黑子群，前导黑子呈磁北极性，后随黑子则呈磁南极性。而发生在南半球的现象则刚好相反。更奇特的是，随着太阳黑子周期的更迭，上述现象的整个极性刚好反过来。

虽然对这种磁极更替变化的现象仍没有完全了解，但是在1961年 Mt. Wilson 天文台的Babcock提出假设，认为这可能和太阳自转及太阳磁场的交互作用有关。

因为地球是固体，所以就如刚体一样自转。可是，太阳因为本身是一团气体，不同日面纬度的自转速度就不一样。观测证实，赤道附近周期约25天，而高纬度地区的自转周期约29天。这表示赤道附近的物质比两极附近走得更快，从而造成较差自转（Differential Rotation）。太阳的较差自转使赤道部分的磁力线会旋绕整个太阳赤道，这些磁力线扭曲打结像一团缠绕在线轴上的捻线。而对流层的扰动更使这些磁场扭曲，形成卷绳状的磁力线，而且突出太阳表面。这些磁力线突出之处就形成太阳黑子并成对出现。设想的大致过程如下：

（1）在太阳活动极小年的三年前，太阳表面基本上只有极区存在微弱的磁场。此时为偶极场，磁力线具有如图 2-30 的左上图所示。这些磁力线只在纬度高于55°的区域穿出太阳表面，其余部分则埋藏在表面以下。在±30°的低纬度区，磁力线的埋藏深度约为0.05个太阳半径，基本上是均匀分布；纬度增大时，埋藏深度也增大，在±55°处，约为0.1个太阳半径。

（2）从极小年前三年到极小年，由于太阳大气的较差自转，将偶极场的磁力线拉伸，磁场强度逐渐增强。当太阳活动极小年时，纬度为30°处的磁场增强到磁流管能够向上升浮的临界强度，如图 2-30 的右上图所示。

（3）当磁场强度达到临界值时，由于磁浮力，磁流管开始上浮，当它们到达太阳表面时，成为一个双极黑子，如图 2-30 的左下图所示。磁力线形状使双极黑子群的前导部分略微向赤道倾斜，在太阳活动极小年时，黑子群最先出现在纬度30°附近，随后到达临界磁场强度的纬度逐渐降低；

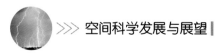

在活动周结束时，可以低到8°，这就是Spörer黑子分布律。

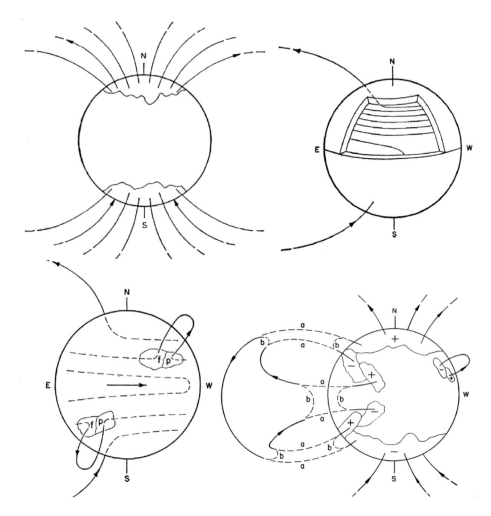

图2-30　Babcock设想的太阳磁场在一个太阳活动周的演化示意图

(左上：极小年的三年前的情形,只有偶极场；右上：从极小年前三年到极小年,由于较差自转,磁力线会旋绕整个太阳赤道；左下：磁场强度达到临界值,磁流管上浮成为双极黑子；右下：不同极性中和时，磁力线重联并被切断，形成的闭合磁流环被抛向空间)(图片来源：Babcock,1961)

（4）从极小年到第八年，极区磁场实现极性反转。双极活动区的后随部分有向极区扩散的倾向，而前导部分有向赤道扩散的倾向。在每个活动周的前半周，双极黑子群的后随部分的极性与该半球极区磁场极性相反，因此后随部分的扩散导致极区磁场逐渐被中和，当活动极大时，达到完全中和，然后开始转变为相反的极性，完成了偶极磁场的反转。另一方面，前导部分则与比它纬度低的其他双极群中的后随部分中和，赤道附近的双极群还可以与另一半球的双极群中和。不同极性中和时，磁力线重联并被切断，形成的闭合磁流环被抛向空间，如图 2-30 的右下图所示。

Babcock 的理论解释了 Maunder 蝴蝶图周期的成因。太阳的磁力线首先在高纬地区打结缠绕在一起，然后才在低纬地区发生。因此，在周期的开始，黑子首先在磁力线易缠绕扭曲的高纬度地区形成，然后慢慢移到低纬区，所以低纬区的黑子较晚形成。

Babcock 的理论也能解释太阳磁极随着周期的更替而变换的现象。当磁场被较差自转扭曲得很复杂时，整个被扰乱毁坏，并重新排列组合成较简单的形式，然后较差自转再次开始将磁力线缠绕。这代表另一个新的周期又开始形成，但因为重新排列使得磁场极性颠倒，所以在新的周期中太阳磁场南、北极性互换了。我们说太阳黑子周期是11年，但是若考虑太阳磁场极性互换的完整周期，则应该是22年。

5 风起太阳

太阳风是指太阳大气向外连续发射的超声速等离子体流动，这种流动连续存在，昼夜不舍。太阳风与地球大气对流层的风相比，在性质上存在很大的差别。譬如，地球上的风是由中性的气体分子组成的，但太阳风是主要由电子和质子构成的等离子体组成的；地球上的风速一般为每秒钟几米到几十米，人们常说的"十二级"大风，其速度为每秒30多米，而太阳风的速度一般为每秒钟200~800 km。设想有一列火车从北京开出，并以太阳风的平均速度（400 km/s）驶往上海，那么它只需要三四秒钟即可到达

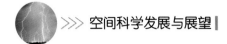

终点，太阳风速度之快由此可见一斑！虽然速度很快，太阳风中物质的密度却很低，每立方厘米只有几个到几十个粒子，与地球上空气的密度相比可以视为真空。太阳风从太阳出发向四面八方不停地吹，一直吹到太阳系的边缘，在那里它遇到了另外一种风——星际风，两种风互相抗衡，一番角力之后划出了一个"权利边界"，里面归太阳风"管"，外面则属于星际风的"势力范围"。这个边界有点像气球的形状，就是所谓的日球层顶，也是日球层的外边界。地球处在太阳系里面，自然也会有太阳风吹到地球空间。但幸运的是，地球有自己的磁场作为保护伞，使得太阳风绕过地球而流走，保护着地球上的一切事物不至于被太阳风吹得"灰飞烟灭"。但是百密一疏，这把挡风的保护伞在南北极有缺口，太阳风中的"不法分子"就会"乘虚而入"。"不法分子"虽然数量不多，但其危害却很大，它们会与地球的磁场发生相互作用，进而在地球的磁层、电离层以及中高层大气中产生一系列效应。可以想象，在没有保护伞的广袤的行星际空间里，太阳风是何等的狂暴肆虐，何等的八面威风。那么，太阳风是怎么被人类发现的呢，人类对它又有多少了解呢？

5.1 千呼万唤始出来——太阳风的发现历程

在对彗星的长期观察中，人们注意到这样一个奇怪的现象——彗星的尾巴总是背向太阳。早在公元653年的唐代，正史中做了如下的描述：当彗星早上出现时，它的尾巴指向西，而当它晚上出现时，它的尾巴指向东。那时的中国人还没有提出"太阳风"的概念，但中国典籍中多次提到太阳辐射的"气"，这些强大的"太阳气"将彗尾吹向背离太阳的方向，就像地球上的风会把雨或雪吹成斜线一样（http://vip.book.sina.com.cn/book/chapter_163740_104039.html）。西方最早注意到太阳风是在1850年，一位名叫卡林顿的英国业余天文学家在观察太阳黑子时，发现在太阳表面上出现了一道小小的闪光，持续了5分钟之久。卡林顿对此给出的解释是，他认为自己碰巧看到有一颗陨石掉在太阳表面上（http://vip.book.sina.com.cn/book/chapter_163740_104039.html）。20世纪50年代关于等离子体彗尾的研究使科学家提出太阳发射连续微粒流的假设。人们发现很多彗星都有两个彗尾，其中一条弯曲的白色尾巴为尘埃彗尾；另一个为蓝色，称为等离子体彗尾，它的主要成分为CO^+和N_2^+，蓝色就是它里面CO^+离子的辐射造成的。这个蓝色彗尾总是指向远离太阳的方向，像是在强风中的一缕炊烟一样（涂传诒，1988）。图2-31给出的就是1997年4月观测到的霍尔·波普彗星，图中淡蓝色的直尾巴就是等离子体彗尾，它的指向背离太阳，另外一条弯曲的白色尾巴为尘埃彗尾。为了解释这个现象，有人提出了太阳向外连续辐射微粒流的假说（Biermann，1951），这些微粒流能把动量传递给彗尾，从而带着彗尾的等离子体物质朝远离太阳的方向运动。这一假说对于太阳风概念的提出起了很大作用。受这种假说的影响，美国科学家帕克在1958年通过一系列数学计算，提出日冕定常膨胀的模型（Parker，1958）。那么，聪明的帕克是如何从数学推导上给出这一预言的呢？

图2-31　1997年4月观测到的霍尔·波普彗星
（图片来源：Balogh等，2008）

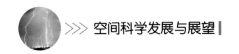

5.2 神机妙算——太阳风的理论模型

在太阳风的概念提出之前，人们已经知道太阳上层大气为高温度、高密度和高磁场强度的日冕物质，它的温度为$10^5 \sim 10^6$ K，密度为10^8 ions/cm^3，磁场强度为10^5 nT（1 nT=10^{-9} T）。但是在太阳系外面的星际介质却是低温（10^4 K）、低密度（0.1 ions/cm^{-3}）和低磁场强度（0.5 nT）的，可见日冕物质的温度是星际介质的10~100倍，密度是其10^9倍，磁场强度是其20万倍！那么，性质差别如此之大的这两种介质是如何达到平衡的呢？太阳风的提出就解决了这个问题。

帕克在1958年提出，在太阳大气压力梯度和太阳重力场的共同作用下，日冕气体存在一种流向行星际的超声速流动——太阳风。为了能够在数学上得到解析的表达，帕克首先对实际上很复杂的问题进行了一系列的简化，譬如他假设所有的物理量都只与日心距离r有关，与时间无关，因此这一模型也被称为定常膨胀的日冕模型。他从流体的质量守恒、动量守恒和能量方程出发，假设日冕处于等温，帕克推导出了一个描述流体运动的方程：

$$\frac{1}{u}\frac{\mathrm{d}u}{\mathrm{d}r}\left(u^2-\frac{2kT}{m}\right)=\frac{4kT}{mr}-\frac{GM_\Theta}{r^2}$$

式中，u表示流体运动的速度，r为日心距离，k是玻尔兹曼常数，T为温度，m为质子质量和电子质量之和（约等于质子质量），G为万有引力常数，M_Θ是太阳的质量。在数学上，这个方程有五类解，见图2-32。

虽然数学上存在五类解，但聪明的帕克结合实际观测很快就将不符合实际的Ⅰ、Ⅱ、Ⅲ、Ⅴ这四类解给排除了，只保留了唯一正确的Ⅳ类解。

该解表明，太阳风的速度随距离增加而连续增加，过了临界距离之后它就变成了一种超声速的流动。进一步的计算证明这类解在无穷远处可以融合为低压的星际背景，帕克把这种日冕连续不断的超声速膨胀命名为

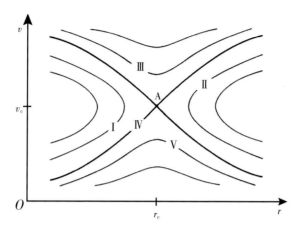

图2-32　运动方程的五类解。横坐标代表日心距离,纵坐标代表太阳风速度,r_c为临界距离,V_c为临界速度。(图片来源: Gombosi, 2004)

"太阳风"。图2-33给出了在不同日冕温度下，太阳风速度随日心距离的变化。按照这一模型，在不同日冕温度下的1 AU处的太阳风速度可以从200 km/s变化到1 000 km/s，这和实际观测得到的结果是一致的。

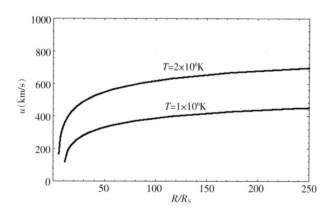

图2-33　不同温度下的等温日冕的膨胀速度随日心距离的变化
(R为日心距离,R_S为太阳半径,地球轨道位于215 R_S)(图片来源: Gombosi, 2004)

综上可见，深厚的数学功底加上敏锐的物理洞察力，使帕克终于窥探到了"天机"，在太阳风未被直接观测到之前就预言了它的存在。虽然同时期也提出了其他太阳风模型，如静态日冕模型、太阳微风模型等，但事实证明只有帕克的超声速太阳风模型是正确的，是能够经得起实践检验的。

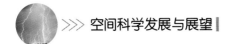

虽然模型进行了很多简化，但它预言的太阳风性质跟实际的观测吻合很好。那么，抛开复杂的数学推导，真实的太阳风具有什么样的观测特征呢？

5.3 管中窥豹——太阳风的早期观测特征

在帕克的太阳风预言发布不久，1962年发射的探测金星的宇宙飞船"水手2号（Mariner 2）"发现，地球附近的行星际空间存在来自太阳方向的连续的超声速等离子体流动，它的主要成分为电子和质子，并有少量的α粒子（即氦原子核，占3%~4%）。后来，人类又发射了很多空间探测器对太阳风的主要参数进行测量。这些早期的探测器包括分别于1974年和1976年发射的太阳神1号（Helios 1）和2号（Helios 2）、1973年发射的"行星际监测平台8号（IMP 8）"等。但早期的这些观测都是在黄道面内进行的，并且飞行器是在自己的轨道上对太阳风进行点式或者线式的局地观测，相对于三维空间的太阳风来说，这些观测就像是管中窥豹一样具有局限性。尽管如此，大量观测还是得到了地球轨道附近的太阳风的平均性质（涂传诒，1988）：太阳风主要成分是质子和电子，另外还有一些少量的重离子，如α粒子（He^{2+}）、O^{5+}、O^{6+}、O^{7+}等，其中质子和电子的数密度变化范围为0.4~30个/cm³，平均5个/cm³；运动速度的变化范围为200~900 km/s，平均约400 km/s，也就是说，太阳风从太阳到地球只要四天左右的时间；对于低速太阳风，质子平均温度为4×10^4 K，电子平均温度为1.5×10^5 K，高速太阳风中质子温度大于电子温度；太阳风中磁场强度为0.25~40 nT，平均约6 nT；磁场方向偏离径向约45°。

观测上，存在两种类型的太阳风：一种是速度超过600 km/s的高速太阳风，另一种是速度低于400 km/s的低速太阳风。长期存在的高速流起源于冕洞，那里是太阳大气中巨大的单一磁场极性的开放场区，所以太阳风的膨胀不受磁场的约束。而低速流的起源尚无定论，有人认为低速流起源于冕流外侧磁场极性反转的区域，还有人认为低速太阳风起源于冕洞和冕旒之间的边界。

两种太阳风具有不同的性质，见表2-3。在黄道面（地球公转轨道面）附近，太阳风大都由交互的高速流和低速流组成。在太阳活动极小期和下降期，长期存在的巨大冕洞从极区向低纬度扩张，发出的高速太阳风经常扫过黄道面。由于太阳的自转，位于后面的高速太阳风会赶上它前方的低速太阳风，这样在高速流边缘，流线会汇聚从而压缩等离子体，并产生一个高压强区域，以阻止高速流和低速流的交迭。通常把高速流边缘的压缩区称为相互作用区，这样的结构通常在连续几个太阳自转周内重复出现，因而也把它称为共转相互作用区（corotating interaction region）。完整的共转相互作用区已经在地球轨道以外被观测到，这些现象是在和地球一起运动的参照系中观测的，它们随着太阳一起旋转，所以常常具有约27天的周期性。

表2-3　两种太阳风在1 AU处的性质比较（Schwenn和Marsch，1990）

参数	高速太阳风	低速太阳风
质子数密度n_p	2.73个/cm³	8.3个/cm³
氦丰度$A=n_\alpha/n_p$	0.048	0.038
质子速度v_p	702 km/s	327 km/s
质子通量$n_p v_p$	1.9×10^8 cm^{-2}s^{-1}	2.7×10^8 cm^{-2}s^{-1}
质子温度T_p	2.3×10^5 K	3.4×10^4 K
电子温度T_e	1.0×10^5 K	1.3×10^5 K
α粒子温度T_α	1.42×10^6 K	1.1×10^5 K

5.4 空中芭蕾舞——行星际磁场和扇区结构

太阳大气中存在着非均匀磁场结构，日冕等离子体的高电导率和高热导率使得磁场和等离子体是"冻结"在一起的，就像用绳子串起来的珠子一样，粒子只能沿着磁力线运动而无法跨越它。如果磁场很强，那么磁场

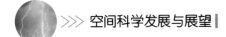

就控制着等离子体的运动，磁力线怎么弯曲，物质就会怎么流动；反过来，如果磁场很弱而物质的流动很"强势"，那么物质的运动就会控制着磁场，物质往哪里流，磁力线就会被"拖"到哪里。还是借用上面绳子串珠子的例子，如果我们把轻巧的珠子串在一根很硬的钢丝上面，那么钢丝弯成什么样，珠子就排列成什么样，它们只能沿着钢丝运动，却无法挣脱钢丝的束缚；反过来，如果我们把很重的钢珠串在一根柔软的细线上面，那么钢珠怎么运动细线就得怎么弯曲，细线的形状完全听命于钢珠的运动。

在太阳活动低年的时候，太阳的大尺度磁场近似于比较简单的偶极子磁场，类似于一个具有南、北两个极性的条形磁铁，太阳的南、北两极是开放的磁场，中间赤道附近是闭合磁场区域。在南、北两极附近，由于磁力线是开放的，等离子体可以毫无阻碍地跑出去。但在赤道附近区域情况就不相同了，由于磁场是闭合的，粒子不能跨过磁力线直接向外运动，它们只能沿着弯曲的磁力线运动，而且随着高度的增加，磁场减小，物质的流动逐渐起了控制作用，在大约3个太阳半径以外，物质将冲破磁力线的束缚向外运动，同时将磁力线拉成平行于赤道面的直线（不考虑太阳自转），并再也不回到太阳上，于是粒子就可以沿着磁力线到达空间各处（Meyer-Vernet，2007），见图2-34。这些拉长的磁力线来源于不同的半球，上面的磁力线来自北半球，箭头（代表磁力线方向）朝外表示磁场的极性是离开太阳的方向，下面的磁力线来自南半球，箭头朝内表示磁场的极性是向着太阳的方向。因此，赤道面两侧的磁场方向相反，

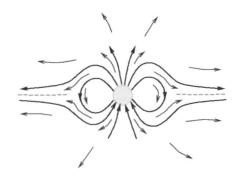

图2-34 太阳活动极小年的太阳磁场和太阳风流场示意图（图片来源：De Keyser等,1999）

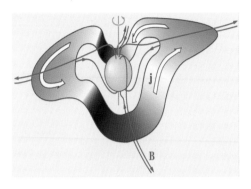

图2-35 日球电流片示意图

(图片来源：International University Breme. 2003. http://212.201.48.1/course/spring03/c210102/ space/gga2d-solarwind.pdf)

按照麦克斯韦方程组，磁场反向的地方就会有电流存在，于是在它们中间就存在一层很薄的电流片。在三维空间里，电流片会绕太阳一周形成一个环形的面，称为日球电流片，见图2-35。这里赤道面其实是太阳磁赤道面，在太阳活动极小年的时候，日球电流片是一个接近太阳赤道的近似平面，随着太阳活动的增强，太阳磁场会变得更加复杂，日球电流片将逐渐偏离自转赤道面，同时也不再是一个平面，而是变得越来越弯曲。

上面的探讨并没有考虑太阳的自转，实际中的太阳是存在自转的。相对于地球上的观测者，太阳每27.2753天自转一周，太阳的自转使得在大约3个太阳半径以内的日冕等离子体会跟着太阳一起转，类似于刚体的自转，其原因还是磁场太强，控制着物质的运动。3个太阳半径以外的等离子体不再受磁场控制，它们也就不需要保持太阳自转的"节拍"了，而是只需要保持它们逃离太阳的时候角动量守恒就可以了，随着日心距离的增加，物质运动的角速度很快下降，远距离的太阳风就变成了基本径向运动。同时，物质的运动会把磁力线带出来，这样行星际磁场的磁力线在靠近太阳的一端会随着太阳一起自转，而远离太阳的一端则保持径向运动，于是磁力线就被拖拽缠绕成了螺旋形，这就像我们拿着一根快速喷水的水管快速旋转时径向向外喷射的水滴形成的螺旋线一样（涂传诒，1988），如图2-36。图2-36的左图中，红色带箭头的实线表示拉出来的行星际磁力线，箭头朝外和朝里表示不同的磁力线极性，绿色虚线表示不同极性磁力线区域的分界线（被称为扇区边界），蓝色虚线表示地球公转轨道。图2-36右图表示三维行星际磁场和太阳风流线，红、橙、绿三种颜色的螺旋形代表行星际磁力线，棕色带箭头的实线表示太阳风流线。

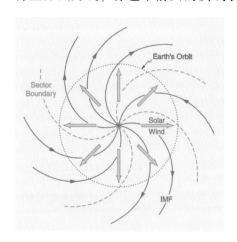
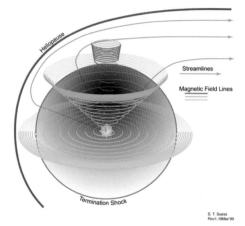

图2-36　左：黄道面内的行星际磁场和扇区结构；右：空间三维行星际磁场和太阳风流线
（图片来源：http://212.201.48.1/course/spring03/c210102/space/gga2d-solarwind.pdf, International University Breme. 2003）

　　真实的日球电流片由于受太阳具体的大尺度磁场结构和太阳自转的共同影响会变成一个复杂的曲面结构。地球空间的卫星也是在黄道面内运行的，因此卫星时而在电流片北侧，时而在电流片南侧。电流片南、北侧极性不同，因此卫星在一个太阳自转周内，就会多次穿越电流片，于是就会观测到几个不同极性的行星际磁场区域，这被称为行星际磁场的扇形结构。1 AU处扇形结构的存在被Ness和Wilcox（1964）及Wilcox和Ness（1965）在分析1963年底至1964年初（即第20个太阳活动周的极小期附近）的IMP-1磁强计数据时所证实。他们将扇形结构的一个"扇区"定义为，当该区域扫过飞船时，区域内部的磁场极性保持4天以上不变。他们所分析的观测是一个"四扇区结构"，即在一个太阳自转周内四个区域的极性交替为正和负，该模式稳定存在并且具有约27天的再现周期。这种有规则的扇形磁场结构被认为是太阳上有规则的大尺度磁场的反映。

　　在太阳活动的不同时期，日球电流片的形状会发生变化，它相对于黄道面的起伏也有高有低，因此常用"芭蕾舞裙"来形象描述日球电流片的变化，见图2-37。在太阳活动极小年期间，电流片位置接近太阳赤道面，比较平坦，这时的行星际空间通常可观测到四扇区结构。但并不代表此时的太阳上出现了一个很大的四极子分量，而是由于此时的日球电流片具有很小的"褶皱"（ripples）并且黄道面和太阳赤道面的夹角很小共同造成的，这时的"芭蕾舞表演"刚刚开始。随着太阳活动的增强，太阳偶极轴相对于自转轴的倾斜度加大以及太阳大尺度磁场结构的日益复杂，电流片与太阳赤道的倾角逐渐增大，同时电流片也变得更卷曲，上下起伏的幅度变大，此时行星际空间往往观测到二扇区结构，"芭蕾舞演出"兴致渐酣。到太阳活动极大年时，电流片倾角达到最大，起伏的幅度最大，这是因为太阳上出现了大量的活动区，"芭蕾舞表演"也达到高潮。随后太阳活动开始减弱，电流片慢慢回到赤道面附近，"芭蕾舞演出"也逐渐舒缓下来。整个过程历时约11年，即一个太阳活动周。接下来又开始一个新的太阳活动周，"芭蕾舞演出"也一曲未平，一曲又起。可见，太阳公公每11年就会献上一曲曼妙的"空中芭蕾"，而围绕它运转的太阳系八大行星，以及各类人造空间探测器，永远是这场芭蕾剧最热情的观众，是太阳公公

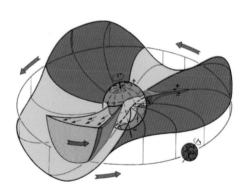

图2-37 日球电流片的"芭蕾舞裙"模型

（图片来源：International University Breme. 2003. http://212.201.48.1/course/spring03/c210102/space/gga2d-solarwind.pdf）

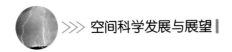

最忠实的"粉丝"！

阿基米德螺旋线模型一直在行星际磁场的模型中占据主流地位，甚至可以用它来检验飞船上磁强计的精度。这一模型意味着磁力线在某一日心距离（比如说3到10个太阳半径）之外，不论磁力线怎么缠绕，它的纬度总是不变的。然而尤利西斯飞船在高纬地区观测到了那些起源于低纬共转相互作用区中的重现性高能粒子事件，这是帕克模型所不能解释的。对此，有些科学家提出了行星际磁场的"亚帕克螺旋模型"（Fisk等，1999a；Schwadron和McComas，2005），这里囿于篇幅，不介绍了。

5.5 揭开庐山新面目——太阳风研究新进展

太阳风的发现是20世纪空间探测的重要发现之一，经过几十年的研究，人类发射了几十个各种轨道的空间探测器对太阳风实施局地（in-situ）观测之后，人们对太阳风的了解有了很大的进步，但是至今仍有很多问题一直困扰着科学家们。

5.5.1 四维日球层——太阳风的跨极观测

1990年以前，人类发射的用来观测太阳风的空间飞行器都是位于黄道面内的，黄道面是地球绕太阳公转的轨道面。NASA和ESA联合研制的Ulysses飞船是第一个在黄道面以外探测太阳风的空间探测器。它于1990年10月发射升空，1991年它在黄道面内飞往木星，1992年2月借助木星的引力尤利西斯变轨进入一个与黄道面夹角为80°的椭圆轨道上，然后开始飞往太阳的南半球极区方向。

从1994年9月到1995年6月，尤利西斯完成了第一次对太阳的跨极区飞行，见图2-38，所经过的日心纬度范围为±80°。这一时期为太阳活动的极小年，尤利西斯探测到了大量的太阳风数据，发现了与传统观点完全不同的全新太阳风结构（Neugebauer，1999）。观测到的太阳风速度随纬度的变化见图2-39的左上图，应该注意的是，此图用日心距离表示该纬度处飞船

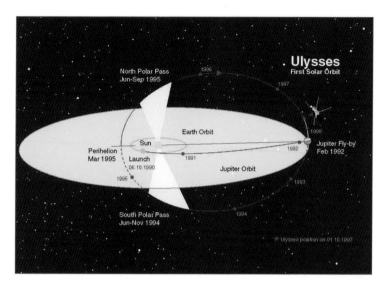

图2-38　尤利西斯的第一次跨太阳极区飞行
（图片来源：http://sci.esa.int/science-e/www/object/index.cfm?fobjectid=41198）

观测到的太阳风速度的大小，而不是真实观测位置的日心距离，红色（蓝色）表示相应的行星际磁场是远离（指向）太阳的，太阳风的观测结果被叠加在了太阳活动极小和极大时期典型的日冕背景图片上。可以看出，在±40°以外的中高纬区域完全是700~870 km/s的高速太阳风，对应于日面上颜色较暗的冕洞区域；低速太阳风只出现在±20°之间的区域，对应于日面上比较亮的冕旒带位置，在南北20°~40°的区域会有高、低速太阳风混杂出现。另外，在高速太阳风区域的南、北两个半球，磁场保持单极性，北半球磁力线离开太阳，南半球磁力线朝向太阳。只有在赤道附近的日球电流片区域，才会有交替极性的行星际磁场，整个结构相对简单。另外，Ulysses还有一个重大发现：行星际空间的开放磁通量大体为3.0 nT·AU²，基本不随纬度变化。这是太阳风在太阳活动低年时期的三维观测特征。

1998年之后，尤利西斯进行了第二次的绕日飞行，这一次它飞越太阳极区的时间在2000~2001年，此时的太阳活动处于极大年。特殊的轨道设计能够让尤利西斯交替地在太阳活动极小和极大时期跨过太阳的极区。第

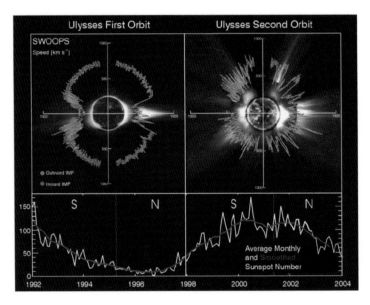

图2-39　尤利西斯两次跨太阳极区飞行观测到的太阳风速度随纬度的变化。左上图：第一次
　　　　跨极飞行的观测结果；右上图：第二次跨极飞行的观测结果，红色和蓝色分别表示行
　　　　星际磁场远离和指向太阳；极小和极大时期的日冕背景分别为1996年8月17日和
　　　　2000年12月7日的远紫外望远镜和白光日冕仪的观测结果；下图为这一时期太阳黑
　　　　子数月均值随时间的变化。（图片来源：McComas等，2003）

二次绕日飞行所观测到的太阳风参数随纬度的变化见图2-39中的右上图。
与极小年的观测显著不同，极大年的冕旒带可延伸到整个纬度区域，相应
的高低速流交替出现在各个纬度，行星际磁场的极性也是正负交替出现。
因此，在任何纬度都可以观测到高速太阳风和低速太阳风。这是太阳风在
太阳活动高年时的三维观测特征。

　　除了太阳风三维分布的认识之外，尤利西斯的观测还在太阳风起源、
太阳风的成分和电离态、高能粒子、日冕和日球层磁场、星际尘埃等问题
上也带来了一系列认识上的改变。譬如，它使人们意识到高能粒子在纬度
方向具有比以前预期的更强的可移动性，长时间存在的偏离经典行星际螺
旋型磁场位形是磁力线的足点在太阳上运动的结果，同时这也是太阳风起
源新理论的一个组成部分。那么，在太阳风起源这一经典问题上最近几十
年又有什么样的新进展呢？

5.5.2 为有源头活水来——太阳风起源的新认识

太阳风的起源和加速问题一直是太阳物理、空间物理领域的一个研究热点。经历了几十年的研究，目前普遍认为，高速太阳风起源于太阳上的开放磁场区域（即冕洞），而低速太阳风的起源问题一直存在争议。有关太阳风是如何得到等离子体的物质以及太阳风能量供应问题，长期以来存在两大类理论模型：第一类是基于帕克经典理论的一维流管模型，第二类是磁重联驱动理论模型。

一维流管模型认为，太阳风起源于高温的日冕底部，物质稳定连续地在一个恒定的流管内被加速和加热的（Parker，1958），日冕高的热传导率和压力梯度分布是造成太阳风加热和加速的直接原因，因此没有考虑日冕的加热机制问题（Whang和Chang，1965）。后来的研究把太阳风的下边界下推到过渡区底部或者色球层甚至光球层，求解包含能量方程的磁流体力学方程和控制阿尔芬波湍流的方程，阿尔芬波的耗散可以对太阳风提供加速和加热（Tu和Marsch，1997）。一维流管模型可以很好地解释观测到的高速和低速太阳风，但它的定常流管的概念却常常受到质疑。

磁重联驱动理论模型考虑了不同磁结构之间的相互作用，以及光球、色球的水平运动对太阳风起源的影响。它认为太阳风的等离子体来源于不同尺度的磁环中，太阳大气开放磁场与高温度、高密度闭合磁环的重联为太阳风提供物质和能量。日冕磁环与超米粒组织边界的具有相反极性的开放磁场重联，形成向下运动的小闭合磁环和新的开放磁场，原本束缚在日冕磁环内的等离子体将注入新的开放磁力线管中，提供太阳风的质量，磁重联激发的波动和湍动，提供太阳风加速的能量（Fisk等，1999b）。

Tu等（2005）利用卫星观测资料及日冕三维磁场重构技术，首次重构极区冕洞开放磁场的三维结构，确定了太阳风初始外流的形成高度，提出了三维太阳风起源新图像。光球层的超米粒组织水平对流运动使过渡区的中尺度磁环底部发生水平移动，进入漏斗状的磁场结构与开放磁力线重

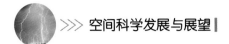

联，从而释放了原本束缚在磁环内的等离子体，一部分等离子体向外加速形成初始太阳风，磁重联产生的阿尔芬波向外传播，为初始太阳风的进一步加速和加热提供能量，它们最终被加速形成太阳风（Tu等，2005）。这一研究结果使人们对太阳风的起源有了更进一步的理解，受到国际同行的高度评价。

5.6 未来到底有多远——太阳风的未解之谜

作为连接日地关系中一个重要的因素，太阳风自从发现以来就引起了太阳物理和空间物理学家们的广泛关注，也是研究的热点。经历几十年的研究，人们对太阳风的全貌已经有了相当程度的了解，取得了一定的成果。但有关太阳风的很多问题远未解决，一些焦点研究问题，如太阳风加速、日冕加热等，一直未有定论，可谓是百家争鸣，百花齐放。日冕加热机制是太阳风研究中最具挑战性的问题之一。太阳表面的温度只有几千摄氏度，但到了日冕却是上百万摄氏度的高温等离子体，即便在宁静区，日冕的温度仍然是很高的。过去的几十年里，人们提出了多种关于日冕加热的机制，如小尺度重联的电流耗散加热、波动耗散加热、太阳重力场对非热粒子的过滤作用等，其中的每一种理论机制都涉及了很多个物理过程，但目前尚没有比较一致性的结论。除此之外，还有很多问题也亟须科学家们去解决。例如，日冕等离子体的粒子具有什么样的速度分布，太阳风是被超热驱动的吗？如果波动或者湍流造成了物质的加速和加热，那么它们是在什么位置以及如何加速和加热物质的？太阳风的时间和空间不均匀性能够忽略吗？太阳风中的能量是如何输送的？用磁流体的概念描述太阳风正确吗（Meyer-Vernet，2007）？此外，太阳风中也包含了各种各样的波动、间断面以及来自太阳的各类磁结构，它们构成了各种各样的太阳风现象，也成为行星际物理研究对象，它们当中有些虽然尺度很小，但是里面却蕴含了丰富的物理现象，值得人们深入研究。

6 太阳风暴

一般情况下，太阳向外发出电磁辐射和超声速等离子体流动（太阳风）是连续稳定的。但是太阳风暴期间，在短时间内，从太阳上层大气发出的电磁辐射在部分频段会增强几百倍甚至更高，发射的高能带电粒子会成千上万倍地增加，抛射出的超高速等离子体流动大大超过平时的太阳风。这些增强的电磁辐射、带电粒子和威力大大增强的太阳风到达地球后，就会在地球空间兴风作浪，产生第一章所讲的各种灾害。下面让我们看看太阳风暴的源头及其在行星际空间的传播图景。

6.1 惊天动地的爆炸——太阳耀斑

1859 年9 月1 日上午11时18 分，英国天文学家卡林顿首次通过天文望远镜在投影"银幕"——一张白纸上看到一大群黑子的近旁突然爆发出两个耀眼夺目的新月型闪光，那明亮耀眼的光斑很快暗淡下去，大约过了5 分钟，就一点影子也没有了（Carrington，1859）。后来天文学家把这种太阳活动称为耀斑。1892 年，美国天文学家海耳用自己研制的"太阳分光照相仪"，首次拍摄到太阳耀斑的照片。1932 年，世界上成立了一个使用太阳分光镜观测太阳耀斑的国际组织。

随着观测到的太阳耀斑记录不断增多，人们发现小型的太阳耀斑是一种常见的太阳活动现象，在太阳黑子密集的部位，一天就能观察到100 多次，但像卡林顿第一次所看到的那么大的耀斑则极其罕见。后来发现，除了日面局部突然增亮外，还有紫外线、红外线、X 射线、γ射线、射电辐射和从1 keV 到10^3 MeV的高能粒子流等也会显著增强，因此耀斑是太阳上层大气中最为剧烈的爆发现象。大耀斑最突出的特征是来势凶猛，能量巨大，在短短的一二十分钟内就可以释放出$10^{25} \sim 10^{26}$J的巨额能量，相当于地球上十万至百万次强火山爆发的能量总和，真可算是"惊天动地的爆炸"。

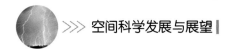

为便于研究，太阳物理学家将释放能量在10^{21}~10^{22} J的耀斑称为小（或亚）耀斑，在10^{23}~10^{24} J的耀斑称为中等耀斑，10^{19}~10^{20} J的称为微耀斑，小于10^{18} J的称为纤耀斑（林元章，2000）。

耀斑可以根据地球同步轨道卫星（GOES）观测到波长为1×10^{-10} m到8×10^{-10} m的X射线流量（瓦特每平方米）进行分级（Tamrazyan，1968）：A级<10^{-7}，B级10^{-7}~10^{-6}，C级10^{-6}~10^{-5}，M级10^{-5}~10^{-4}，X级>10^{-4}。除了X级之外，其余的每级内又细分为1到9级，所以X2级耀斑的强度是X1级耀斑的2倍，是M5级耀斑的4倍。现代所观测到的最大耀斑发生在2003年11月4日，这一事件使得GOES卫星的探测器达到饱和状态，开始根据GOES观测曲线外推定为X28，后来根据电离层的效应估计应达X45级。

现在还仍然使用的早期分类法是根据H_α的辐射增强将耀斑定性划分为F级（较暗），N级（中等）和B级（很亮）。还有一种是按照耀斑光度达到极大时的面积占整个太阳半球的表面积（等于6.2×10^{12} km^2）的百万分之多少来划分的（林元章，2000），占比小于百万分之100（小于2.06平方度）是S级，占比在百万分之100到250（2.06到5.12平方度）的是1级，占比在百万分之250到600（5.12平方度到12.4平方度）的是2级，占比在百万分之600到1 200（12.4到24.7平方度）的是3级，占比大于百万分之1 200（大于24.7平方度）划为4级。有时将这些标准的分类结果组合起来描述一个耀斑，如1998年4月26日在NOAA AR8210活动区发生了一个耀斑，级别为3B/M6.8。

6.1.1 耀斑低温区的观测现象

耀斑低温区主要是用H_α谱线观测。观测发现，有些事件发射区外观较小，高度较低，耀斑过程变化不明显，呈现自生自灭的情况，这种耀斑称为致密耀斑。还有一种耀斑，有数条较大的分别处于相反磁场极性区域的亮带，由一些近乎平行的磁弧连接，通常是两条，所以常称为双带耀斑，它们往往与活动日珥相关。图2-40是用H_α谱线对1972年8月7日的海马状大耀斑的观测。图2-41是用H_α的线心和不同线翼对2011年8月4日的一个双带耀斑进行的观测。用H_α线还可观测到许多耀斑伴随现象。如日珥(暗条)消失，日喷(物质抛出后不再落回)和日浪(物质抛出后再落回日面)等现象。一般耀斑的光谱无连续发射，但是在有些黑子复杂而且面积较大的活动区中，在闪相的某一阶段，可见光波段的很大范围内出现可以观测的相当强的连续辐射，称白光耀斑。1859年卡林顿观测到的那个耀斑正是白光耀斑。

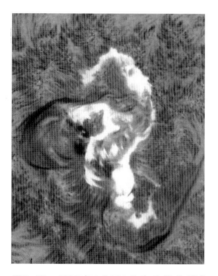

图2-40　1972年8月7日的海马状大耀斑
(图片来源：http://www.bbso.njit.edu/Images/image720807.jpg)

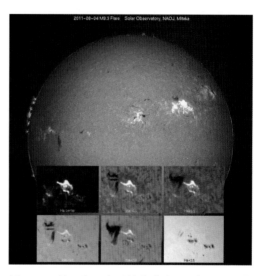

图2-41　用H_α线心和不同线翼对2011年8月4日的
　　　　一个双带耀斑进行的观测

(图片来源：http://solarwww.mtk.nao.ac.jp/en/image/halpha_20110804.jpg)

6.1.2 高温区的电磁辐射

上面简要介绍了耀斑在低温区的一些现象，而处在日冕当中的高温耀斑区包括了触发耀斑的磁力线重联区(参见本章6.1.4节)，温度可达$10^7 \sim 10^8$ K，辐射也集中在X射线波段。同时重联区产生的非热电子可以通过韧致辐射产生X射线爆发。另外，也可能通过磁回旋辐射产生射电微波和各种类型的米波爆发。因此，把X射线爆发、射电微波和米波爆发以及这些

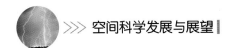

辐射产生的高能粒子归入与高温耀斑区相关的高能现象（林元章，2000）。

所谓轫致辐射是指带电粒子与原子或原子核发生碰撞时突然减速发出的辐射。根据经典电动力学，带电粒子做加速或减速运动时必然伴随电磁辐射。其中，又将遵循麦克斯韦分布的电子所产生的轫致辐射叫作热轫致辐射。因为在作为靶的原子核电磁场作用下，带电粒子的速度变化是连续的，所以轫致辐射的X射线谱往往是连续谱。轫致辐射的强度与靶核电荷的二次方成正比，与带电粒子质量的二次方成反比。因此重的粒子产生的轫致辐射往往远远小于电子的轫致辐射。同样，磁场中运动的电子受洛伦兹力作用做加速运动，也会产生辐射。通常把非相对论性电子的辐射叫作回旋辐射，而把极端相对论性电子（速度接近光速的电子）的这种辐射叫作同步加速辐射。

太阳X光波段的辐射常分为波长为$1 \times 10^{-10} \sim 100 \times 10^{-10}$ m的软X射线（产生相应辐射的电子能量为$0.1 \sim 10^4$ eV）和波长为$0.025 \times 10^{-10} \sim 1 \times 10^{-10}$ m的硬X射线（产生相应辐射的电子能量为$10 \sim 500$ keV）。一般说来，X射线、γ射线和微波爆发与H_α耀斑同时开始，但是波长越短，则持续时间也越短。耀斑发生时，$1 \times 10^{-10} \sim 10 \times 10^{-10}$ m的软X射线辐射可增强100到10 000倍，而小于1×10^{-10} m的硬X射线可增强100到1 000倍。图2-42就是2006年12月13日的耀斑在软X射线、硬X射线、远紫外线及其高能粒子的观测。

少数耀斑还有γ射线增强，我们知道，γ射线是核反应的标志之一，这说明某些耀斑过程存在核反应。

耀斑期间，在波长为$100 \times 10^{-10} \sim 1\ 500 \times 10^{-10}$ m的远紫外波段也可观测到辐射的突然增强，包括各种离子产生的谱线以及中性氢产生的连续谱，主要来自色球光学耀斑区与日冕中高温耀斑区之间的过渡区，有热辐射（通过加热耀斑过渡区的方式）和非热辐射（高速粒子冲击过渡区减速引起的轫致辐射）两种成分。

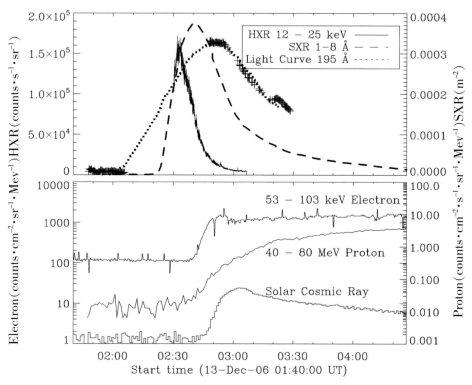

图2-42　2006年12月13日的耀斑观测。上图是硬X射线(单位：光子数每秒每立体角)、软X射
　　　　线(单位：瓦每平方米)和195×10⁻¹⁰ m的远紫外观测(任意单位)；下图分别是太阳宇
　　　　宙线(任意单位)、40到80 MeV的质子以及53到103 keV的电子通量观测(单位：粒子
　　　　数每秒每立体角每兆电子伏特)。(图片来源：Khan和Aurass, 2002)

　　与耀斑相关的太阳射电辐射增强称为太阳射电爆发。按照在射电频

谱图上的观测特征将其分为微波
爆发、Ⅱ型、Ⅲ型和Ⅳ型射电爆
发，其中在10~3 000 MHz频段的
变化特性和对应的爆发分型，如
图2-43所示。小耀斑只有厘米波
的微波爆发和Ⅲ型爆发，大的耀
斑可有自厘米至分米波段的微波
爆发以及Ⅱ、Ⅲ和Ⅳ型射电爆发。

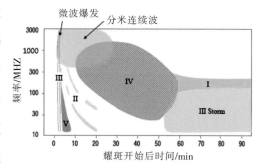

图2-43　太阳射电爆发与频率和持续时间的关系
(图片来源：改自http://www.spaceweather.go.kr/
instruments/spectrum/data)

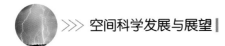

太阳Ⅱ型射电爆发的特点是在米波段的一个窄频段内，由高频向低频缓慢漂移（频漂），速度约为1 MHz/s，寿命为5~10分钟，常有同一源区的基频和二次谐频辐射。一般Ⅱ型射电爆发被解释为等离子体和激波向地球传播。

Ⅲ型射电爆发寿命只有几秒钟，频率漂移速度更快。在100 MHz时，频漂速度为20 MHz/s，在200 MHz时，频漂速度为150 MHz/s，频率可从几百兆赫兹到几千赫兹，爆发源位置从日冕直到地球附近。Ⅲ型爆发被解释为速度达10^5 km/s的非热电子激发的等离子体波。

Ⅳ型射电爆发为连续谱，一般紧随Ⅱ型爆发之后，持续时间从几分钟到几个小时，其特点是在很宽的波段中（从毫米波到十米波），辐射强度缓慢变化，常与大耀斑相伴。运动的Ⅳ型射电爆发一般可用由耀斑区向外抛射的等离子体云的电子磁回旋辐射进行解释。其他几种类型在此就不解释了。

图2-44是2011年2月13日观测得到的Ⅱ型射电爆发和Ⅳ型连续谱爆发，这一观测对应于AR 11158活动区在17:35 UT爆发的M6.8级耀斑。图中两条缓慢下降的曲线对应基频和二次谐频的Ⅱ型射电爆发，而占据很宽频谱的是Ⅳ型连续谱爆发。

6.1.3 耀斑高温区的粒子辐射

太阳耀斑过程中除了各种电磁辐射增强之外，还会出现粒子辐射增强。太阳耀斑发射粒子的能量主要处于1 keV~1 MeV之间，速度从1 500 km/s到相对论性速度，主要成分是电子和质子。估计所有耀斑都有粒子发射，但是是否观测到，则与耀斑日面位置和飞船位置相关（林元章，2000）。

大多数与耀斑有关的粒子发射事件只观测到流量不大的非相对论性电子流（10到100个/(cm²·s·sr)），而没有质子流，这类事件与小耀斑或亚耀斑相关，称为纯电子事件。

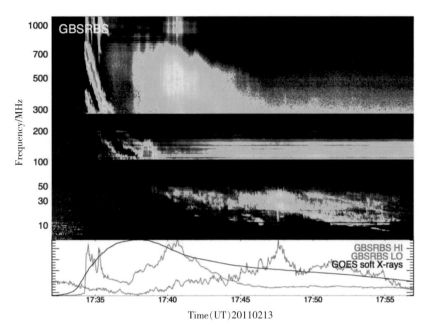

图2-44　2011年2月13日观测得到的II型射电爆发和IV型连续谱爆发
（图片来源：http://www.transientskp.org/science/flarestars.shtml）

少数耀斑发射能量大于10 MeV而流量超过0.3个/（cm²·s·sr）的质子流。此时电子流量为100到1 000甚至1万个每平方厘米每秒每立体角，这类事件称为电子—质子事件。

能量大于10 MeV的质子流量超过宁静背景时的10倍就表明有很强的质子流，这类事件称为质子事件，对应的源耀斑称为质子耀斑。此时具有相对论性电子，电子流量和能量更大，一定有很强的软X射线和硬X射线爆发。质子耀斑发生时，位于地球两极的射电波段宇宙噪声接收机（也叫电离层不透明度监测仪，工作频率30 MHz）会因极区上空的太阳粒子密度骤增引起宇宙射电噪声下降，称为极盖吸收。

少数特大耀斑会发射能量超过500 MeV的粒子，它们将突破地磁场屏蔽，产生地面宇宙线探测器可以记录到的事件，称为地面水平事件，对应的耀斑称为宇宙线耀斑。图2-45是GOES卫星不同能段的质子通道对1989

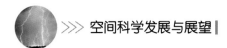

年10月19日到21日、2000年7月14日到16日和2003年10月28日到31日共三次地面水平事件的质子微分通量（单位：个质子每平方厘米每秒每立体角每兆电子伏特）的观测。

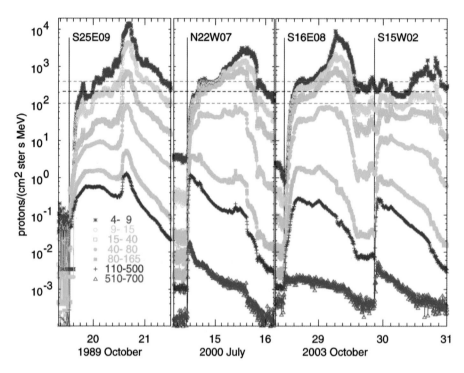

图2-45　GOES卫星的不同能段质子通道对三次地面水平事件的质子微分通量观测
（图片来源：Reams和Chee，2010）

6.1.4 耀斑模型

太阳耀斑是太阳大气大规模的能量突然释放过程，所以自然要问这些能量来自哪里，是什么原因能够使活动区在一天之内储存$10^{25}\sim10^{26}$ J的能量，又是如何释放的。自从Skylab卫星首次用软X射线望远镜对日冕进行仔细观测以来，发现软X射线亮区对应于强磁场区，也就是太阳黑子密集的部位，所以普遍认为包括耀斑在内的所有太阳活动的主要能量来源是磁能。虽然只有一小部分磁自由能可供利用，因为大部分是磁场重联也不可能转化的势场能量，但对于磁场强度为2 000 G，尺度为几万千米的黑子，足以提供耀斑所需的能量。磁能常通过从下面新浮现的磁结构、特殊的磁场位形以及耀斑前的磁结构（如暗条或日珥等）等方式储存能量。这么大的能量通过什么方式释放呢？磁重联被认为是最有希望的方式，但是关于磁重联的完整的物理过程还有待于进一步研究。大体说来，磁重联就像电流片区域（就是在很薄的区域内，磁场方向相反）中的火炉，它把原来的磁场烧成另外的位形，把原来方向近乎相反的不同磁力线连接起来，从而把储存在磁场里面的磁自由能释放出来，加速粒子，推动等离子体，转化成各种电磁辐射，因此，它是一种转化能量和改变磁场拓扑结构的物理过程，借此日冕磁场可以通过连续的磁场重联达到较低的能量状态，从而将多余的磁能转化为增强的电磁辐射和粒子动能。基于磁重联提出过许多耀斑模型，但大部分是唯象学模型，这里囿于篇幅不做介绍。图2-46是一个基于磁场重联的耀斑模型示意图（Shibata和Magara，2011），图中显示了耀斑脉冲相和下降相的磁场位形。

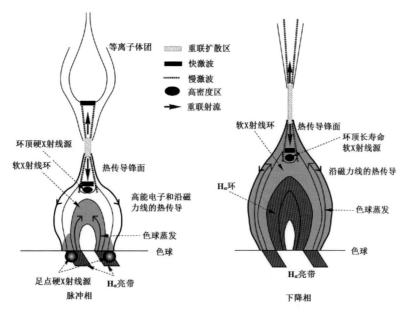

图2-46　基于磁重联的脉冲相和下降相模型以及各种辐射增强的产生区域
（图片来源：改编自Shibata和Magara，2001）

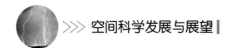

关于耀斑的知识我们了解到这里，下面我们介绍另外一种剧烈的太阳活动现象——日冕物质抛射。

6.2 威力巨大的喷发——日冕物质抛射

日冕物质抛射（Coronal Mass Ejection，简称CME）是太阳大气中最剧烈、太阳系中尺度最大的活动现象。如果说耀斑是最强烈的太阳电磁辐射增强的爆发活动，那么CME就是太阳活动中最剧烈的物质喷发方式。它在短时间内将几十亿吨携带磁场的等离子体从日冕抛射到行星际空间，这在我们人类看来很壮观，但是对于太阳来说，可能就相当于人打了个喷嚏。虽说如此，但是它抛出的磁化等离子体经过大约两到四天的时间就可能扫过地球，从而引起灾害性空间天气事件，因而从发现以来就受到人们的高度重视。据统计，与日冕物质抛射研究相关的观测飞船，美国宇航局（NASA）从1962年以来已经发射了38次之多（Webb和Howard，2012）。因此，有的研究人员就用"太阳风暴"一词表示日冕物质抛射，虽然太阳风暴的具体含义比单纯的日冕物质抛射要广一些。现在让我们先看看它的一般特性吧！

6.2.1 白光观测建功勋，物理参数从中取

20世纪70年代初，太阳轨道站OSO-7卫星上的日冕仪首次观测到这样一种现象，太阳在一两个小时之内从其表面喷射出几十亿吨的稠密气体到行星际空间中，这种现象开始被称为日冕瞬变，后来被称为日冕物质抛射（CME）事件。日冕物质抛射在白光日冕仪的观测图像中表现为明显亮于背景日冕（说明密度增大了）的瞬变现象，持续时间从数分钟到数小时。如果用连续差分技术处理观测图像，可以很明显地看到物质快速地向外运动的过程。

日冕物质抛射具有许多不同的表现形态和结构，人们曾根据它在白光日冕仪中呈现的形态进行分类，例如环状、泡状、晕状、束流状和扇形

等。日冕物质抛射的一个经常出现的形态是所谓的三部分结构,由亮的外环、暗腔和暗腔内的亮核组成。其中亮的外环是日冕物质抛射挤压背景太阳风所形成的等离子体堆积,暗腔是低等离子体密度的磁通量管,暗腔内的亮核则对应高密度的爆发日珥,这类日冕物质抛射约占实际观测的三分之一,但是由于结构规则、特征明显,便于观测判断和开展研究,所以三部分结构的日冕物质抛射是很多理论研究和观测分析中所采用的标准形态,因此对这类日冕物质抛射的研究十分重要(Chen,2011)。图2-47给出SOHO观测到的一个具有三部分结构的日冕物质抛射,外面的圆圈表示日轮遮挡板,里面的白色圆圈表示日轮所在的位置。

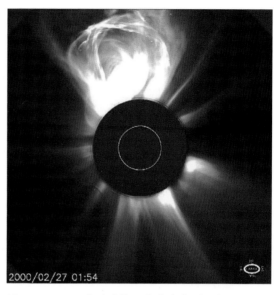

图2-47 SOHO观测到的一个具有典型三部分结构的日冕物质抛射事件(图片来源:Liu, 2007)

根据SOHO/LASCO以及STEREO的白光观测,日冕物质抛射在太阳活动低年的每三到五天可观测到一次,太阳活动上升期和下降期每天可观测到两三次,极大期则每天可观测到四到五次,大体随着表征太阳活动水平的黑子数的变化而变化,但是略滞后几个月。一次CME抛射出的物质质量平均为十几亿吨到几十亿吨,最大的可达百亿吨。抛射的等离子体动能平均为2×10^{23} J,最大可达10^{25} J(Schwenn,2006),也就是相当于100亿颗百万当量的氢弹释放的能量。很显然,正如上节所讲的,这么大的能量只能来源于磁能,但是由于诸多不确定性,CME中的能量如何分配至今没有恰当估算。

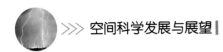

白光观测的CME另一个参数是事件的角宽度，也就是观测图上增亮部分对太阳中心所张开的角度，对于角宽度小于120°的事件来说，平均角宽度为41°，如果包含所有的观测事件，平均角宽度为60°。角宽度大于120°小于360°的事件称为半晕状CME，而增亮区域环绕整个日轮遮挡板的事件，角宽度是360°，称为晕状CME。这类事件被认为爆发源区距离日地连线较近，需要通过爆发源区的观测确定它是向着地球运动还是背着地球运动。当它们朝向地球运动时，这类事件常常比其他非晕状事件运动更快，能量更大，绝大多数具有很强的地磁效应和太阳高能粒子事件（SEP），对地球空间环境的影响也最大，因而受到高度重视（Webb和Howard，2012）。图2-48就是SOHO/LASCO C2对2003年10月28日（也就是著名的万圣节事件）的晕状CME的观测，其中最里面的白色圆圈表示日轮所在的位置。

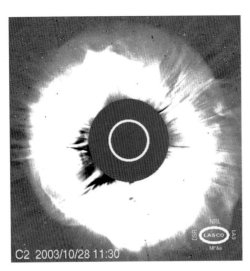

图2-48　SOHO/LASCO C2对2003年10月28日的晕状CME的观测（图片来源：http://www.swpc.noaa.gov/Services/HalloweenStorms_assessment.pdf）

6.2.2 CME的伴随现象

6.2.2.1 冕流喷出

冕流是日冕中大尺度的准稳态结构，在靠近日面的两到三个太阳半径之内是闭合磁场，往外延伸，就是磁场极性相反的日球电流片。它在白光日冕仪上的观测表现为延展很长的高密度亮区，在太阳活动极小期，多环绕在太阳赤道附近，而在接近太阳活动极大期，则分布在较高纬度。许多CME被认为源于闭合磁场而且下有活动区的冕流（Webb和Howard，2012）。

图2-49就是一个冕旒喷出形成CME的观测事例，左边是典型的冕旒结构观测图，右边则是喷出的CME。

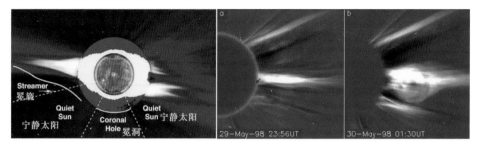

图2-49　左:冕旒观测事例;右:冕旒喷出形成的CME

（图片来源:Woo, 2005(左);Glover,2003(右)）

6.2.2.2 耀斑

自从Gosling（1993）发表了"耀斑神话（Solar flare myth）"的论文之后，人们就倾向于把耀斑和CME看作既相互联系又不同的两种太阳活动，是同一个磁结构驱动的同一事件的不同部分，图2-51提供了一个基于磁重联解释CME和耀斑的统一模型。许多CME与耀斑有关，但是也有很多CME不伴随耀斑，也有发生了耀斑而没有CME的。若二者相伴，那么许多事件的CME要比耀斑早。虽然大部分耀斑没有与之对应的CME，但是最快的、能量最高的CME有大耀斑相伴。图2-50就是2012年3月7日的CME对应耀斑。

图2-50　SDO的171×10^{-10} m谱线对2012年3月7日X5.4级耀斑的观测

（图片来源:http://www.nasa.gov/mission_pages/sunearth/news/Newso30712-x5-4.html）

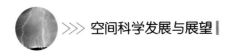

6.2.2.3 爆发日珥

日珥是日食时或在色球望远镜中看到的突出于太阳边缘的火焰状物，是悬浮于日冕中的稠密等离子体。光谱诊断结果揭示出它的密度比周围的日冕等离子体高出两个多数量级，而温度则低两个多数量级，实际上是色球等离子体浮在日冕中，日珥的主体部分在日冕中，而底端与色球相连。

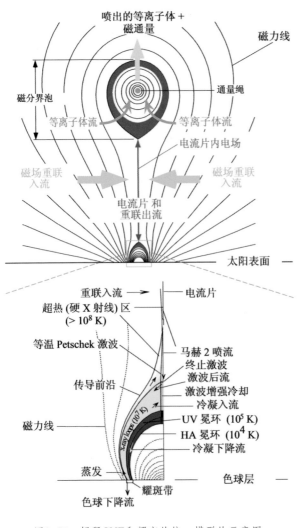

图2-51　解释CME和耀斑的统一模型的示意图
（图片来源：Webb和Howard，2012）

它在日轮上表现为暗条，而在边缘相对较亮。日珥大体上可以分为三类：（1）宁静日珥，形态稳定，体积较大，可持续好几个自转周，常出现于活动区发展后期和高纬日珥中。（2）活动日珥，多出现于黑子群附近，形状不断变化，可以察觉出其中的物质缓慢运动。（3）爆发日珥，某些宁静日珥或活动日珥会突然发生猛烈地爆发性膨胀，并向外抛射成为爆发日珥。爆发日珥向外抛射的速度可达每秒几百千米甚至1 000 km。日珥爆发一天或几周后，暗条又重新出现，因此可认为爆发日珥是宁静日珥的一个正常发展阶段。图2-52从一个侧面说明爆发日珥与CME有密切的关系，图2-53就是一个与爆发日珥相关的CME事件。

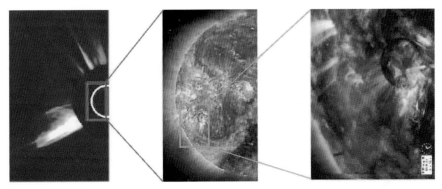

图2-52　一个与爆发日珥相关的CME(Filippov 和 Koutchmy, 2008)
左侧是SOHO/LASCO C2的2003年8月25日04:26UT的观测，中间的SOHO/EIT 195埃谱线在02:24UT的观测是左图的局部放大图，右图的TRACE的171埃观测是中间的局部放大图。
(图片来源: Filippov 和 Koutchmy, 2008)

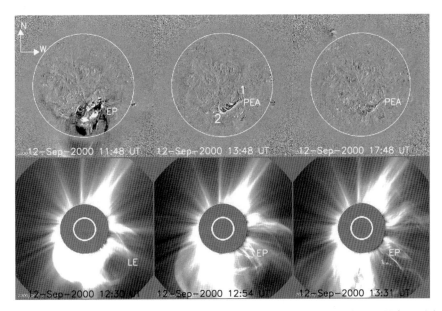

图2-53　2000年2月12日的爆发日珥(EP)、CME(LE表示亮前沿)、日冕暗区和爆发后形成的拱形结构(PEA)。上图是SOHO/EIT195埃谱线的观测，下图是LASCO C2的观测。(图片来源: Webb和Howard, 2012)

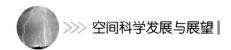

6.2.2.4 日冕暗区

有些事件爆发前有高度剪切的S形磁结构，爆发后有射电或远紫外亮环，用软X射线、远紫外等谱线观测日轮时，一大片区域由于物质的喷出而亮度降低，如果用去除背景或连续差分技术处理观测图像，可发现这种暗区。它们常可延伸到日冕，也被称为"瞬时冕洞"，是发生CME的标志现象（Webb和Howard，2012）。最近的STEREO的观测表明，EUV的日冕暗区和CME几乎是一一对应的关系。图2-53是一个CME过后留下的日冕暗区的观测事例。

6.2.2.5 激波和太阳高能粒子事件

当CME的速度大于日冕和行星际空间当地的阿尔芬速度的时候，它就会驱动激波。所谓激波，是指在它两侧，等离子体的某些物理参量会发生剧变，以至于可以认为某些物理量在此处发生了间断。比如一边比另一边速度大很多，一侧的密度、温度和压力比另一侧的高很多，等等，核爆炸的冲击波就是激波，超声速飞机突破音障也会产生激波。上节所介绍的各个波段的II型射电爆发被认为是CME驱动的激波的标志，尤其是那些像图2-44所示的，具有从米波、十米波直至千米波的II型射电爆发的事件具有最大的能量。CME驱动的激波可以加速电子和离子，产生太阳高能粒子事件（SEP）。大的SEP事件和地面水平事件（GLE）都和大于1 000 km/s高速的晕状CME事件相关，高速粒子在耀斑和激波之后几分钟就到达地球了，由于带电粒子沿着Parker螺旋线运动，因此与SEP相关的CME事件大都位于太阳西半球。图2-54是万圣节事件期间的SEPs事件。

6.3 风暴肆虐行星际

如前所述，以日冕物质抛射为标志之一的太阳风暴发生后，大量的太阳物质——磁化等离子体喷到行星际空间中，经过大约两到四天的时间就走完1 AU的距离，进而可能扫过地球，影响地球空间环境。

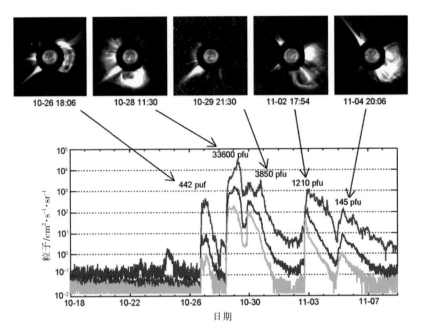

图2-54　2003年10月到11月GOES观测到的SEPs及其对应的CMEs的LASCO观测。红、蓝、绿线分别对应于10,50和100 MeV通道的观测，箭头所指为峰值通量。(图片来源: Gopalswamy, 2006)

　　日冕物质抛射传播到行星际空间，人们常称它为行星际日冕物质抛射，现在更倾向于直接用"日冕物质抛射"一词，这里为清楚起见，还是用行星际日冕物质抛射（ICME）。飞船实地观测说明行星际日冕物质抛射在1 AU附近具有和背景太阳风完全不同的特征，比如磁场较强，质子温度较低，氦质比（氦元素与氢元素的丰度比）升高，离子荷电态升高，出现双向超热电子流等。下面让我们看看具体的观测吧！

6.3.1　早期观测

　　在1 AU处，有的行星际日冕物质抛射比背景太阳风要快，另一些较慢。快的行星际日冕物质抛射前面有激波，慢的则没有。但是，所有的事件几乎总是膨胀，膨胀速率约为半个阿尔芬速度，平均径向尺度为0.25 AU。典型的行星际日冕物质抛射在1 AU的结构最前面的是磁流体力学激波，紧跟其后的是鞘区，就是被压缩的、畸变的背景太阳风，最后是有限角宽的磁化等离子体云（行星际日冕物质抛射的本体），它的磁场高于背景太阳风磁场，图2-55是一个形象化的示意图。人们认为行星际激波是行星际日冕物质抛射推动的。后来多艘飞船的联合观测证实了这种关系。

行星际空间的实地观测表明，一半左右的行星际前向激波后的太阳风具有ICME的特征。这些特征包括氦丰度增加，离子的荷电状态升高，出现双向超热电子流，具有较低的质子温度。下面对这些特征略加解释。

一般太阳风的氦质比（He^{2+}/H^+的丰度比）在3%~5%，而行星际日冕物质抛射扫过时，He^{2+}/H^+的丰度比值一般大于6%~8%，甚至可能达到25%或者更高。人们对是何种物理过程在什么位置把氦元素聚积到行星际日冕物质抛射中还不甚清楚。除了高氦质比以外，日冕物质抛射中氦的同位素组成也出现异常，一般太阳风中$^3He^{2+}/^4He^{2+}$在（0.43±0.02）×10^{-3}左右，但在行星际日冕物质抛射中$^3He^{2+}/^4He^{2+}$经常大于10^{-3}（Wimmer Schweingruber等，2006）。

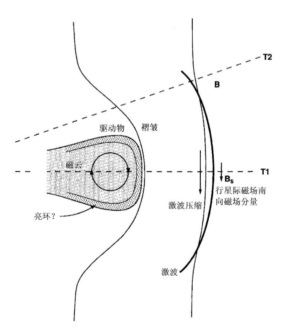

图2-55 行星际日冕物质抛射(本图为磁云)的概念示意图
（图片来源：Gonzalez等，2002）

大多数行星际日冕物质抛射中的离子荷电态普遍较高（Bame 等，1979）。O^{7+}/O^{6+} 在行星际日冕物质抛射（分为下面即将讲到的磁云和非磁云的 ICME）比同速度的背景太阳风高出很多，以至于研究中可以用 O^{7+}/O^{6+} 大于等于0.8去除背景太阳风的影响，除此之外行星际日冕物质抛射中铁的荷电状态也不同于背景太阳风，一般背景太阳风铁元素的平均荷电态为11，但是非磁云的ICME却为12，磁云中的更高。这说明行星际日冕物质抛射常常与太阳耀斑相联系。但也有少数行星际日冕物质抛射事件具有相当低的离子荷电态，人们曾经在一个行星际日冕物质抛射中观测到 He^{+}/He^{2+} 的丰度比高达 0.3，原来是来自于色球层的日珥物质可能混入了日冕物质抛射中。

无论是磁云还是非磁云的行星际日冕物质抛射，很多时候会观测到双向超热电子流的特征。太阳风中的电子分布一般由两种成分构成，一个碰撞的热核心（小于70 eV）部分和一个几乎无碰撞的超热（大于70 eV）部分。其中超热电子又可以分为两类：一种几乎各向同性的成分，另一种是相对较强的束流（strahl）。因为束流超热电子直接来自于太阳，所以在诊断磁力线位形方面有很大的作用。我们根据超热电子双向流、单向超热电子束流或是电子热通量的突然大幅度降低，可以推断出它们分别对应于磁力线两端与太阳相连的、一端相连另一端开放的或是两端都不与太阳相连的结构（Pierrard等，2001），如图2-56所示。

在很多行星际日冕物质抛射中常常观测到双向超热电子流，所以可以认为ICME的两端是连接在太阳上的。有些行星际日冕物质抛射观测到的是单向超热电子束流，最近研究认为这是因为日冕物质抛射在向外传播的过程中，原本闭合的磁力线与原来开放的磁力线在根部发生了磁重联，这样它们的根部发生了互换，所以观测到单向超热电子流。这种机制也为日冕物质抛射不断喷发，但是日球的磁通量并没有随时间增加这种现象提供了一个合理的解释。

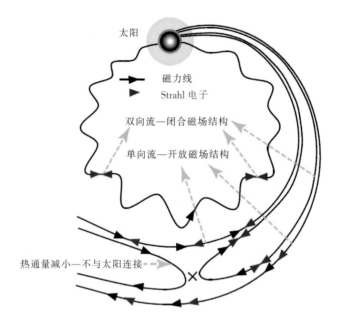

图2-56　用超热电子束流诊断磁力线与太阳的连接情况

（图片来源：王翼，2012）

6.3.2 磁云

磁云是CME在行星际空间的一类独特的表现形式，它具有环状结构，在1 AU处的径向长度约为0.25 AU（即4×10^7 km），方位角大于30°，内部磁场强度较高且变化较背景场慢得多，磁场方向在几十小时内光滑地从一个方向旋转至另一方向，质子温度较低。图2-57是行星际空间磁云通量绳结构的概念图。统计研究发现，三分之一到二分之一的行星际日冕物质抛射都呈现出磁云这种位形。这种通量绳结构可以很好地解释飞船穿越磁云时观测到的磁场方向平滑旋转（Farrugia等，1997）的特征。

磁云的边界如何界定一直是尚未定论的问题。最近研究发现磁云

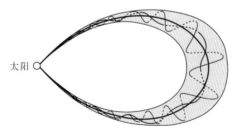

图2-57　磁云通量绳结构的概念图

（图片来源：Russel和Mulligan，2000）

边界不是一个简单的边界，而是由磁云本体与背景太阳风相互作用形成的非压力平衡结构，据此提出了磁云边界层（magnetic cloud boundary layer）的概念。磁云边界层中增加的热压往往不能补偿磁压的下降，导致其总压力（磁场压力与热压力的和）通常低于它前面的背景太阳风和后面的磁云本体(Wei等,2006)。这种特殊的结构逼近地球时,地球磁层会"浸泡"在边界层中，这可能引起磁层扰动，诱发磁暴、亚暴等具有威胁性的空间天气事件(Zuo等，2007)。

6.3.3 STEREO的日球层成像仪观测

2006年10月发射的名为日地联系观测台（STEREO）的孪生飞船(STEREO-A和STEREO-B)，其上搭载的日球层成像仪（Heliospheric Imagers，HIs）为追踪日冕物质抛射事件从太阳到地球的演化提供了强有力的手段。两艘飞船的HI完全相同，每套HI分为HI-1和HI-2。HI-1的视野距角(elongation angle)从4°到20°，日心距离从12到85个太阳半径，HI-2的视野距角从19°到89°，日心距离从68到216个太阳半径，从正北算起的视场方位角的覆盖范围为90°，以黄道面为中心。STEREO虽然也在黄道面内运行，但是STEREO-A（或STEREO-B）每年超前（或落后)地球22.5°,所以相当于为人类装上了两双眼睛，人们认识和预报行星际太阳风大尺度结构与日冕物质抛射的能力也将大大提高。图2-58是STEREO A的HI-1 和 HI-2

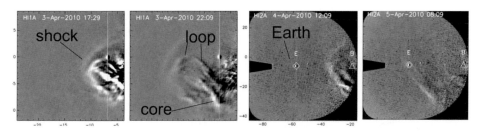

图2-58　利用STEREO A的HI-1和HI-2追踪2010年4月3日的日冕物质抛射事件的部分结果。（图中"shock"指激波，"core"是亮核，"loop"是环状结构，"E"和"B"分别代表地球和STEREO B)（图片来源：Möstl等，2010）

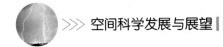

追踪2010年4月3日的日冕物质抛射事件的部分结果，可以发现4月5日已经扫过地球。

研究已经证明大的非重现性地磁暴的罪魁祸首就是扫过地球的日冕物质抛射及其驱动的激波系统。科学家已经知道日冕物质抛射特有的高速度和大的行星际磁场南向分量是大地磁暴的直接驱动力。但是有些地磁暴事件缺少与之相关的太阳活动观测，如耀斑和大的暗条消失，研究者认为这些事件可能是因为日面的太阳活动太弱以至于逃过了观测仪器的"眼睛"。值得高兴的是，STEREO提供了多视角的观测，这将为我们研究这类日冕物质抛射的源区提供难得的机会。利用STEREO在2009年前8个月的观测数据所做的研究发现，大约有三分之一的日冕物质抛射可能成为日面变化不明显的隐身事件（Stealth events，Webb和Howard，2012）。所以借助于STEREO，这类隐身事件有的将无处隐身，地磁暴预报的准确率也将得以提高。

6.4 太阳风暴之数值建模

现代科技发展要求对太阳风暴引发的灾害性空间天气进行准确的预报。虽然观测为我们提供了丰富的认识，但是基于磁流体力学方程的，以强大计算能力为基础的太阳风暴的日冕行星际过程三维数值研究，已经成为灾害性空间天气预报建模的重要手段。

目前国际上发展比较成熟的用于研究太阳风和太阳风暴在日地空间演化的模型有（冯学尚等，2013）：美国空间环境建模中心（CSEM）开发的集空间天气模拟和应用于一体的空间天气模型架构（SWMF），美国集成空间天气建模中心（CISM）开发的空间天气耦合模型中的日冕日球层（CORHEL）模型，我国空间天气学国家重点实验室冯学尚等开发的太阳—行星际守恒元解元（SIP-CESE）模型。

这些模型都是从随时间变化的三维磁流体力学方程出发，以太阳光球磁场和其他观测为输入，利用具有超强计算能力的并行计算机系统数值求解磁流体力学方程，获得太阳风背景和太阳风暴的时空演化过程。数值模型的进一步发展将极大推动空间天气预报从"看太阳识天气"的定性化预报向定量化的数值预报转变，加速实现模型和卫星对太阳风暴在日地传播过程进行全程追踪预报，更好地为人类预报空间天气服务。

6.5 未来探索

CME的起始、传播和在日球层的演化中的许多问题对我们来说还是谜，期待大家去揭开它们的谜底。

首先，闭合磁场区域储存的磁自由能通过何种方式释放，我们对储存能量的过程也不甚明了，对后续CME的机械能和耀斑的能量如何分配也不知其详。

其次，CME发生之后，我们如何准确预测它到达日球层中某一点的时间问题。因为我们还不知道CME在传播过程中太阳风背景、前面的CME、附近的冕洞如何定量地影响CME的传播，不知道如何从日冕仪观测的投影速度获取真实速度。

再次，对于CME产生高能粒子的机制也没有完全理解。有些看起来会产生很高能量粒子的事件却只观测到低水平的SEP，对于给定的事件，我们如何确定哪些是耀斑产生的，哪些是CME产生的？

最后，如何把我们在太阳附近的遥测CME与在行星际空间中的实地观测现象联系起来？是不是对所有事件而言，近日观测的暗腔都对应于行星际空间的磁云？是否所有CME都有通量绳结构或所有ICME都有磁云结构？

此外，我们还需要高时空分辨率的观测研究识别CME的前兆特征，以便预测何处何时会发生耀斑和CME等太阳风暴事件，2010年2月11日发射的SDO以及先前的Hinode有望为这一研究提供最新的观测。

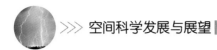

以前对太阳风暴的观测主要由针对太阳的遥测和行星际空间1AU附近的实地测量构成，其间的演化过程只能通过Helios为数不多的观测和行星际闪烁观测进行研究。现在可以利用最近发射的STEREO的日球层成像仪进行研究，还可以利用模拟的手段进行研究。"国际与星同在"（ILWS）计划中，拟定不久以后发射的太阳轨道号（Solar Orbiter），太阳哨兵（Solar Sentinels）和太阳探针（Solar Probe Plus）以及我国的"夸父"（Kuafu）计划，将在不同的日心距离上对太阳和行星际空间的状态进行连续监测，也将为我们认识太阳风暴在日地空间的传播和演化加以强大的助推力。

7 行星际旅行的"天荆地棘"——高能带电粒子

通俗地讲，高能带电粒子指的是运动非常快的带电粒子。我们知道，太阳风的运动速度大约为几百千米每秒（光速的千分之一量级），这里"运动非常快"是相对于太阳风的运动而言。极高能的带电粒子的运动速度甚至接近于光速。一般我们用电子伏特（eV）作为描述粒子能量的单位（$1\ eV = 1.6 \times 10^{-19}\ J$）。

事实上，高能带电粒子充斥着整个太阳系。这些高能粒子撞击飞行器，可以破坏其电子设备以及能源装置，影响宇航员的出舱活动，甚至威胁宇航员或者乘客的生命。因此高能粒子可谓人类航天之路的"天荆地棘"。在这一节，我们将主要介绍弥漫在日球层中的能量范围从 $10^3 \sim 10^{21}\ eV$ 的主要高能粒子成分，包括银河宇宙线、太阳高能粒子、异常宇宙线以及行星际空间中被共转相互作用区、行星际激波和行星弓激波加速的高能粒子。

7.1 宇宙线

20世纪初，科学家发现当时的验电器不管设计的绝缘性能如何好，验电器里面的空气都会带电，所以人们猜测可能会有某种未知的辐射源导致空气电离，并且这种辐射源比当时已知的放射性源有更强的穿透本领。

1900年，Wilson发现了一种连续大气辐射现象。随后十几年内人们一直认为这种现象是由于组成地壳的某种矿物质的放射性引起的。1912年，气球飞行的业余爱好者奥地利科学家韦克多·汉斯乘坐着热气球，将高压电离室带到高空进行了数次著名的测量。他的实验发现电离室内的电离率随着海拔增加逐渐增大，他探测到在5 km高空，电离率甚至可以增长到地面的9倍，所以他提出一种"太空中的射线"假说，认为"我的观察结果最好的解释是设想一种高穿透力的射线从上部进入大气层"（Hess，1912）。汉斯的理论在刚提出时并没有得到广泛的认同，但是后来一系列的科学实验研究证实了他的观点。当时人们认为这种射线是一种自然电磁辐射，于是有人将之取名为"宇宙线"。汉斯也因发现宇宙线的开创性工作而获得1936年的诺贝尔物理学奖。

20 世纪 30 年代以后，人们逐渐认识到所谓的宇宙线并非早期认识的电磁辐射，其实绝大部分为带电粒子（除了约0.1%的γ射线）。宇宙线是来自于宇宙空间的各种高能带电粒子以及它们进入大气层后与中性大气碰撞产生的其他高能粒子的总称。大多数宇宙线的速度接近于光速。最强的宇宙线粒子动能大概为160 J，相当于一个快速运动的棒球的运动能量。宇宙线的组成包括以质子为主的各类元素（带电粒子），也包括电子。迄今为止，已经在宇宙线中发现了元素周期表上直到铷系的几乎所有的元素。宇宙线起源于银河系、太阳以及其他行星空间，是宇宙起源、天体演化、粒子加速和传播物理过程等信息的携带者，所以有人称宇宙线是宇宙派来的信使。同时正如前面所描述的那样，它也是一种微观炮弹，可能动摇我们上九天揽月、创夸父逐日般壮举的信心，成为阻碍人类航天之旅的魔鬼。自汉斯发现宇宙射线以来，科学家们探测宇宙线和萃取其携带信息的努力就

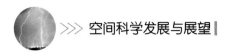

从未中断过。

宇宙线这个术语一般指的是银河宇宙线，但是广义上讲包括三类不同来源的高能粒子：银河宇宙线、太阳宇宙线和异常宇宙线。银河宇宙线起源于太阳系以外的广袤空间。太阳宇宙线也称太阳高能粒子，起源于太阳，被太阳耀斑或者日冕物质抛射驱动的激波加速并在行星际空间传播。异常宇宙线是日球层顶以外的星际中性介质进入日球层并得到电离和加速的一类宇宙线。三类宇宙线有着各自不同的基本特征，下面将逐一介绍。

7.2 银河宇宙线：宇宙的信使

银河宇宙线来源于太阳系以外，是太阳系中能量最高的一类高能粒子。所有的银河宇宙线都被完全电离，由裸核组成。这是因为宇宙线在星际介质的加速和传播过程中，原子外层的电子会被全部剥离，分解为电子和原子核。进入太阳系行星际空间的绝大部分是原子核。现在还没弄清楚为什么相对于原子核，星际空间对电子的加速效率明显较低。银河宇宙线主要由氢原子核或者质子组成，也包括7%~10%的氦原子核，即α粒子。这些原子核构成了银河宇宙线的99%。孤独的来源不明的高能电子只占其余1%宇宙线的绝大部分。因为银河宇宙线是太阳系外直接物质来源，并且包括一些非常稀有的元素，所以分析其组成成分显得非常重要。银河宇宙线为我们分析宇宙线的化学演化过程提供了非常重要的信息。这里需要提到的是人们在银河宇宙线中也曾发现正电子、反质子等反物质以及γ射线、中微子等的存在。关于银河宇宙线更多的性质可参看Grieder（2001）和Dorman（2004）的论文或论著。

银河宇宙线来自哪里是人们一直以来很关心的一个未解之谜。遗憾的是，迄今为止还没有被证实的确切答案。科学家们普遍认为超新星爆发及其遗迹星云和脉冲星是银河宇宙线的起源。超新星爆发是银河系内最剧烈的高能现象之一。超新星爆发的遗迹中存在着大量的高能电子，是宇宙线高能电子的发源地。人们设想超新星爆发及其遗迹也应当发射高能原子核。超新星爆炸激波可以加速宇宙线。

与太阳风融为一体的行星际磁场会使高能粒子运动轨迹发生偏移,从而阻碍宇宙线从日球层以外进入行星际空间。但是它们并不能阻止宇宙线前进的步伐。宇宙线最终弥漫在整个日球层中。日球层等离子体环境及其变化则决定了银河宇宙线的传播过程,因此银河宇宙线的通量也会受太阳活动的调制。我们知道,太阳活动有11年的变化周期,因而地球或者空间任意位置观测的银河宇宙线的通量也会发生类似的周期性变化。在太阳活动极大期间,观测到的宇宙线通量最小,而在太阳活动极小期间,观测到的宇宙线通量则最大。半个多世纪的观测（如图2-59）,发现银河宇宙线的强度很好地呈现出近似11年的周期,正好与太阳活动周期吻合,宇宙线强度值的变化趋势与描述太阳活动强弱的黑子数的变化反相关。

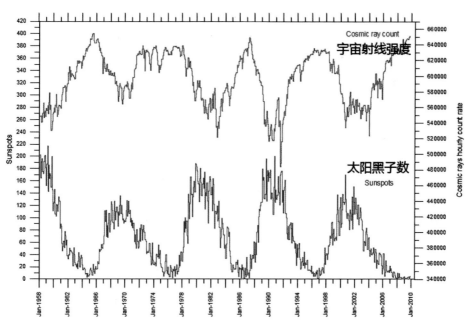

图2-59　银河宇宙射线强度与太阳活动(黑子数)11年周期比较
(数据来源:子午工程)

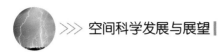

前面讲过，太阳附近经常会爆发日冕物质抛射事件，大量携带太阳磁场的等离子体将会被抛射出来。由于磁场对于带电粒子的屏蔽作用，当日冕物质抛射席卷地球时，地面的宇宙线观测台站经常观测到一些短期的宇宙线强度下降，在几十个小时内，宇宙线的强度出现大幅度的下降，称为福布斯下降。图2-60所示的是由中国北京小牛坊宇宙射线台站所观测到的2012年3月的一次福布斯下降事件，在2012年3月8日宇宙线强度骤然下降了6%，在随后的几天内才逐渐恢复到正常值。

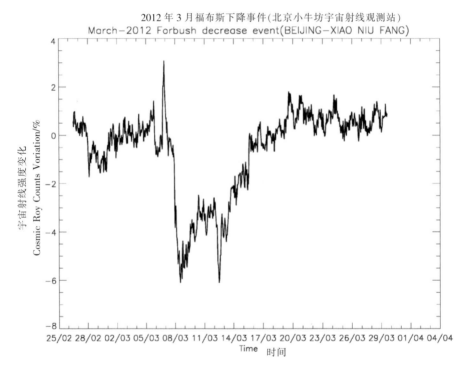

图2-60　北京小牛坊宇宙射线观测站记录的一次福布斯下降事件(2012年3月)

(数据来源:子午工程)

宇宙线的能量范围从低能区（10^7 eV）到高能区（10^{21} eV）跨14个数量级,目前最精确的探测仪器探测到的宇宙线的能量约为 10^{21} eV。粒子能量的多样化显示宇宙线有着广泛的来源。对宇宙线的探测主要有两种手段，其中一类是空间观测。空间观测主要基于卫星，有时也通过气球探测实验进行一些专门的研究。低于10^{14} eV的宇宙线通量较大，可以被卫星或者高空气球直接拦截并被探测到，所以经常采用空间观测的方式。另一类则是地面观测。超过10^{14} eV的宇宙线粒子很难被气球实验探测仪器观测到，因为其通量已经非常低。但幸运的是，在此高能量范围内，宇宙线同高层大气原子核发生碰撞会产生大量的次级粒子，即引起广延大气簇射现象（俗称宇宙线粒子雨）。这些次级粒子像瀑布一样倾泻到地面，将会被土壤吸收，也称作次级宇宙线，相应的进入大气之前来自空间未和大气碰撞的宇宙线称作初级宇宙线。我们可以通过中子监测器，广延空气簇射探测阵列等地面探测器研究能量超过10^{14} eV的初级宇宙线，利用探测到的次级宇宙线以及初级宇宙射线与大气的作用来进行反推，从而认识这些高能宇宙线。由于受地磁场的影响，进入地球大气层中不同位置的宇宙线存在相应的地磁截止刚度（通俗的讲为最低能量），所以中子探测器探测的宇宙线能量比较高。相对于地面观测，卫星探测则比较灵活，因为卫星分布在不同的空间区域，除了内日球层和黄道面上，也可以探测外日球层或者高纬区域等不同区域的高能粒子分布。

图2-61给出了空间飞船、气球和地面观测综合分析得到宇宙线能谱。所谓宇宙线的能谱指的是宇宙线的微分通量(单位能量间隔内，单位时间单位立体角在单位面积上探测的宇宙线的计数) 随能量的分布。这里的能谱讨论的都是初级宇宙线的能谱。图中横轴和纵轴都显示的是对数坐标，直线代表通量与能量的幂函数成正比，斜率为负数的直线即代表能谱为经常提及的幂律谱分布。宇宙线的能谱总的结构呈现为相对平庸的幂律谱特征，但是谱指数在两处发生细微的变化。从谱线形状角度，两个转折点像人体下肢两个关节一样，故被称作"膝"和"踝"。整个能谱可以分为四段显示不同特征的谱线。在能量范围为$10^{10}\sim10^{15}$ eV能段，能谱为标准的幂律谱：$dN/dE\sim E^{-\gamma}$，谱指数为$\gamma=2.7$。较低能段的能谱，宇宙线受太阳活动

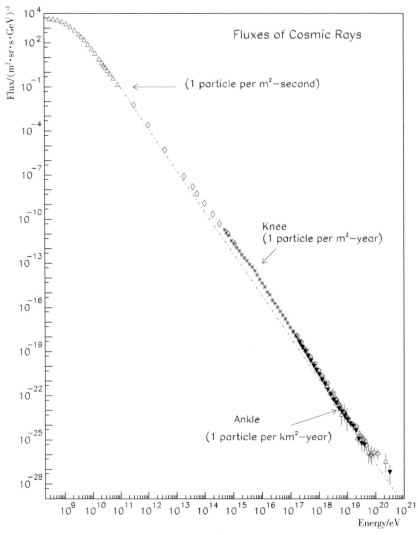

图2-61 宇宙线能谱(图片来源:Swordy,2001)

的调制，其能谱也偏离幂律谱。"膝"大概位于能量为3×10^{15} eV处。从"膝"的位置开始，能谱开始变陡。在能段$E-10^{15}\sim10^{18}$ eV，谱指数$\gamma=3.1$。另一个显著的特征即是在能量约10^{18} eV处，即"踝"的位置，能谱又开始变平。在能量范围为$E-10^{18}\sim10^{21}$ eV的宇宙线，因为探测的事件比较少，目前的数据量还不足以满足统计性要求，因而没有真正意义上的谱指数(Cronin，1999)。

7.3 太阳宇宙线: 空间达摩克利斯之剑

太阳宇宙线也称作太阳高能粒子, 事实上太阳高能粒子这个术语在空间物理界用得更普遍一些。太阳宇宙线最早是在1942年初被发现的, 当时科学家发现伴随着一个大的太阳耀斑事件, 用于探测粒子的盖格计数器的计数率会突然增加。随后人们也经常观测到这种宇宙线强度突然增强到数倍的现象, 而这种现象是与太阳爆发活动伴生的。现在已经确定太阳是日球层中宇宙线原子核和高能电子的另一来源。前面我们已经提及银河宇宙线可以作为日球层中的高能粒子背景, 相较而言, 太阳宇宙线则更像是伴随太阳爆发 (耀斑、CME) 的偶发性高能粒子流。在空间或者地面观测到高能粒子的通量在几十分钟至数天内突然增加10^2~10^6倍, 随后逐渐衰减到背景水平, 这种现象称为太阳高能粒子事件。太阳高能粒子事件的爆发就像悬在空间飞行物周围的达摩克利斯之剑, 随时威胁其健康和安全。太阳高能粒子事件在太阳活动极大期发生的频率较高。典型的太阳高能粒子事件观测到宇宙线最大能量为10~100 MeV。在少量的由CME驱动的激波加速产生的太阳高能粒子事件中, 甚至可以观测到20 GeV的高能粒子。太阳高能粒子可用于测量太阳物质元素成分和同位素, 作为太阳光谱分析的补充。

太阳高能粒子主要由质子、电子和α粒子组成, 也包括少量的^{3}He, 以及直到铁元素的重元素成分。太阳高能粒子没有银河宇宙线那么宽的能量范围, 大多数太阳宇宙线质子和离子的能量介于几MeV/核子到几百MeV/核子之间, 电子则限于几MeV以下。100 MeV左右的太阳高能粒子的通量可以超过银河宇宙线通量好几个数量级, 这类高能粒子对空间飞行器的危害是致命的。

在很长一段时间内, 人们认为太阳耀斑是太阳高能粒子驱动源。后来射电观测表明两种不同的粒子加速过程对高能粒子事件的产生做出了贡献。日冕仪的诞生催生了 "日冕物质抛射" 这一名词的提出, 即太阳活动

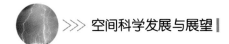

导致大量的等离子体抛射到行星际空间（可参见本章6.2节的相关介绍）。日冕物质抛射驱动的激波被发现是除了耀斑物理过程外的另一个杰出的太阳高能粒子加速器。我们对太阳高能粒子现有的认识是太阳高能粒子既可以归功于太阳耀斑爆发，也可以由日冕物质抛射物驱动的激波加速得到。

在空间天气预报实践中，经常会提到一类可能对行星际旅行造成巨大灾难的高能粒子事件，即太阳质子事件（参见本章6.1节的具体事例）。这类事件代表了大型具有强危害性的太阳高能粒子事件。按美国国家海洋大气局（NOAA）空间预报中心给出的阈值，若大于10 MeV的高能粒子通量大于10个/(cm²·sr·s)，并且是由高能粒子事件引起的，我们就称发生了太阳质子事件。太阳质子事件一般有强耀斑和大型日冕物质抛射事件相伴。我们知道普通的太阳产生的质子能量较低，很难穿越地球磁层的屏障，但是极强的太阳质子事件甚至会有能量超过100 MeV的质子产生，这些高能太阳质子能穿透地球磁场，并进入大气层，发生类似于银河宇宙线会经历的所谓广延大气簇射现象，产生高能粒子雨，这类事件我们也叫作"地面粒子事件"。飞越极区的飞机在太阳质子事件特别是地面粒子事件发生时会测量到高空辐射增强，非极区的飞机航线受到太阳质子事件冲击的影响远低于极区的航线。

7.4 异常宇宙线

异常宇宙线是第三类，也是最晚发现的一类宇宙线。20世纪70年代，IMP-5卫星观测到的氦核能谱在低能端（<80 MeV）完全偏离幂指数曲线（Garci-Munoz等，1973），其氦核通量与能量呈线性关系，而不遵循常见的幂律谱分布。一些学者推断日球层中一定存在一种不同于太阳高能粒子和银河宇宙射线的粒子种类。这就是随后称之为异常宇宙射线（Anomalous Cosmic Ray）的高能带电粒子。现在人们已经发现异常宇宙线包括He，N，O，Ne，H，Ar，C等成分。这些成分有一个共同的特点，即电离势比

较大，也就是说如果要电离的话需要的能量较高，所以这些成分不容易被电离。

在日球层中，太阳风整体沿四面八方向外流动，由于太阳风的高速运动和较强的行星际磁场，低速星际风中热离子成分很难进入日球层中，但是其中的中性成分则可以长驱直入进入日球层中甚至飞至接近太阳的位置。在行进途中，特别是在大约距离太阳1~3 AU的地方，这些中性原子可以被太阳紫外线照射引起光致电离或者与太阳风的质子碰撞交换电荷，从而形成带单个电荷的离子。一旦这些粒子带上电荷变成离子，将受行星际磁场的作用，同时因为其速度比较低，向外流动的太阳风会携带它们一起运动，直至到达终止激波，这些离子即是所谓的新生离子，或者称被行星际磁场"拾起"的"拾起离子"。在终止激波处，新生离子可以被加速到1 keV至数10 MeV的能量。被加速后的离子最终从终止激波处逃逸，并扩散至内日球层中，被我们的探测器观测到。这些高能带电离子即是我们所说的异常宇宙线。异常宇宙线只是代表了局地星际介质样本，它们不像银河宇宙线那样，在向行星际空间行进的漫漫征途中被强行完全剥离电子外衣。非完全电离的离子成分在宇宙线中显得比较不寻常，这也是它得名的原因。现在异常宇宙线特指这些由于新生离子加速得到的较低能量的宇宙线。图2-62给出了异常宇宙线上述形成过程的示意图。异常宇宙线是我们认识主导其传播加速的日球层结构以及星际介质性质的工具。

7.5 行星际空间中激波的伴生物

行星际中除了三类宇宙线外，空间探测飞船还观测到其他在日球层中局地加速得到的高能粒子，包括共转相互作用区内存在的共转粒子，高能暴粒子以及行星磁层加速并逃逸到行星际空间的高能粒子，如木星电子等等。这些高能粒子与行星际激波大多有着千丝万缕的联系，所以也称为行星际激波的伴生物。

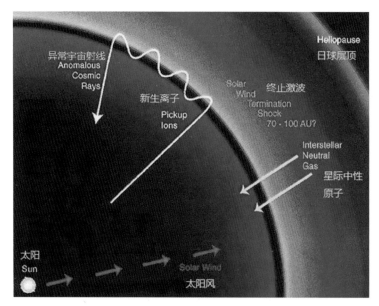

图2-62　异常宇宙线的形成过程图

(图片来源：http://helios.gsfc.nasa.gov/helios_2_arc.html)

伴随着行星际激波的到来，粒子探测器会观测到粒子通量突然增加，这类显然被行星际激波加速的高能粒子一般被称作高能暴粒子。这个名字源自于行星际激波撞击地球后，可能会伴随着地球磁层磁暴的发生。行星际激波可以将粒子加速到数10 keV到数10^2 keV甚至MeV量级的能量。对特别强的激波，粒子可能会被加速到超过100 MeV。

由于太阳的自转，高速太阳风可能追赶低速太阳风形成一个压缩区，在 1 AU以外，可在压缩区的边界形成共转激波。共转激波和压缩区都可能加速局地的新生离子或者太阳风。事实上，人们很早就在共转相互作用区内及其附近观测到量级为几keV至几MeV的高能粒子，最高可能达到大约10 MeV量级（Reams，1999）。这类高能粒子也称作共转相互作用区高能粒子。共转相互作用区是日球层中一个持续有效的高能粒子源。

最后要提到的是木星电子。历史上，当"先驱者"号宇宙飞船在距离木星附近飞行时，发现木星磁层可以连续稳定发射MeV量级的高能电子，称为木星电子（Chenette等，1977）。木星电子是来源于木星磁层的相对论电子成分。积累几十年的飞船探测资料表明，在日球层中，离太阳大于0.5 AU至小于11 AU的位置都能观测到这种高能电子的存在。

8 日球层之概观

1977年8月、9月在美国佛罗里达州的卡纳维拉尔空军基地分别发射了两艘名为旅行者号的飞船（http://en.wikipedia.org/wiki/Voyager_1#Launch_and_trajectory），旅行者1号和2号飞船先后经过木星（1979，1979），土星（1980，1981），天王星（1984，1986），海王星（1987，1989），直至矮行星冥王星轨道（1991，1995），随后经过漫长的近10年的飞行到达终止激波（2004，2008），直至进入日鞘区（Showstack，2011）。

旅行者号飞船近30多年的行星际航行及其以前的先驱者飞船的探测给人类提供了日球层的第一手资料，通过在轨观测数据首次清晰地描绘出了日球层的一个基本轮廓。在本节我们就要对这个基本轮廓做一个简要介绍，相信读者看完本章后将会对什么是日球层，日球层的结构，日球层的边界在何处等一系列基本问题有一个大体认识。

8.1 日球层——由太阳风"吹"出来的巨大"气泡"

太阳的高层大气处于一种非平衡的电离状态，日冕不断向外吹出太阳风。太阳风以400~800 km/s的速度向外运动，穿过水星、金星、地球、火星、木星、土星、天王星、海王星八大行星以及矮行星冥王星的轨道（日心距离约为50 AU），直到距日心约90 AU处遇到星际风的顽强抵抗，形成终止激波，太阳风速度骤降，最终弥散在星际空间中（150 AU处左右）。

星际空间并非真空，星际物质有一定的密度，并且也存在着星际磁场，太阳风会与其相互作用，形成特定的"泡"状结构，如图2-63所示。

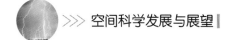

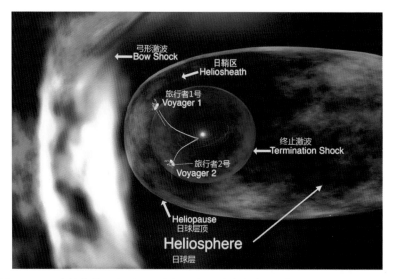

图2-63　日球层结构示意图。图上标示出了终止激波、日鞘区、日层顶,还有日球
　　　　层前的弓激波。(图片来源:http://en.wikipedia.org/wiki/Heliosphere)

终止激波是太阳风物理性质发生骤变的地方，它之外的区域被称为日鞘区，而日球层顶则是太阳系和星际空间的边界。2004年12月旅行者一号飞船成功地在94 AU处穿越终止激波，首次从观测上验证了理论上提出的终止激波（Stone等，2005），随后旅行者二号飞船也到达了终止激波处，并且发现终止激波并非静止，而是往复运动着。最近的一项研究也表明，从2004年12月到2006年3月，终止激波到太阳的距离减小了3 AU。

8.1.1　日球层中太阳风的演化——从太阳到星际空间

如上节所述，遇到星际介质，太阳风的物理性质（速度，密度，压强）会发生一系列的变化，形成具有特定结构的日球层。

当等离子体物质流离开非平衡态的日冕后，基本上是沿径向传播，其速度大体不变，根据质量守恒，密度和压强会不断减小，整个过程基本上可以看作绝热膨胀。在日球层外同样存在着具有一定密度的星际物质，由于其压强是有限的,因此随着太阳风的继续往外传播，会形成激波，当到达终止激波处时，等离子体内部压强小于外部的星际压强，速度骤降。因此，日球层就被分成了内、外两个区域，如图2-63所示。在终止激波以外的区域被称为日鞘区，在日鞘区内的等离子体流密度基本上认为不变，为不可压缩流体，其速度与日心距离的平方成反比。

由于激波是一种能量耗散结构，通过研究发现只有20%的激波能量进入日鞘区太阳风等离子流中（Richardson等，2008），那么有一个很重要的问题就是剩余的能量的去向。现在通过近地卫星的观测，认为有70%的能量是用来加热了上节提到的新生离子（Wang等，2008），因此在日鞘区中的新生离子超过了太阳风中的质子而成了大多数。

8.1.2 日球层对于人类生存环境的保护

日球层顶将日球层与星际空间隔离开来，其中的太阳风物质形成了厚厚的一层保护膜，它的存在对于生命的存在有着重要意义。根据目前的研究，已经证实宇宙射线会损伤人体的遗传基因——脱氧核糖核酸，使人体的细胞发生病变。可由于日球层内的行星际物质与宇宙射线相互作用，到达内日球层（地球轨道）的宇宙射线强度可以得到极大减弱。数值模拟显示，到达地球轨道的宇宙射线强度值只相当于其星际空间强度值的十分之一。如果没有日球层的屏障作用，射线辐射强度将增大10倍，很难想象生命体如何生存。关于日球层中的宇宙线请参看本章第7节的相关内容。

另一方面，星际空间存在着磁场，根据研究估测，其大小约为地球磁场的十万分之一。磁场强度虽小，可由于大范围存在，星际旅行必然受其影响。但由于空间等离子体极大的导电性，根据电动力学理论，其形成的表面电流会对星际空间的磁场有一定的屏蔽作用。因此在日球层内部基本上不受星际磁场的影响。

8.2 日球层的探索之路

"不识庐山真面目，只缘身在此山中。"讲的是由于受自身所处环境的局限，而不能对事物的整体概貌进行全局性的认识。因此要对事物进行全局性的观测，只有站得更高才可以。而物理就提供了这样一个平台，站在这样的平台上，我们可以对日球层进行实际的观测。从1977年至今，旅行者号飞船近三十年的飞行，积累了大量的空间等离子体观测数据，分析这些数据就可获取沿飞船轨道的日球层的信息。但为了得到整个日球层的全貌，可以采用一种探测能量中性原子的方法，通过分析能量中性原子的分布和能谱等物理学参量，间接给出日球层信息。

8.2.1 全日球层的运动

太阳在银河系中是一颗普通的恒星，位于银河系的边缘区域，受银河系中心引力的影响，沿着特定轨道绕银河系中心运动，受此影响，整个日球层也随之相对于星际空间运动。图2-64给出了日球层所处外部星际空间环境的示意图。相对于背景银河系中心，日球层会以特定的速度穿越星际介质，星际介质也会以一定速度运动。因此，日球层相对于星际介质的运动速度即为二者的矢量差。这就像一艘航行在大海中的巨轮，巨轮以自身的航行速度前进，但同时由于海面上存在着洋流，也必然会对其造成影响。最新的观测结果显示日球层的运动速度约为 26 km/s，其值远小于太阳风的

图2-64　日球层所处的星际空间环境示意图
（图片来源：http://en.wikipedia.org/wiki/Heliosphere）

速度值（400 km/s），因此当星际物质进入日球层后会发生动量交换而降低太阳风的速度进而影响日球层的结构。另外，在星际物质中存在着磁场，日球层结构的形成也会受磁压的影响（Krimigis等，2009）。

8.2.2 IBEX卫星的一些新发现

IBEX卫星是由美国宇航局发射的一颗通过探测能量中性原子来观测日球层边缘物理形态的小卫星。

能量中性原子来源于日鞘区中的太阳风质子（85%）和新生离子（15%），这些带电离子与进入日鞘区的星际中性原子发生电荷交换得到电子，变成中性原子，产生的中性原子受到太阳重力场的作用进入内日球层就会被IBEX卫星探测到。因此，通过对能量中性原子的探测可以得到关于日鞘区中太阳风质子的信息，同时对于能量中性原子的产生和运动机制的理解也有很大的帮助。图2-65为根据IBEX卫星观测到的能量中性原子的强度做出的全日球层顶映射图。可以看到在旅行者一号和旅行者二号之间，有一条狭长的明亮带子，其宽度大约为20°，但却延伸至300°，一直到南北两极。在带子中的能量中性原子的强度值是其他区域强度值的2~3倍，同时整条带子的走向几乎与星际磁场垂直（Schwadron等，2009）。为了解释

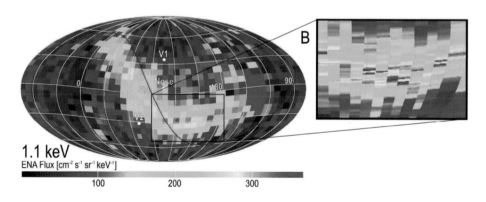

图2-65　IBEX卫星观测到的全日球层顶的能量中性原子分布图。可以很明显地看到一条能量中性原子带几乎贯穿整个分布图。图中V1,V2分别代表旅行者一号和旅行者二号，而Nose则是日球层运动方向的投影。（图片来源:Schwadron等，2009）

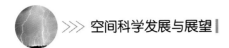

这条能量中性原子带的存在，科学家提出了一系列关于日球层及其所处星际环境的新模型和新概念。

由于IBEX卫星探测到的能量中性原子来源于日鞘区中的带电离子，因此在日鞘区的中性原子条带区域，也许存在着较高的离子强度，但能量中性原子也可能是在其他区域（非日鞘区）产生，然后通过一系列的物理过程被输运到了日鞘区中。这些研究可以让我们更好地了解外日球层发生的物理过程，从而更深地认识日球层是如何保护着人类的生存环境。

8.3 人类最遥远的足迹——日球层顶之旅

通过前面的叙述，相信读者已经对日球层的范围，整个日球层的结构有一个大致的认识。那么旅行者号飞船是否已经穿越日球层顶，成为人类史上首次飞出日球层到达星际空间的飞船呢？下边我们就来回答这个有趣的问题。

要回答这个问题，首先需要找一个判据，即什么是日球层顶的标志。根据目前的理解，可以通过以下三个方面来判定飞船穿越日球层顶，第一是银河宇宙射线强度的显著增强，由于银河宇宙射线在日球层要受行星际物质的作用，强度会随之减小，而在星际空间中，其强度值通常认为是不变的；第二是当飞船穿越日球层顶时磁场强度会发生骤变，行星际磁场与星际磁场是截然不同的；第三可以观测太阳风等离子体流速，到达日鞘区后太阳风受到压缩，速度减小，温度升高，直至在日球层顶处，等离子体速度降至为零。

从2008年开始，分析旅行者一号等离子体探测器的数据发现太阳风等离子体流速一直呈现不断下降的趋势，从2010年3月开始，径向流速几乎为零，随后等离子体流速继续减小，甚至出现表示向着太阳流动的负速度（Krimigis，2011），如图2-66。另外，从2009年1月到2012年1月，粒子探测器系统观测到的银河宇宙射线增加了近25%（见图2-67），因此旅行者一号飞船事实上已到达日球层顶。

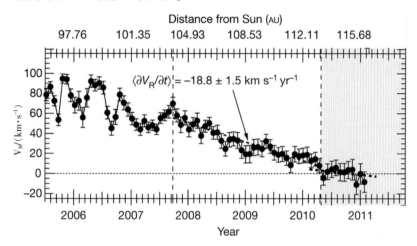

图2-66　旅行者号飞船观测到的太阳风等离子体流速(图片来源:Krimigis等, 2011)

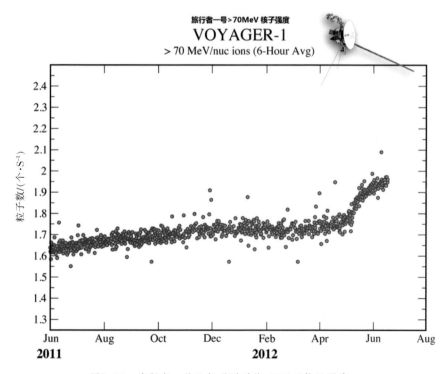

图2-67　旅行者一号飞船观测到的>70MeV核子强度

(图片来源:http://www.nasa.gov/mission_pages/voyager/final-frontier.html)

参考文献

[1] 曹晋滨,李磊,吴季,等. 太空物理学导论[M]. 北京:科学出版社,2001.

[2] 冯学尚,向长青,钟鼎坤. 行星际太阳风暴的数值模拟研究[J]. 中国科学(地球科学),2013,43(6):812-933.

[3] 甘为群,王德焴. 太阳高能物理[M]. 北京:科学出版社,2002.

[4] 甘为群,张双南,颜毅华. 空间天文与太阳物理中长期发展战略规划研究报告I[R]. 2008.

[5] 甘为群,黄宇,颜毅华. 太阳空间探测的过去与未来[J]. 中国科学:物理学力学天文学,2012a,42(12): 1274-1281.

[6] 甘为群,张双南,颜毅华,等. 空间天文与太阳物理中长期发展战略规划研究报告II[R]. 2012b.

[7] 林元章. 太阳物理导论[M]. 北京:科学出版社,2000.

[8] 涂传诒. 日地空间物理学(上册)[M]. 北京:科学出版社,1988.

[9] 王翼. 磁云边界层和磁重联[D]. 中国科学院空间科学与应用研究中心,2012.

[10] 吴振一,窦建清. 全玻璃真空太阳集热管热水器及热水系统[M]. 北京:清华大学出版社,2008.

[11] 徐家鸾. 等离子体物理学[M]. 北京:原子能出版社,1981.

[12] Babcock, H W. The topology of the Sun's magnetic field and the 22-year cycle [J]. Astrophys Journal, 1961, 133: 572.

[13] Bahcall J N, Ulrich R K. Solar models, neutrino experiments, and helioseismology [J]. Reviews of Modern Physics, 1988, 60: 297.

[14] Balogh A, Lanzerotti L J, Suess S T. The Heliosphere through the Solar Activity Cycle[M]. New York: Springer-Praxis Books and Springer Science and Business Media, 2008.

[15] Bame S J, Asbridge J R, Feldman W C, et al. Solar wind heavy ions from flare-heated coronal plasma[J]. Solar Physics, 1979, 62(1):179-201.

[16] Bartels J. Twenty−seven day recurrences in terrestrial magnetic field and solar activity: 1923−1933 [J]. Terrestrial Magnetism and Atmospheric Electricity, 1934,39: 201−202.

[17] Biermann L. Kometenschweife und solare Korpuskularstrahlung [J]. Zeit Astrophys,1951,29: 274−286.

[18] Bohlin J D,Frost K J,Burr P T,et al. Solar maximum mission[J]. Solar Physics, 1980,65: 5−14.

[19] Carrington R C. Description of a singular appearance seen in the Sun on September 1st 1859 [J]. Monthly Notices of Royal Astronomical Society,1859, 20: 13−15.

[20] Chen P F. Coronal Mass Ejections: Models and Their Observational Basis[J]. Living Reviews in Solar Physics,2011,8,1.

[21] Chenette D L,Conlon K R,Pyle K R,et al. Observations of jovian electrons at 1 AU throughout the 13 month jovian synodic year [J]. Astrophys Journal, 1977,215: L95−L99.

[22] Chupp E L,Forrest D J,Higbie P R,et al. Solar gamma ray lines observed during the solar activity of August 2 to August 11,1972 [J]. Nature,1973,241: 333−335.

[23] Cronin J W. Cosmic rays: The most energetic particles in the Universe [J]. Reviews of Modern Physics,1999,71:(2): S165−S172.

[24] De Keyser J,Sulter G,Luiten P G. Clinical trials with neuroprotective drugs in acute ischaemic stroke : are we doing the right thing?[J]. Trends in Neurosciences, 1999,22(6): 535−540.

[25] Domingo V,Fleck B,Poland A I. The SOHO mission: An overview [J]. Solar Physics,1995,162: 1−37.

[26] Dorman L I. Cosmic rays in the Earth's atmosphere and underground [M]. Berlin:Springer Netherlands,2004:303.

[27] Eff−Darwich A,Korzenni S G. The Dynamics of the Solar Radiative Zone [J].

Solar Physics,2013,287: 43–56.

[28] Farrugia C J,Janoo L, Mariani F. The Wind magnetic cloud and events of October 18–20,1995: Interplanetary properties and as triggers for geomagnetic activity [J]. Journal of Geophysical Research Atmosphere,1997,102 (A7): 14049–14063.

[29] Filippov B,Koutchmy S. Causal relationships between eruptive prominences and coronal mass ejections[J]. Annales Geophysicae,2008,26(10): 3025–3031.

[30] Fisk L A,Zurbuchen T H, Schwadron N A. On the Coronal Magnetic Field: Consequences of Large–Scale Motions[J], Astrophys Journal,1999a,521: 868– 877.

[31] Fisk L A,Schwadron N A,Zurbuchen T H. erch tmosphere Acceleration of the Fast Solar Wind by the Emergence of New Magnetic Flux[J]. Journal of Geophysical Research Atmosphere,1999b,104(A9): 19765.

[32] Garci –Munoz M,Mason G M,Simpson J A. A new test for solar modulation theory: The 1972 MayJune low–energy galactic cosmic–ray proton and helium spectra[J]. Astrophys Journal,1973,182: L81 – L84.

[33] Glover A,Harra L K,Matthews S A,et al. The association of transequatorial loops in the solar corona with coronal mass ejection onset [J]. Astronomy & Astrophysics, 2003, 400: 759–767.

[34] Gombosi T I. Physics of the Space Environment [M]. Cambridge: Cambridge University Press,2004.

[35] Gonzalez W D,Tsurutani B T,Lepping RP,et al. Interplanetary phenomena associated with very intense geomagnetic storms[J]. Journal of Atmospheric and Solar–Terrstrial Physics,2002,64(2): 171–183.

[36] Gopalswamy N. Highlights of the October–November 2003 Extreme Events[M]. Yerevan: Alikhanyan Physics Institute,2006,20–24.

[37] Gosling J T. The solar flare myth[J]. Journal of Geophysical Research Atmosphere, 1993,98: 18937–18949.

[38] Grieder P K F. Cosmic Rays at Earth[M]. Amsterdam: Elsevier Science. 2001.

[39] Hess V F. Uber Beobachtungen der durchdringenden Strahlung bei sieben Freiballonfahrten[J]. Physikalische Zeitschrift, 1912, 21/22, 13(1): 1084–1091.

[40] Hundhausen A J. Coronal Expansion and Solar Wind [M]. Berlin: Springer–Verlag. 1972.

[41] Ilonidis S, Zhao J, Kosovichev A. Detection of Emerging Sunspot Regions in the Solar Interior[J]. Science, 2011, 333: 993.

[42] Khan J I. Aurass H. X–ray observations of a large–scale solar coronal shock wave[J]. Astronomy & Astrophysics, 2002, 383: 1018–1031.

[43] Kosugi T, Matsuzaki K, Sakao T, et al. The Hinode (Solar –B) mission: An overview[J]. Solar Physics, 2007, 243: 3–17.

[44] Krimigis S M, Roelof E C, Decker R B, et al. Zero outward flow velocity for plasma in a heliosheath transition layer[J]. Nature, 2011, 474: 359–361.

[45] Krimigis S M, Mitchell D G, Roelof E C, et al. Imaging the Interaction of the Heliosphere with the Interstellar Medium from Saturn with Cassini [J]. Science, 2009, 326(5955): 971–973.

[46] Langmuir I. Oscillations in Ionized Gases [J]. Proceedings of the National Academy of Sciences of the United States of America, 1928, 14: 627.

[47] Le Roux J A, Potgieter M S, Ptuskin V S. A transport model for the diffusive shock acceleration and modulation of anomalous cosmic rays in the heliosphere [J]. Journal of Geophysical Research, 1996, 101(A3): 4791.

[48] Liu Y. Evolution of coronal mass ejections through the heliosphere[D]. Massachusetts Institute of Technology, 2007.

[49] Luo X, Zhang M, Rassoul H K, et al. Calatic cosmic-ray modulation in a realistic global magnetohydrodynamic heliosphere[J]. Astrophys Journal, 2013, 764, 85.

[50] Mc Comas D J, Elliott H A, Schwadron N A, et al. The three-dimensional solar wind around solar maximum[J]. Geophysical Researrch Letters, 2003, 30(10): 1517.

[51] Meyer-Vernet N. Basics of the solar wind[M]. Cambridge: Cambridge University Press, 2007.

[52] Miesch M S. Large-Scale Dynamics of the Convection Zone and Tachocline[J].

Living Reviews in Solar Physics,2005,2: 1.

[53] Mitalas R,Sills K R. On the photon diffusion time scale for the Sun [J]. Astrophys Journal,1992,401: 759–760.

[54] Möstl C,Temmer M,Rollett T,et al. STEREO and Wind observations of a fast ICME flank triggering a prolonged geomagnetic storm on 5–7 April 2010 [J]. Geophysical Rview Letters,2010,37: L24103.

[55] Ness N F,Wilcox J M. Solar Origin of the Interplanetary Magnetic Field [J]. Physical Review Letters,1964,13: 461–464.

[56] Neugebauer M. The three–dimensional solar wind at solar activity minimum [J]. Reviews of Geophysics,1999,37: 107–126.

[57] Ogawara Y,Takano T,Kato T,et al. The SOLAR-A mission: An overview [J]. Solar Physics,1991,136: 1–16.

[58] Parker E. Dynamical theory of solar wind [J]. Space Science Reviews,1965, 4666–708.

[59] Parker E N. Dynamics of the interplanetary gas and magnetic field [J]. Astrophys Journal,1958,128: 664.

[60] Pesnell W D,Thompson B J,Chamberlin P C. The Solar Dynamics Observatory [J]. Solar Physics,2012,275(1–2),3–15.

[61] Pierrard V,Maksimovic M,Lemaire J. Core,Halo and Strahl Electrons in the Solar Wind [J]. Astrophys Space Science,2001,277(1):195–200.

[62] Reams D V,Chee K N. Streaming-limited intensities of solar energetic particles on the intensity plateau [J]. Astrophys Journal,2010,723:1286–1293.

[63] Richardson J D,Kasper J C,Wang C,et al. Cool heliosheath plasma and deceleration of the upstream solar wind at the termination shock [J]. Nature,2008, 454: 63.

[64] Russel C T,Mulligan T. The true dimensions of interplanetary coronal mass ejections [J]. Advances in Space Research,2002,29(3): 301–306.

[65] Schwadron N A,Bzowski M,Crew G B. Comparison of Interstellar Boundary Explorer Observations with 3D Global Heliospheric Models [J]. Science,2009,326

（5955）: 966-968.

[66] Schwadron N A, McComas D J. The sub –Parker spiral structure of the heliospheric magnetic field[J], Geophysical Research Letters, 2005, 32: L03112.

[67] Schwenn R. Space Weather: The Solar Perspective [J]. Living Reviews in Solar Physics, 2006, 3, 2.

[68] Schwenn R, Marsch E E. Physics of the Inner Heliosphere, I [M]. Berlin: Springer-Verlag, 1990.

[69] Shibata K, Magara T. Solar Flares: Magnetohydrodynamic Processes [J]. Living Reviews in Solar Physics, 2011, 8(6): 412-413.

[70] Stix, M. On the time scale of energy transport in the sun[J]. Solar Physics, 2003, 212: 3-6.

[71] Stone E C, Cummings A C, McDonald F B, et al. Voyager 1 Explores the Termination Shock Region and the Heliosheath Beyond[J]. Science, 2005, 309: 2017.

[72] Swordy S P. The energy spectra and anisotropies of cosmic rays[J]. Space Science Reviews, 2001, 99(1/4): 85-94.

[73] Tamrazyan G P. Principal Regularities in the Distribution of Major Earthquakes Relative to Solar and Lunar Tides and Other Cosmic Forces[J]. ICARUS(Elsevier), 1968, 9: 574–592.

[74] Tu C Y, Marsch E. Two-fluid Model for Heating of the Solar Corona and Acceleration of the Solar Wind by High-frequency Alfven Waves[J]. Solar Physics, 1997, 171: 363.

[75] Tu C Y, Zhou C, Marsch E, et al. Solar Wind Origin in Coronal Funnels [J]. Science, 2005, 308: 519.

[76] Vorontsov S V, Christensen-Dalsgaard J, Schou J, et al. Helioseismic Measurement of Solar Torsional Oscillations[J]. Science, 2002, 296: 101.

[77] Wang Y, Wei F S, Feng X S, et al. Variations of Solar Electron and Proton Flux in Magnetic Cloud Boundary Layers and Comparisons with Those across the Shocks and in the Reconnection Exhausts[J]. Astrophys Journal, 2012, 749(1): 82.

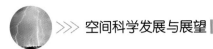

[78] Wang L,Lin R P,Larson D E,et al. Domination of heliosheath pressure by shock-accelerated pickup ions from observations of neutral atoms[J]. Nature,2008, 454: 81.

[79] Webb D F,Howard T A. Coronal Mass Ejections: Observations[J]. Living Reviews in Solar Physics,2012,9,3.

[80] Wei F S,Feng X,Yang F,et al. A new non-pressure-balanced structure in interplanetary space: Boundary layers of magnetic clouds[J]. Journal of Geophysical Research Atmosphere,2006,111(A3): A03102.

[81] Whang Y C,Chang C C. An Inviscid Model of the Solar Wind[J]. Journal of Geophysical Research Atmosphere,1965,70: 417.

[82] Wimmer –Schweingruber R F,Crooker N U,Balogh A,et al. Understanding Interplanetary Coronal Mass Ejection Signatures//Report of Working Group B[J]. Space Science Reviews,2006,123(1-3): 177-216.

[83] Wilcox J M,Ness N F. Quasi-Stationary Corotating Structure in the Interplanetary Medium[J]. Journal of Geophysical Research Atmosphere,1965,70: 5793.

[84] Withbroe G L,Noyes R W. Mass and energy flow in the solar chromosphere and corona[J]. Annual Review of Astronomy and Astrophysics Astron,1977, 15: 363- 387.

[85] Woo R. Relating white-light coronal images to magneticfields and plasma flow [J]. Solar Physics,2005,231: 71-85.

[86] Zhao J,Kosovichev A G. Helioseismic Observation of the Structure and Dynamics of a Rotating Sunspot Beneath the Solar Surface[J]. Astrophys Journal,2003, 591:446-453.

第三章
磁层物理中的科学发现与未揭之谜

1 | 引言

地球磁层空间是充满电磁场和带电粒子的广阔世界，是在岩石圈、生物圈、大气层和电离层以外人类新的生存和活动空间，其中穿梭着空间站以及大量的人造天体。磁层空间环境的状态及其扰动变化，直接影响到各类卫星的运行和航天活动的安全。

地球磁层空间的主要物质能量形态是磁场，能够对地球上的生物以及大气层发挥保护性的作用。地球磁层从飞驰而过的太阳风中汲取能量，并储藏于磁场中。地球磁层如同"生命体"，经常展示其巨大能量和威力。在地球南极和北极，变幻的极光显露多彩光华。磁层磁场驱动和加速带电粒子干扰甚至破坏航天器及仪器的正常运行。

充塞外太空的以近光速行进的宇宙线粒子能够轻易冲破地球磁层的磁场屏障，撞击大气层，产生大量形色各异的次级粒子，部分次级粒子返回近地磁层空间，形成环绕地球的高能粒子带——辐射带。辐射带是磁层空间中航天活动极力回避的危险地带，其蕴含的若干谜题至今仍是空间科学家们致力探索的课题。

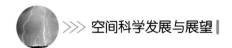

2 地球磁场

地球磁场是指地球周围空间所分布的磁场（分布范围从地核到与太阳风交界处）。一方面，地磁场是人类生存必不可少的条件。假如没有地磁场的屏蔽和保护，太阳风粒子将直接剥蚀地球大气层；另一方面，人类正常的活动和生活也离不开地球磁场。例如，行军、航海就是利用地磁场对指南针的作用来定向的；根据地磁场在地面上的分布特征寻找矿藏；地磁场的变化能影响无线电波的传播。因此，地磁场与人类生存息息相关。下面就地磁场的结构特征、起源、演化以及磁层磁场几个方面对地磁场进行介绍，并且探讨了地球磁层磁场的形成及太阳风与地磁场的相互作用。

2.1 结构特征

地磁场可近似为一个磁偶极子，其"磁北极"在地理南极附近，它具有N极的极性；"磁南极"在地理北极附近，它具有S极的极性。通过这两个磁极假想的直线（磁轴）与地球的自转轴大约成11°的倾斜角。图3−1左图即为地球磁偶极子。其中，实线和虚线分别是地磁轴和地理轴。

事实上，地磁场的空间结构远比偶极子磁场复杂。若按照场源的划分，可分为内源场和外源场两部分。内源场起源于地表以下的磁性物质以及电流，可进一步分为地核场、地壳场、感应场和外源场。地核场又称为主磁场，占总磁场的95%以上，而偶极子磁场几乎占了主磁场的全部。地壳场又叫岩石圈磁场或局部磁异场，是由地核和上地幔磁性岩石产生的，这部分磁场约占总磁场的4%。另外只占总磁场1%的是感应场和外源场。感应场是外部变化磁场在地球内部生成的感应电流磁场。外源场（也叫变化磁场或瞬变磁场）起源于地表以上的空间电流体系。

虽然地磁场是地球生物的"保护伞"，但地磁场的强度很小，在地面上的平均感应强度约为0.00005 T（特斯拉，简称特），但一个2 cm长标定

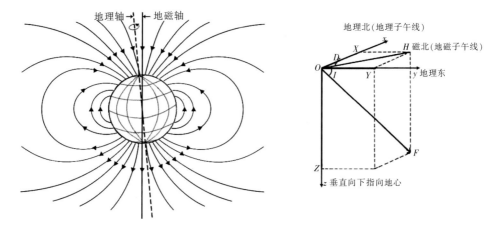

图3-1　地磁偶极子磁场(左图)及地磁要素(右图)

磁针的磁场强度就可以达到0.1 T，因此地磁场是一个弱场，其单位通常也用nT（纳特）来表示（1 T = 10^9 nT）。

为了研究地磁场，我们将观测点的地磁场总强度F在直角坐标系下进行分解，如图3-1右图所示。坐标系的原点取在观测点的位置，坐标轴x指向地理正北，y轴指向东，z轴垂直向下（指向地心）。F在三个坐标轴上的投影分别为北向分量X、东向分量Y和垂直分量Z；F在xoy水平面内的投影称为水平分量H，它指向磁北方向；F与H间的夹角称为磁倾角I，磁倾角下倾为正；H与X间的夹角称为磁偏角D，地磁场东偏为正。F、X、Y、Z、H、I和D都是表示地磁场大小和方向的物理量，称为地磁要素。

为了清晰、直观地看出地磁场的空间分布，我们用等磁图来表示（它是地磁要素的等值线图）。图3-2所示是由国际参考地磁场（IGRF）给出的2010年全球地磁要素的等值线图（曾凌云，2012）。由图可见，地磁要素是按一定规律分布的。总强度F的等值线图（见图3-2a）的主要特点是：随地理纬度的增加而增加；赤道附近有最小值（约为30 000 nT），两极处有最大值（约为70 000 nT）；等值线存在封闭的区域，说明有非偶极子磁场的成分存在。水平分量H的等值线图（见图3-2b）的主要特点是：

等值线基本平行于纬度；H值随纬度的增加而减小；赤道附近H有最大值（约40 000 nT），两极处H最小；等值线存在封闭的区域，这是因为叠加了非偶极子磁场的成分。垂直分量Z的等值线图（见图3-2c）的主要特点是：大致平行于纬线；其绝对值随纬度的增加而增加；零等值线（磁赤道，也就是磁倾角为零的等值线）位于赤道附近；磁赤道以北Z为正，以南Z为负；两磁极处Z有最大值。磁倾角D的等值线图（见图3-2d）的主要特点是：分为正、负两个区域；随纬度的升高而增大，在北极和南极附近分别达到90°和-90°；等值线都是从一点出发汇集于另外一点的曲线簇，明显汇集于南、北两极附近。

所有的这些特点都与磁偶极子的磁场非常相似，因此认为地磁场主要

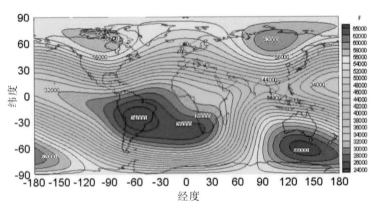

（a）总强度F/nT

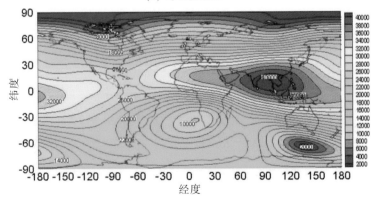

（b）水平强度H/nT

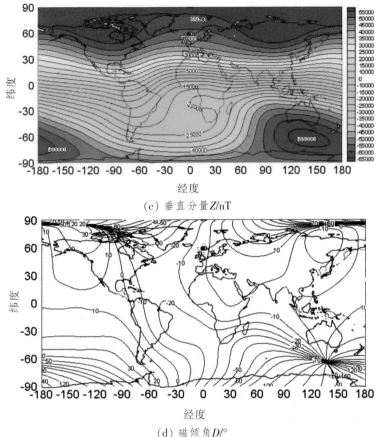

（c）垂直分量Z/nT

（d）磁倾角D/°

图3-2　2010年各地磁要素分布图（图片来源：曾凌云，2012）

由偶极子磁场构成。磁倾角D的等值线所汇集的两个点称为地球的"磁极"（与"地磁极"不同，"磁极"是实际磁测确定的H为零或I为90°的点，而"地磁极"则是地磁轴与地面的交点）。

从F和H的等值线图可以看出，地磁场还有非偶极子磁场的成分存在。从主磁场减去偶极子磁场后，剩余的部分就是非偶极子磁场（磁异场），它反映了真实的磁场和偶极子磁场之间的差别。图3-3是1900年非偶极子磁场Z分量的分布图。从图中可以看出，非偶极子磁场围绕着几个中心分布。构成全球的非偶极子磁场一共有九个大磁异常区，若以它们所在地区的中心位置命名，这些磁异常区分别是：南大西洋（SAT）、欧亚（EA）、

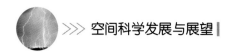

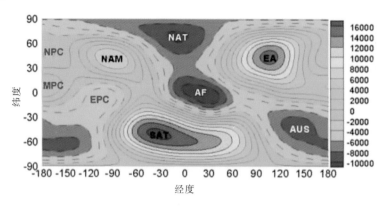

图3-3　1900年非偶极磁场磁异常区分布图（图片来源：安振昌、王月华，1999）

澳大利亚（AUS）、非洲（AF）、北美（NAM）、北大西洋（NAT）、北太平洋（NPC）、东南太平洋（EPC）和中太平洋（MPC）（安振昌、王月华，1999）。其中，有六个磁异常区可称为行星尺度的磁异常区，它们是SAT、NAT、EA、NAM、AUS和AF磁异常区，因为这几个异常区在经度或纬度上的跨度都达到了几十度甚至上百度，中心强度都超过或接近10 000纳特。另外，我们还可以看出，这些磁异常区有正有负，分别称为正磁异常区和负磁异常区（这里的正负是Z分量的正负）。主要的正磁异常区位于SAT、EA和NAM等地，主要的负磁异常区位于AUS、AF和NAT等地。

2.2 起源

地磁场的起源（主要指地磁主场）是地球物理学的基本问题之一，该问题长期困扰着科学家，并被爱因斯坦称为世界难题之一。地磁场的主要部分类似于沿自转轴方向均匀磁化的球体的磁场。因此吉尔伯特提出的"永久磁石说"就成为地磁场成因最早和最自然的猜测。然而，物质"居里点"的发现否定了这个学说（当物质温度高到一定程度时，原来的磁性就会消失，该温度称为"居里点"。各物质的居里点不一样，如铁为798℃，磁铁矿为675℃）。继而人们又提出"回转磁效应""温差电流效应"等假说或理论来解释地磁场。但到目前为止，只有"自激发电机"理论得到普遍的承认。

地球外核是最可能产生磁场的区域。在地下约2 900 km深处是地球的外核，其厚度约为2 200 km，体积为地球的16%。主要由铁和镍组成，物质呈液态（其黏度约为地面水的6倍或铁水的黏度）。外核的温度处于4 000℃~6 000℃，压力为1.50~2.5×10^{7}大气压，在这样高温高压下的物质呈导电流体状态。在温度和密度差的情况下，流体在地球自转的系统中产生对流，从而产生了"自激发电机"过程。

导电流体在外核中的运动成涡旋状，若把流体涡旋近似成旋转圆盘，就可以简单直观地借助圆盘发电机模型来描述地核发电机的过程。导体切割磁力线运动产生感应电势，若导体可构成闭合回路，这样就有电流产生。当回路的结构恰好使电流产生的磁场与外源场同向时，发电机电流将会补偿外加磁场的衰减或使磁场增强。这就是拉莫尔（Larmor）在1919年首先提出来的"旋转的导电流体维持自激发电机"的基本思想。较为系统的论述是在20世纪40年代末和20世纪50年代初由埃尔萨塞（Elsasser）、帕克（Parker）和布拉德（Bullard）等人完成的，他们使用磁流体发电机理论建立了地核中的"自激发电机"模型，从而奠定了地球发电机模型的理论基础。图3-4（a）是最初的地核圆盘发电机模型（Bullad，1950）；图3-4（b）是最近关于地磁场起源的磁流体发电机数值模拟结果。它是子午面内平均的周向磁场强度等值线图，实线表示东向磁场，虚线表示西向磁场。

"自激发电机"可以解释地磁极存在倒转的情况，这是其他学说难以解释的。因此，到目前为止，"自激发电机"仍是最有希望解释地磁场成因的理论。除了地球，太阳和许多恒星也具有磁场。在太阳系中，木星和水星也具有与地球磁场相类似的内源磁场。因此，地磁场起源的模式对其他天体也适用。

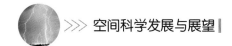
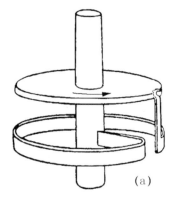
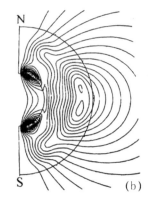

图3-4 地磁场起源的发电机模型和磁流体发电机数值模拟结果

(a)布拉德圆盘发电机模型(图片来源：Bullad,1950)

(b)磁流体发电机数值模拟的结果(图片来源：Glatzmair & Robert,1995a)

2.3 演化

地球的主磁场、地壳异常和变化磁场各有不同的时间变化特征。在这三种磁场中，时间尺度变化最短的是变化磁场部分，其变化周期可短到不到一秒的时间。

变化磁场主要是由地球外部高空电流体系及其在地球内部产生的感应电流共同产生的。变化磁场随时间的变化最为激烈。它可分为平静变化和干扰变化两类。平静变化是经常出现的叠加在基本磁场之上的各种周期性的地磁变化，如季节变化和约11年的太阳黑子变化等，这些变化一直存在且比较有规律；干扰变化是一些偶发的、叠加在基本磁场和平静变化之上的各种短暂的地磁变化，这种变化有时甚至会淹没磁静日的变化，如地磁脉动和磁暴时的变化等。

地壳异常几乎不随时间变化，除了地震、火山等可能会引起局部磁场的快速变化，这也反映了产生这些异常源（岩石圈磁性）的稳定性。地球主磁场的变化主要有10~10 000年的长期变化，还有几万年到几百万年甚至更长时期的主磁场极性倒转。由于主磁场约占总磁场的95%，下面将主要介绍这部分磁场随时间的变化特征。

地球主磁场由偶极子磁场和非偶极子磁场两个部分组成。因此,偶极子磁矩的变化、地磁极移动、非偶极子磁场的西向漂移以及磁极倒转都是主磁场的主要变化特征。

磁偶极矩的大小反映了地磁偶极子部分的总体强度。研究表明,近代地磁场的磁偶极矩约以每年0.05%的速率衰减。图3-5(a)是从1900~2000年间磁偶极矩的变化情况。可以看出,偶极矩在持续减小。若按这样的速度衰减下去,再过2 000年偶极子磁场将会变为零。所幸的是,古地磁的研究发现地球磁矩可能具有周期性变化,并不是单调衰减的。图3-5(b)是考古地磁测量给出一万年以来地球磁矩的变化。图中,横坐标表示时间,以现在的时间为零向前计算。可以看出,地球偶极矩具有周期性变化的特点,且到目前为止都还没有发现偶极矩为零的情况。

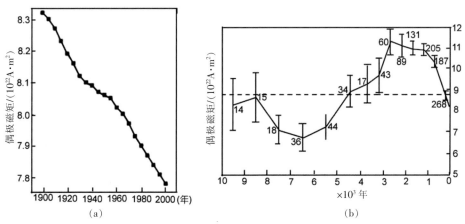

图3-5 地磁偶极矩的长期变化

(a)1900~2000年间地磁场偶极矩的变化(图片来源:徐文耀等,2000)

(b)一万年以来偶极矩的变化(图片来源:徐文耀,2009)

北磁极位置的第一次记录是在1831年由罗斯爵士和他的船队在寻找冰封的西北航道时发现并记录下来的。图3-6(a)是1831年以来北磁极的移动轨迹。可以看出,自1831年之后的七十多年里它几乎没有移动过。到1904年北磁极开始以每年大约15 km的速度向西北方向移动。1989年它再次开始加速。科学家在2007年确认了北磁极每年以55~60 km的速度向西伯利亚方向移动。图3-6（a）中2008~2018年的位置（绿点所示）是根据2007年的移动方向和速度来预测的。在2018年北磁极距离地理北极最近（约400 km）。南磁极的位置是在1909年由欧内斯特·沙克尔顿带领的探险队发现的。如图3-6（b）所示分别是南、北磁极1945~2000年的移动轨迹。可以看出，南磁极以每年10~15 km的速度移动。1909年南磁极还在大陆上，但现在已经移动到了南部海洋里。南北半球地磁场的不对称性在地磁场的其他特征中也有表现，反映了地磁场及其长期变化的复杂性。实际上，如果经过长达万年以上的时间变化，将会发现地磁极的平均位置与地球自转极的位置相差不多。

早在1683年，英国天文学家哈雷首先发现地磁场的分布图缓慢地向西移动。人们通过系统研究后发现，西向漂移主要发生在地磁场的非偶极子部分，但西向漂移相当复杂。科学家们（Bullard，1950；Malin，1969）用不同方法得到全球磁场以每年约0.2°的速率沿纬度圈向西漂移。但是，西

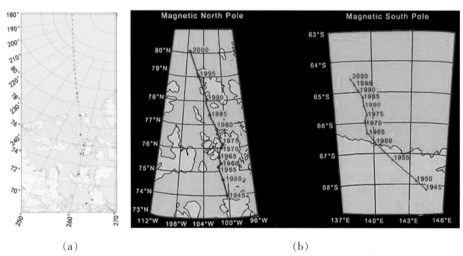

（a）   （b）

图3-6　磁极的移动轨迹

（a）1831~2018年北磁极的移动（图片来源：Olsen & Mandea，2007）

（b）1945~2000年南、北磁极的移动（图片来源：http://www.astrosurf.com/luxorion/Physique/pole-magnetique-map.gif）

漂并不是全球一致的现象，不同地区西向漂移的速度不同，有快有慢，还有的甚至不漂移。最明显的西漂是在大西洋、欧洲和美国地区，东太平洋和西亚等地区的西漂则非常缓慢，而北美洲磁异常则基本不漂移。西漂速率随时间变化，不同时期的速度也不一致，且不同地区的变化没有相关性。西漂不仅发生在主磁场中，也发生在主磁场的长期变化中。

古地磁研究表明地磁场曾经发生过多次极性倒转。在过去的7 800万年中，地球磁场出现了171次倒转，最近一次发生在78万年前。地磁场极性倒转是以一种随机的方式进行的，初期变化模式更是混乱。倒转频繁时平均20万年倒转一次，倒转平静时期几千万年不发生倒转，例如在恐龙生活的3 500万年里没有发生一次倒转。在地磁倒转的漫长过程中，磁层将会遭到极大的破坏甚至在一段时间内消失。这样，太阳风和宇宙高能粒子就很容易到达地球，给人类带来极大的灾难。那么，是否新的一次地磁场极性反转快要到了呢？科学家认为，就现在的情况看，即便地磁场要发生倒转，至少也要花上几千年的时间才能完成。况且，从上一次磁极倒转以来，地磁场已经出现了14次减弱或增强的情况。

2.4 磁层磁场

当太阳风扫过地球轨道时，地球磁场将太阳风排开形成一个空腔，这个空腔就是磁层（见图3-7）。磁层是由英国的查普曼于20世纪30年代首先提出来的。到五六十年代，人造地球卫星对地球高带电粒子区域的探测，证实了地球磁层的存在。

磁层内充满了等离子体，其底部位于地面600~1 000 km的高处。在磁层顶部存在着一个地磁场和行星际磁场分开的边界，称为磁层顶，它将地磁场的全部磁力线包裹在内。由于太阳风具备质量和动量，它产生的动压与磁层相互作用达到平衡时确定了磁层顶的位置。因此，这个位置对太阳风的压力很敏感，当太阳风动压发生变化时，磁层顶的位置也将产生相应

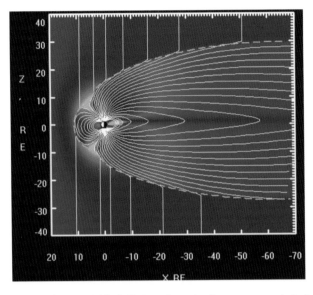

图3-7 磁层磁场图示(图片来源:http://www.burlingtonnews.net/orbs.html)

的改变。

在太阳风的作用下，地磁场的位形也产生了畸变。对于向阳面的磁力线，大部分被压缩，磁场增强，但有少部分被太阳风携带到背阳面。仍在向阳面的磁力线限于约80°以下的中低纬地区，但被携带到背阳面的磁力线是该纬度以上的极盖区磁力线（这与太阳的行为有关，如当太阳风动压增强或磁场北向时，被太阳风携带到背阳面的磁力线会增多，同时向阳面的磁力线被压缩得也更厉害）；对于背阳面的磁力线，在太阳风的作用下被拉伸到百个地球半径的空间区域（可伸展到月球轨道以外），形成一个很长的尾巴，称为地球磁尾。在近地区域，磁层的磁力线与偶极子磁场的磁力线相似。但随着磁力线根部纬度绝对值的增加，磁力线被不断地拉伸，南半球的磁力线要经过很远的路程才能回到北半球。赤道面附近的磁力线逐渐变稀疏，磁场逐渐减弱。在距离地球较远处的磁尾，由两个几乎反平行磁场的分离区域组成。在这两个区域的中心，磁场强度最小，甚至为零，该中心界面称为中性片。

3 带电粒子在磁层空间磁场中的运动

当太阳风经过磁层顶时，太阳风的部分能量、动量以及质量会传输到磁层中，从而引起磁层内部等离子体的大尺度运动，并伴随有大尺度的磁层电场和电流产生。这些过程表现了磁层的主要特征，决定着磁层粒子运动的轨迹。因此，该部分首先对磁层内的大尺度电场做相关介绍，然后再介绍粒子在电磁场中的运动特征以及绝热不变量，最后介绍不同能量的粒子在地磁场和大尺度电场作用下的运动。

3.1 磁层电场

卫星观测表明磁层内有大尺度的等离子体对流运动，和其相对应的是磁层空间存在大尺度的对流电场。该对流电场是在太阳风和磁层相互作用下形成的，有关对流电场产生的机制一般有如下几种解释：行星际磁场与地磁场的重联作用；太阳风与磁层顶的黏性相互作用；高电导率的太阳风相对于地磁场运动产生了诱导电场等。这三种机制都能够解释对流电场的总体形态，但究竟是哪种机制决定了磁层对流电场，目前尚不明确。

对磁层内大尺度的电场探测比较困难，磁层电场的直接探测资料较少，大部分都是集中在电离层的高度。但由于磁层中等离子体沿磁力线的电导率近似于无穷大，一般可将磁力线看成等势线，并把极区电离层观测到的电位分布映射到磁层中，得到磁层内的电位分布。由于磁尾中大部分区域的磁力线都来自极盖区，而极盖区的电场主要是由黎明指向黄昏的晨昏电场，因此在磁尾中也出现了晨昏电场。由于磁赤道附近存在着磁场的北向分量，这种晨昏电场便驱动磁尾等离子体片中的等离子体向着地球的方向运动，因此这种电场又称为对流电场。也有人认为是等离子体的对流运动才产生了电场，而不是电场驱动对流。

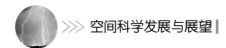

目前磁层电场的模式很多，Weimer（1995）发展了一个依据实测资料构建电离层电势的经验方法，该电场与行星际磁场的大小、太阳风速度、数密度等参数有关（Weimer，2001）。Weimer电场是目前相对较为先进的电场模式。图3-8（a）所示是2002年第261天10时0分0秒时刻极区电离层的Weimer电场电势分布。图3-8（b）是图3-8（a）的电势沿着T96磁场模式的磁力线投影到磁赤道平面的电势分布图。

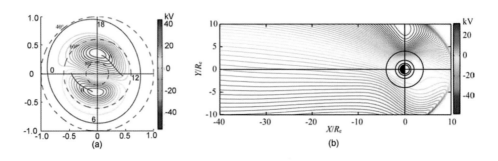

图3-8　Weimer电场在2002年第261天10点整的等电势图(图片来源：张华，2009)
(a)极区的电势分布　(b)磁赤道面的电势分布

除了对流电场外，另一个重要的电场是内磁层等离子体随地球旋转形成的旋转电场。地球周围充满着中性大气，大气外层是导电率无穷大的等离子体。当地球自转的时候，由于黏滞力和科里奥利力的作用，地球周围的中性大气随着地球一起旋转。底部（如电离层）的等离子体与中性大气碰撞之后也跟随地球旋转，上层（如磁层）的等离子体则由于磁冻结的作用跟随地球旋转。当从地球参考系转换到相对太阳静止的坐标系时，由于磁场不会发生变化，而等离子体却变换出了一个环向的速度，这个速度和磁场的作用就会表现出一个电场，即旋转电场。在赤道面内，旋转电场的等势线是一系列以地心为圆心的同心圆，电场的方向指向地心，且离地球越远电场越小。通常情况下，地球附近，旋转电场占优势，在远离地球的地方则是对流电场占优势。

3.2 带电粒子在电磁场中的运动

带电粒子在电磁场中的运动轨道比较复杂，特别是在地球电磁场中。为了便于了解其运动特性，我们先介绍带电粒子在均匀磁场中的运动轨道；然后介绍在均匀磁场和电场中的运动；最后介绍在非均匀磁场中的运动。

3.2.1 均匀磁场

带电粒子在均匀磁场中的运动和粒子的电荷、质量、速度以及速度与磁场的夹角有关。先看带电粒子的速度和磁场垂直的情况。在磁场的作用下，带电粒子将在垂直于磁场的平面内做圆周运动（也称回旋运动）如图3-9左图所示。带电粒子回旋运动所产生的磁场和外磁场相反，也就是说，会产生抗磁的效应。由于质子的质量比电子大，因此质子回旋运动的半径更大。另外，回旋运动的方向与电荷有关，若设磁场方向为回旋运动平面的反方向，则带正电荷的质子的回旋运动是沿顺时针方向，而电子的回旋运动是沿逆时针方向。若带电粒子有平行于磁场的速度分量，则粒子在磁力线方向的运动状态与没有磁场时完全一样，其运动是回旋运动与平行于磁场方向的等速运动合成的螺旋运动。

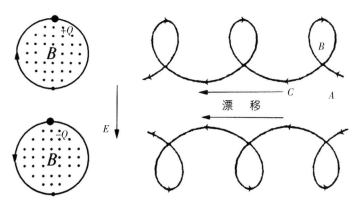

图3-9　均匀磁场中带电粒子的回旋、漂移运动

左图表示正电荷(上)和负电荷(下)在均匀磁场(垂直向外)中的回旋运动,右图是附加了向下的电场后的漂移运动

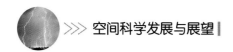

3.2.2 均匀磁场和电场

若在均匀磁场上叠加一个与之垂直的均匀电场，设电场E的方向向下，则带正电粒子会受到沿电场方向的力，而带负电粒子会受到一个与电场方向相反的力。其运动轨迹如图3-9右图所示。其中，上、下图分别是正、负带电粒子的运动轨迹。当带正电的粒子从A点运动到B点时，其运动方向与电场方向相反，粒子不断减速，因而此期间的粒子回旋半径在不断减小，偏离了圆周轨道。接着粒子从B点运动到C点，其方向与电场方向一致，粒子得到加速，回旋半径也随之增大，但同时也偏离圆周轨道。当粒子由C点继续往前时，其轨道与由A到B再到C的轨道类似。从图3-9右上图的轨道可以看出，在电场的作用下，带正电的粒子从固定的圆周运动往左漂移，其漂移方向垂直于电磁场。同样，带负电粒子的漂移运动方向和带正电粒子的一样，但由于电场作用的加速方向与带正电的相反，因而其轨道上部分的回旋半径比下部分的大（见3-9右下图）。

3.2.3 非均匀磁场

如果磁场是不均匀的，则带电粒子的运动轨道将变得更为复杂。磁场的非均匀性表现在磁场梯度和磁力线弯曲两个方面。磁场梯度的作用等效于一个沿着负梯度方向的力，而弯曲磁力线使沿磁力线运动的带电粒子感受到一个离心率的作用。

先考虑磁场梯度B与磁场垂直的情况。如图3-10所示，磁场方向垂直向外，电场为零，磁场梯度向下（即从上往下，磁场强度在逐渐减小）。当带电粒子围绕磁场运动时，磁场强度的变化将会引起粒子回旋半径产生变化。正、负带电的粒子的运动轨迹分别如图3-10左、右图所示。其回旋半径都是上小下大。但由于正、负带电粒子的回旋运动方向相反（带正电的粒子向左漂移，带负电的粒子则向相反的方向漂移），所以磁场梯度漂移会产生电场。

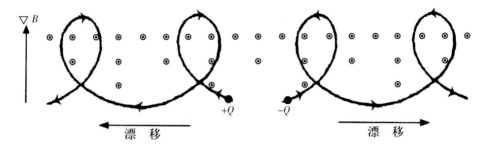

图3-10　磁场梯度与磁场垂直时带电粒子的漂移运动

如果磁力线是弯曲的（如地磁场），则粒子沿磁力线运动时会受到离心力的作用，这个力垂直于磁力线，会使粒子产生横向运动，我们将其称为曲率漂移。曲率漂移与电荷的符号和粒子平行于磁场方向的能量有关，因此也会产生电场。在近地空间，梯度和曲率引起的漂移速度垂直于子午面，且方向一致（电子向东，质子向西）。因此，也称为梯度—曲率漂移，该漂移在赤道环电流形成中起着关键作用。

考虑图3-11所示的磁力线会聚（或发散）的情况。当粒子沿磁力线会聚的方向运动时，磁场从弱变强，即粒子沿着磁场梯度的方向运动。此时，带电粒子受到一个沿磁场方向的力，力的大小正比于磁力线方向的磁场梯度，但力的方向与该梯度方向相反，粒子受到阻力的作用而被推离磁力线会聚区。也就是说，粒子平行于磁场方向的速度分量在逐渐减小。当平行于磁场方向的速度减小为零时，粒子停止向前运动，并开始向反方向运动，就像被反射回来一样。

如果磁场的结构类似地球偶极子磁场一样是两头会聚的，那么粒子就在两头磁场较强的某个地方反射回来，于是粒子就在这样的磁场结构中做来回弹跳运动。通常称这样的磁场结构为"磁镜"，在磁镜中来回反射，往复运动的粒子称为"捕获粒子"。

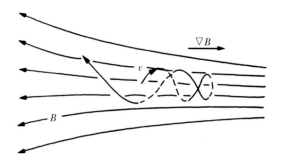

图3-11　会聚(发散)磁力线情况带电粒子的运动

3.3 带电粒子的绝热不变量

当带电粒子在电磁场中运动时，它的各个物理量（速度、位置及所处位置的电磁场等）都在发生变化。然而在一定的条件下，由这些物理量按某种关系建立起来的量在粒子的整个运动过程中却可以近似看成是不变的，这些近似不变量称为绝热不变量，而相应的条件则称为绝热条件。绝热不变量能给出带电粒子在电磁场中运动的一些重要特征，而且绝热不变量是研究带电粒子在磁层中运动及其动力学过程的另一种重要方法。

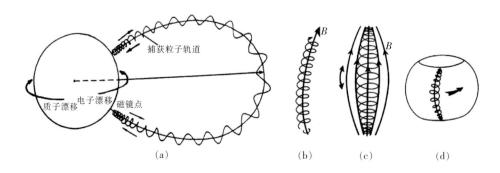

图3-12　带电粒子在地磁场中的运动

图3-12（a）所示是带电粒子在地磁场中的运动轨迹。可以将其分解为三种运动形式：围绕磁力线的回旋运动，见图3-12（b），沿磁力线的来回弹跳运动，见图3-12（c）以及垂直磁力线的漂移运动，见图3-12（d）。而每种运动方式都与一种绝热不变量相对应。

3.3.1 第一绝热不变量

带电粒子在磁场中的回旋运动是一种周期运动（其周期用T_g表示），它对应的绝热不变量是回旋磁矩。其绝热条件是磁场随时间缓慢变化以及磁场的空间变化很小（也称为小扰动条件），即$T_g|\partial B/\partial t|\ll|B|$以及$|\rho\cdot\nabla B|\ll|B|$。其中，$\rho$是带电粒子的回旋半径。当粒子的运动不满足该小扰动条件时，磁矩将发生变化。磁矩$\mu=p_\perp^2/(2mB)$。其中，m和$p_\perp$分别是粒子的静止质量和垂直于磁场的动量。

带电粒子的磁矩不变量可以用来解释图3–12（a）所示的"磁镜点"。考虑到粒子在磁场作用下的速度v是常数，设粒子的速度与磁力线间的夹角为β，根据磁矩守恒可以推算出$\sin^2\beta/B=\sin^2\beta_0/B_0$。其中，$\beta_0$和$B_0$是初始角度和磁场。当粒子以速度$v$从弱磁场向强磁场的方向运动时，随着$B$的逐渐增加$\beta$也增加，因此粒子沿磁场方向速度分量$v_{/\!/}=v\cos\beta$在逐渐减小。当$\beta$增加到90°时，粒子沿磁场方向的速度减小为零并停止向前运动，接着粒子会被反射回到弱磁场区。该反射点称为"磁镜点"，磁镜点对应的磁场强度$B_m=\sin^2\beta_0/B_0$。

3.3.2 第二绝热不变量

带电粒子在磁镜中的反弹运动是另一种周期运动（其周期用T_b表示），粒子沿着磁力线方向的速度分量$v_{/\!/}$满足纵向不变量。地磁场具有镜像对称性，磁力线在两端收敛，粒子在这样的收敛场中将会在强磁场区中被反射并以某一个弹跳周期T_b振荡。而粒子在磁镜点间做一次振动时，磁场的变化很小，即$T_b|\partial B/\partial t|\ll|B|$，满足第二绝热不变量$J$产生的条件。纵向不变量$J$定义为$J=\oint mP_{/\!/}\mathrm{d}s$，其中，$P_{/\!/}$为平行于磁力线方向的动量，$\mathrm{d}s$为磁力线元，积分期间为两个磁镜点间的全振荡周期。但当存在平行于磁场方向的电场时，粒子在地磁场或磁瓶内的运动将被破坏。在某些情况下，粒子将停止沿磁力线运动或很快离开磁力线向外运动。

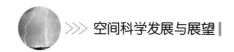

3.3.3 第三绝热不变量

在地磁场中，带电粒子的磁场梯度漂移和曲率漂移使其具有一种环绕地球的周向漂移运动（其周期用T_d表示）。与这种周期运动相联系的绝热不变量是漂移表面所包围的总磁通量Φ。其对应的绝热条件为$T_d|\partial B/\partial t|\ll|B|$。带电粒子在做周向漂移时，其漂移速度与粒子的能量有关，能量越高，漂移速度越快。漂移的方向与粒子的电荷符号有关，电子与质子的漂移方向相反，见图3-12（a）。

粒子的回旋、振荡和漂移的周期与粒子的种类、能量以及离地心的距离有关。一般情况下，回旋周期最短，漂移周期最长。表3-1所示是地球内磁层中质子三种周期运动的典型周期。其中T_g、T_b和T_d分别为回旋、振荡和漂移的周期。

表3-1   地球内磁层中质子的回旋、振荡和漂移周期

能量		0.6 eV	20 keV	20 MeV
磁层区域		等离子体层	环电流	辐射带
地心距离L/R_e		3	4	1.3
周期	T_g	0.1秒	0.1秒	5毫秒
	T_b	2时	1分	0.5秒
	T_d	45年	9时	2分

注：Re——地球半径。

3.4 不同能量带电粒子的运动

相比地球磁层的其他区域，人们对等离子体层、环电流、辐射带以及等离子体片的探测研究更多。因此，磁层带电粒子通常划分为冷等离子体（≤10 eV）、环电流和等离子体片的中等能级粒子（≈1~200 keV）以及辐射带粒子（≥200 keV）（徐文耀等翻译，2010）。

在不考虑外力的情况下，带电粒子将分别受到由电场和磁场引起的漂移运动（徐荣栏、李磊，2004）。磁场漂移主要有磁场梯度—曲率漂移，而电场漂移主要考虑旋转电场和对流电场引起的漂移，不同的漂移机制对

漂移速度的影响不同。对于能量极低的冷等离子体，磁场引起的漂移可以忽略，主要以电场漂移运动跨越磁力线。对于能量较高的辐射带粒子，所有的电场力都可以忽略，漂移运动主要由磁场引起，因而主要以磁场梯度—曲率漂移运动来跨越周围的磁场。对于环电流和等离子体片的中等能级粒子，电场和磁场同样重要，因此要同时考虑电场、磁场梯度—曲率漂移。

图3-13所示是电场漂移速度与不同能量磁场梯度漂移速度（$v_{\nabla B}$）的大小进行比较。其中，电场漂移速度部分由旋转电场漂移速度（v_R）和对流电场漂移速度（v_C）两部分组成。对流电场采用Volland对流电场模式（与地磁Kp指数有关）。图中的虚

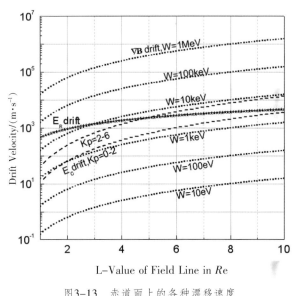

图3-13　赤道面上的各种漂移速度
（图片来源：黄朝艳，2007）

线是$Kp \leqslant 2$和$Kp=2\sim6$时的对流电场漂移速度。旋转电场的漂移速度为星号线，点线是能量为10 eV~1 MeV的带电粒子的梯度漂移速度。

由于磁场梯度漂移速度与粒子的能量有关，因此不同能量的粒子其磁场梯度漂移速度相差很大。从图3-13可以看出，梯度漂移速度随粒子能量W和地心距离L的增加而增大，不同能量的粒子随L的变化构成一组平行曲线。当粒子能量很低时，其磁场梯度漂移速度远小于电场漂移速度。如能量低于10 eV的粒子其梯度漂移较电场漂移速度低2个量级以上，此时梯度漂移变得不重要，主要考虑由两种电场引起的漂移速度。这也就是对于冷

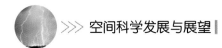

等离子体，只要考虑电场漂移的原因。当粒子能量增加到1~10 keV时，其磁场梯度漂移速度与电场漂移速度同量级。因此，环电流和等离子体片中的粒子需要同时考虑磁场和电场漂移。随着粒子能量的进一步增加，梯度漂移速度大于电场漂移速度。对于辐射带的粒子，其梯度漂移速度比电场漂移速度至少高了一个量级，因而漂移速度主要受磁场支配，电场漂移影响可以忽略。

从图3-13中不难发现，对流电场和旋转电场的漂移速度都随着地心距离L的增加而增大，且对流电场的漂移速度增加得更快。因此，对于冷等离子体，在近地球区，旋转电场占主导作用，粒子绕着地球东向漂移。但在远地球区，则是对流电场占主导作用，粒子向着太阳的方向漂移。但当对流电场与旋转电场比较接近，粒子漂移的轨迹也变得比较复杂。

在地球的晨侧，两种电场的方向相同，都使粒子向太阳（东向）的方向漂移。在昏侧，两种电场的方向恰好相反，旋转电场使粒子西向漂移，而对流电场是东向漂移。因此，当对流与旋转的作用刚好全部抵消时，粒子的漂移速度为零，该速度为零的点通常称为"X点"。通过这一点的等位线把磁层分为两个区域，内区粒子的漂移轨迹是绕地球的闭合曲线（称为闭轨道区），但外区的粒子漂移轨迹则从磁尾直到向日面磁层顶（称为开轨道区）。图3-14（a）所示即为冷等离子体的漂移轨道。其中，对流电场为0.3 mV/m，轨迹上相邻点相差10分钟。由于冷等离子体的能量比较低，因此从磁尾来的冷等离子体不可能通过电场漂移从开轨道区跨越到闭轨道区，故称闭轨道区为"禁区"。该禁区就是等离子体层，其分界面叫作等离子体层顶。

等离子体层的大小随地磁活动的强弱而变化。在平静时期，对流电场减弱，等离子体层可以达到6~8Re。但在地磁活动比较强烈时，对流电场增强，等离子体层将会向着地球的方向收缩，原来靠近等离子体层顶的粒

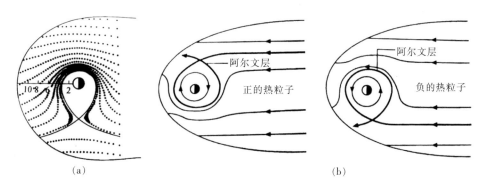

图3-14 磁层赤道面内粒子的漂移轨道
(a)冷粒子　　(b)正、负热粒子

子将会被对流剥离带走，等离子体层顶的位置甚至可以达到$2Re$的位置。

能量较高的粒子（如环电流及磁尾等离子体片中的一些粒子）被磁场捕获的区域比低能粒子要大得多，因此这些粒子不能像冷等离子体那样接近地球。对于这些能量足够高的热粒子，梯度漂移远大于旋转漂移。梯度漂移使正粒子向西漂，而电子向东漂，因而在近地区域会分别形成两个环绕地球的封闭漂移区（正粒子与电子形成的封闭区不同：电子的界面在晨侧更靠近地球，而正粒子的界面在昏侧更靠近地球），从远磁尾来的粒子沿内区域边界之外流动而不能进入内区。在离地球较远的地方，两种粒子都向着太阳的方向漂移，如图3-14（b）所示。其中，磁尾至日侧磁层顶的轨道与环绕地球封闭轨道之间的分界称为阿尔文层。可以想象，若将电子和正粒子形成的界面重叠在一起，晨侧会出现多余的电子，而昏侧则会有多余的正粒子，因而它们将产生从昏侧指向晨侧的电场，该电场与对流电场方向相反，阻碍对流电场进入内磁层，起到一种"屏蔽"作用。与冷等离子体的情况相类似，当地磁活动增强时，分界面阿尔文层将会向着地球的方向收缩，原来沿封闭轨道运动的粒子可能从轨道分界线出来，沿着不封闭轨道运动。

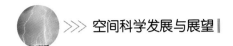

4 磁层中的等离子体分布

地球磁层是一个巨大的等离子体空腔，里面充满了各种能量的粒子。在该部分，我们首先介绍磁层内粒子的来源，然后介绍粒子在磁层内的分布情况，最后就磁层内中、低能粒子的主要储存区——等离子体层和等离子体片做详细的介绍，这两个区域在磁层全球动力学过程中起着重要的作用。

4.1 磁层中等离子体的来源

磁层等离子体的来源是地球磁层的最基本的问题之一。曾经一度认为太阳风是磁层等离子体的最主要来源，直到20世纪70年代Shelley等人首次发现在磁层中存在着源于电离层的O^+。随后，人们通过进一步的研究以及卫星观测证实了电离层也是磁层等离子体的重要来源。就磁层的离子成分来看，来自电离层的离子主要有H^+、He^+和O^+，来自太阳风的离子主要有H^+和He^{++}。虽然太阳风和电离层都是磁层等离子体的来源，但两者的机制各不相同。

电离层是磁层等离子体的重要来源之一。在极区，既存在着磁层离子以及太阳风不断沉降进入电离层/高层大气，同时也存在着电离层等离子体持续不断向外流出。这些外流离子的成分既有热（thermal）离子（如H^+，He^+，O^+），也有高能（energetic）离子（如NO^+，O_2^+，N_2^+，O^+，N^+，He^+，H^+）。其中，较重的离子只有获得足够的能量才能逸出电离层（如O^+要逃逸出电离层必须获得至少10 eV的能量）。对于H^+和O^+，两者外流特征的一个重要差别是后者与地磁活动强度相关。这是因为在地磁活动较强时，离子较容易被加速。因此，在磁暴期间，磁层中O^+、He^+等较重离子的数密度会增加，特别是在大磁暴期间，甚至会成为环电流的主要成分。

在电离层高纬度，离子主要通过极风（polar wind）机制逃逸到磁层。

在极区，电离层的低能离子（其能量最高达几eV）被加热和加速以后，逃离地球引力场从而形成极风。极风的主要成分是H^+、He^+和少量的O^+，其速度与质量相关，越重的离子速度越小。也就是说，在同一高度上O^+的速度最慢，H^+的速度最快。

除了极风外，还有以O^+占主导的极光带整体上行离子流（auroral bulk upflow）。这两者都属于整体离子上行（bulkion upflows）。在整体离子上行中，所有的离子均获得一个沿磁力线方向的整体上行速度，其能量最高达到几eV。另一个与整体离子上行不同的机制是离子获能过程（ion energisation processes）（Yau，1997）。在离子获能过程中，各离子获得的能量不一致（从几eV到几keV）。该获能过程会产生离子束（ion beams）、离子锥（ion conics）、横向加速离子（transversely accelerated ions）和上涌离子流（upwelling ions）等。总之，发生在不同位置的离子上行事件有着不同的形态特征并与不同的加速机制相联系（Hultqvist，et al.，1999）。

太阳风是磁层粒子的另一个重要来源。极尖区一直被认为是太阳风等离子体进入磁层的一个重要通道。该区域的磁场位形较为特殊，同时存在着开放磁力线和封闭磁力线。这样，来自太阳风的带电粒子可以沿着开放磁力线进入极尖区并被其捕获，然后随着漂移运动转换到封闭磁力线，并最终进入磁层。

太阳风离子还可能通过磁场重联、黏性相互作用、驱动穿越（Impulsive Penetration）等机制进入磁层。尽管每一种机制都存在着诸多疑问等待着人们的澄清，但根据目前的观测，磁场重联是太阳风向磁层传输最有效、最主要的机制。

当太阳风携带着行星际磁场逼近地球时，如果行星际磁场南向，在磁层顶向日部分与方向相反的地磁场相遇，在太阳风压力的作用下，行星际磁场的磁力线与地磁场的磁力线相连接，形成X型中性点，这就是行星际磁场与磁层磁场的重联。此时，磁层磁场是开放的，重联后的磁力线一端在地球，另一端则是太阳。太阳磁力线与地球磁力线相连通，使得等离子体和能量粒子可以在此进行交换（在观测上称作通量传输事件），磁层粒子可以进入太阳风，太阳风离子也可以进入磁层。

实际上，行星际磁场北向也可能发生磁场重联，此时的重联称为分量重联（component reconnection）。双星和Cluster卫星的观测数据证实了太阳风向磁层传输可以通过发生在向阳面磁层顶的分量重联完成。另外，当行星际磁场具有北向分量时，在背阳面的高纬磁层顶也会发生重联，它是太阳风等离子体在高纬磁层顶被捕获而进入磁层的重要途径。

总之，在不同的行星际磁场条件下，在磁层顶不同位置上发生的磁场重联过程，都会导致太阳风能量、动量、物质向磁层的传输。

4.2 磁层中等离子体的分布

磁层内充满着等离子体，比较密集的区域有中性片两侧的等离子体片、磁层顶内侧的等离子体幔、等离子体层以及由高能带电粒子组成的辐射带（见图3-15）。下面将简要介绍等离子体在磁层各区域中的分布情况。

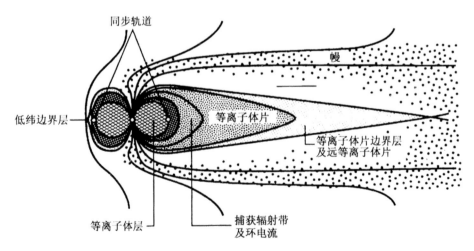

图3-15　磁层等离子体区域在子午面的分布图

　　磁鞘（magnetosheath）：处于弓激波与磁层顶之间。磁鞘中的等离子体主要是被弓激波加热和减速后的太阳风等离子体。等离子体的密度从弓激波到磁层顶逐渐降低，其密度的特征值为8 cm^{-3}。

　　磁层顶（magnetopause）：太阳风等离子体与磁层的相互作用会在磁层顶表面形成电流。在该磁层顶电流和磁层磁场的共同作用下，太阳风等离子体将很难直接进入磁层内部。在磁层顶外是太阳风物质和行星际磁场占主导，等离子体密度较高，温度较低，磁场较弱，而在磁层顶内则是地球内禀磁场占主导，等离子体密度较稀薄，温度较高，磁场较强。

　　等离子体幔（Plasma mantle）：位于夜晚磁鞘流与磁尾之间，覆盖了基本整个磁尾高纬边界层区域，其厚度为几个地球半径。当行星际磁场南向的时候，等离子体幔会显得更厚一些。等离子体幔的磁场是开放的，弥漫有太阳风等离子体。等离子体的密度从磁鞘处的10 cm^{-3}逐步降低到尾瓣处约0.1 cm^{-3}。等离子体的温度也是从磁鞘向尾瓣逐渐减小，平均温度约为100 eV。等离子体沿着磁场反方向以100~200 km/s的速度流向磁尾。另外，等离子体幔中有时还会观测到来自电离层的O$^+$。等离子体幔是磁尾瓣和等离子体片粒子的一个重要来源。

　　等离子体片（plasma sheet）：位于磁尾中心区域，通常也被叫作"中心等离子体片"，是磁尾热等离子体的主要储存区。电子和离子温度分别为1 keV和5 keV左右，数密度为0.1~1 cm^{-3}，比等离子体片边界层略高。这些粒子大部分来自于太阳风，也有一部分来自于电离层。等离子体片大部分区域位于闭合磁力线上，其粒子能够沿着磁力线沉降进入极区电离层，从而形成美丽的极光。因此，等离子体片是极光粒子源的重要储存仓库。等离子体片是一个非常活跃的区域，对各种地磁现象都起着至关重要的作用，下面我们还将重点介绍该区域。

　　等离子体边界层（plasma sheet boundary layer）：是接近真空的磁尾瓣

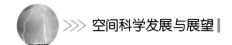

和热等离子体片的过渡区。等离子体边界层一般位于闭合磁力线上，离子的流速一般为每秒几百千米，基本上平行或反平行于当地磁场。双向的离子流经常在这里被观测到，分别沿着磁力线向地球方向和磁尾方向运动。离子密度大约为0.1 cm^{-3}。

尾瓣（Lobe）：是等离子体片两侧到磁尾外边界之间的区域。尾瓣中的磁场方向基本平行于赤道平面，等离子体密度非常低，基本上小于0.01 cm^{-3}。尾瓣中的粒子温度几百电子伏左右，只有少量的粒子温度可以达到5~50 keV。尾瓣中经常会观测到一些有明显电离层粒子特征的冷等离子体。在远磁尾的尾瓣中，逐渐有等离子体幔中的粒子扩散进来，其密度可以超过等离子体片的粒子密度。尾瓣一般位于开磁力线上，其磁场受太阳风控制（Tsyganenko，2000）。

等离子体层（plasmasphere）：等离子体层位于中、低纬磁层底部，其中充满了来自电离层的低温、高密度的等离子体。等离子体层内的速度分布接近于麦克斯韦分布。等离子体层内粒子温度较低，内层粒子的温度大约在0.3 eV，外层温度相对较高，在等离子体层顶附近粒子的温度为1 eV。等离子体层是内磁层中低能粒子的储存区域，其密度可达10^2~10^3 cm^{-3}。等离子体层是磁层的重要组成部分，在整个磁层粒子环境中占重要地位。因此，在下面还将进一步介绍该区域。

辐射带（radiation belt）：地球辐射带是由近地球区域的偶极磁场捕获来自太阳风和宇宙线的高能带电粒子形成的。因此，辐射带粒子的能量很高，质子能量大于1 MeV，电子能量大于50 keV。质子主要分布在地心距离2.5Re（Re是地球半径）的位置附近，电子主要分布在3~7Re位置。辐射带分为内、外两个带，外带的粒子能量和密度都比内带小。内辐射带的中心约在1.5Re，外辐射带位于约3Re。因而，在内辐射带里容易测得高能质子，在外辐射带里容易测得高能电子。

环电流（ring current）：由在地球偶极磁场中运动的带电粒子在赤道面附近漂移形成的，环电流主要是能量为20~200 keV中等能量的离子和电子。环电流的分布范围主要集中在2~7Re，与辐射带存在明显的空间重叠，其中心位置在平静时离地心大约为5~6Re，在亚暴和磁暴发生时向内移动，可以到达地心距离3~4Re处。目前普遍认为，在地磁平静时期，环电流的离子主要来源于太阳风，而磁暴活动期间来自于电离层的离子会急剧增加。

4.3 等离子体层

在近地空间，磁层磁场近似于偶极磁场，在中高纬度的电离层高度（70~1 000 km）偶极磁场近似于垂直方向，因此电离层的带电粒子就可能自由地沿磁力线向上运动，进入较高的磁层区域，并被地磁场所捕获，沿着闭合的路径漂移。这样，由这些只有几个eV能量的带电粒子围绕地球形成了一个稠密的（10^2~10^4 cm^{-3}）冷等离子体区域，也就是等离子体层。

等离子体层起始于电离层顶，与电离层之间没有明显的分界，终止于等离子体层顶。等离子体层顶的位置和磁地方时及地磁活动有关。在平静期间，可到达地球同步轨道（离地心6~7Re）的位置，而在磁扰期间，等离子体层顶向地球方向移动，若扰动较强，等离子体层顶甚至还不到2Re的位置。

等离子体层内的粒子除了电子外，主要还有H$^+$（约占90%）和He$^+$（约占10%），其余的O$^+$，O^{++}，He^{++}等都是微量成分。粒子的温度随着L（磁力线与赤道面的交点离地心的距离）的增加而增加，而密度随L的增加而逐渐减小。图3-16是DE-1卫星观测得到的等离子体层内各成分的密度随L的变化。可以看出，H$^+$和He$^+$是主要成分，比其他成分高出1~2个量级以上，而且H$^+$和He$^+$的密度分布存在很好的相关性。其他一些卫星的探测结果也表明H$^+$与He$^+$的分布结构基本相同。因此，通常认为H$^+$或He$^+$的密度分布及其变化可以代表整个等离子体层的特征。

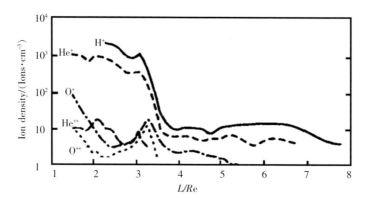

图3-16 DE-1卫星观测到的等离子体层各种粒子成分的密度随L的分布
（图片来源：Singh & Horwitz, 1992）

2000年，美国IMAGE（Imager for Magnetopause-to-Aurora Global Exploration）卫星（Burch，2000）和欧洲太空局CLUSTER-II卫星（Escoubet et al.，1997）相继发射，为等离子体层的整体结构及动力学过程的研究提供了很好的机会。

IMAGE卫星发射于3月份，该卫星在2000年6月开始返回数据，结束于2005年12月18日，运行时间约为6年，其寿命比预计的时间多出四年。IMAGE卫星的轨道倾角为90°，运行于大椭圆轨道，近地点约为1 000 km，远地点可达8.2 Re，轨道周期约为14.2小时，见图3-17（a）。卫星在运行的6年中，由于轨道围绕地球不断运动，在卫星发射之初，轨道的远地点在北纬40°；一年后远地点到达北极，近地点在南极；在2002年，远地点漂移至卫星发射之初所对称的北纬40°，远地点处于日侧，近地点处于夜侧。

CLUSTER-II发射于8月份，包括四颗相同的卫星（C1、C2、C3和C4），四颗卫星在空间呈四面体形状，该形状是可以根据观测的需要从地面进行遥感调控的。卫星间的间隔有时候会达到2 Re以上，有时候又会在100 km

以内。卫星倾角是90°，发射之初的近地点是4 *Re*，远地点是19.6 *Re*，忽略卫星进动，卫星在轨运行一圈约57小时；忽略卫星间距的变化和姿态调整等微小因素，卫星的远地点绕地球旋转的周期是1年。图3-17（b）所示是CLUSTER卫星在一年中运行的轨道示意图，当卫星从南半球运行到北半球的过程中，将会穿越等离子体层，进而对其进行观测。自2007年起，通过调整卫星的轨道，近地点将会越来越接近地球，到2010年，近地点已经降到约1.3 *Re*。

等离子体层在整个磁层粒子环境中占重要地位。它对辐射带动态演化产生显著影响，并对运行于其区域的卫星和空间飞行器带来影响。等离子体层是一个非常活跃的区域，其动态演化过程受到地磁活动的影响。下面我们将结合上述两个卫星和以前的观测结果，从等离子体层的形状、演化以及等离子体层波三个方面做介绍。

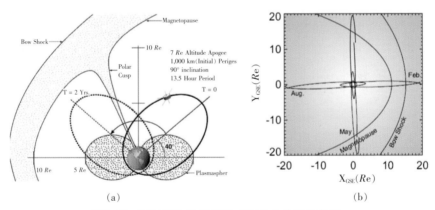

图3-17　IMAGE和CLUSTER-II卫星的轨道示意图
(a) IMAGE 卫星轨道示意图
(b)CLUSTER-II四颗卫星在一年中运行的轨道示意图(图片来源：Escoubet，2001)

4.3.1 等离子体层的形状

He+在太阳高层大气中很丰富，He+ 30.4 nm的辐射是太阳极紫外（Extreme Ultraviolet Imaging，EUV）光谱中最强的谱线。当等离子体层处在太阳光下，就会出现等离子体层"发光"的现象，该散射光可直接被探测器探测到，从而达到对等离子体层进行成像观测的效果。利用该原理，搭载在IMAGE卫星上的EUV探测器对等离子体层进行了成像探测。其图像上每个像素点的数值（光子数）正比于探测器上该探测单元所对应的张角内所有He$^+$的累加。Fabien et al.（2009）根据EUV的探测资料，从形态上将等离子体层结构分为如图3-18所示的六种：羽/尾状（Plumes）、槽状（Notches）、肩状（Shoulders）、沟状（Channels）、手指状（Fingers）和细圆齿状（Crenulations）。前两种属于大尺度结构，后四种属于中等尺度的结构。由于电离层（Ionosphere）和极光带（Aurora）的EUV辐射比等离子体层的强很多，为了更清楚地看出等离子体层，对探测得到的数据进行了对数处理。图中所呈现出来的颜色并不是真正等离子体的颜色，图像的亮

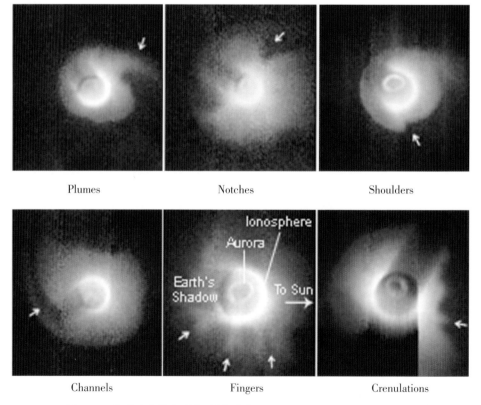

图3-18 等离子体层的形状（图片来源：http://euv.lpl.arizona.edu/euv/）

度正比于He⁺的数密度，越亮的地方表示He⁺的密度越大；在背阳面的He⁺受到地球的遮挡，不会出现"发光"的情况，因此会在背阳面形成阴影区（Earth's Shadow）。导致等离子体层产生不同形态的原因较为复杂，目前，除羽状结构外，对其他几种结构的形成都还没有比较明确的物理机制。

4.3.2 等离子体层的全球演化过程

当太阳风扰动到达地球时，磁层对流电场增强，等离子体层顶向着地球方向收缩，外层粒子从等离子体层内剥离出来，释放到磁层中。如果扰动足够强，在日侧出现等离子体层羽状，并向着太阳方向延伸，之后跟随地球旋转到夜侧（等离子体层的旋转不与地球自转完全同步。通常情况下，等离子体层旋转一周的时间是25~27个小时，其旋转速度与磁地方时和离地心的距离有关）。

图3-19所示是2001年177~180期间，IMAGE卫星的EUV探测器所观测到的一次太阳风扰动对等离子体层影响及等离子体层重填过程的事件。在磁平静的时候，来自电离层的离子不断注入等离子体层中，等离子体层的尺寸向外扩张，如3-19（a）所示。之后，太阳风磁场的B_z分量突然变负，见图3-19（m）并持续了相当一段时间，此时地磁活动增强，磁层对流增强，等离子体层出现了"剥蚀（erosion）"，即粒子从等离子体层内剥离出来，在对流电场作用下朝着向阳面磁层顶对流，见图3-19（b）~（d）：夜侧的等离子体层顶向地球方向收缩，日侧的等离子体向外移动，形成一个较宽的、向着太阳伸展的羽状结构（图中白色箭头所指的地方）。随着地磁活动的继续增强，等离子体层羽变得越来越窄。最后，太阳风磁场变为北向，地磁活动逐渐减弱，等离子体羽跟随剩余的粒子围绕着地球旋转，见图3-19（e）~（h）。当地磁扰动逐渐恢复平静后，磁层对流电场减小，电离层的粒子开始向等离子体层填充，此时，等离子体层内的粒子逐渐变稠，等离子体层顶慢慢向外移动，最后逐渐消失，见图3-19（i）~（l）。

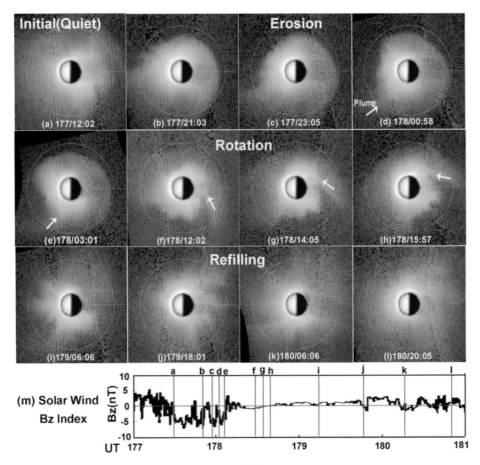

图3-19　等离子体层演化过程(图片来源：Goldstein & Sandel，2005)

通常情况下，该重填过程需要几十个小时甚至几天。

4.3.3 等离子体层的波

在地磁活动增强导致等离子体层的全球演化过程中，会伴随有很多种频率不同、性质各异的磁流体力学波产生，如极低频波（Extremely Low Frequency，ELF）、特低频波（Ultra Low Frequency，ULF）、甚低频波（Very Low Frequency，VLF）、磁离子回旋波（Electro Magnetic Ion Cyclotron，EMIC），等等。在满足共振条件的情况下，这些波与磁层中的能量粒子之间可以产生波粒相互作用，导致波的衰减或增长以及粒子的加速或减速。

（1）ELF波

Pc5脉动（2~7 mHz）在内磁层中（等离子体层、辐射带和环电流合称内磁层）经常可以被观测到，它们对粒子的输运过程会产生重要的影响。Hartinger等人（2010）利用统计方法对Pc5脉动与CRRES卫星的观测数据进行比较后发现，在低密度槽区的电场和磁场的功率谱密度是高密度等离子体层内的3~5倍。这可能是Pc5频段的波难以渗透到等离子体层中的缘故。

另外，借助高频雷达和磁强计，还观察到Pc3~4频段（10~50 mHz）的地磁脉动传播到了夜侧的等离子体层顶位置。

（2）ULF/VLF波

在磁层中，还经常会观测到300 Hz~30 kHz的合声和嘶声，它们属于ULF/VLF波。Cluster卫星同时观测到合声处于等离子体边界层内，而嘶声处于等离子体层内（Wang et al.，2011）。当等离子体边界层内的合声进入等离子体层后会逐渐演变成嘶声，特别是在等离子体边界层密度变化比较平缓的情况下更有利于这种传播。结合就地观测到的合声以及IMAGE卫星观测所确定的等离子体层边界的位置，Golden等人（2010）指出等离子体层顶的位置在源于磁层赤道附近的合声传播到地面的过程中起着关键的作用。

（3）EMIC波

EMIC波主要出现在Pc1~2频率范围（0.1~5 Hz）。当温度各向异性的环电流粒子遇到充满冷等离子体的等离子体层时，EMIC等离子体不稳定性的门限被降低，从而容易激发出EMIC波。该过程所激发出的EMIC波的增长率取决于环电流粒子的温度各向异性度、冷等离子体的丰度等。近年来，人们对EMIC波的研究又有了一些新进展。例如，Usanova等人（2010）结合Cluster卫星以及就地观测的资料指出磁层受太阳风挤压可能在促使

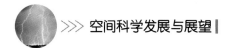

内磁层产生EMIC中起着关键的作用；Yuan等人（2010）根据Cluster和IMAGE卫星资料推断在等离子体层羽内会产生EMIC波。

4.4 等离子体片

磁尾由一束反向平行的磁力线组成，中间由一个磁场强度近似为零的中性片分开。在中性片两侧约$10Re$的范围内，充满了密度较大的等离子体，这个区域称为等离子体片。等离子体片是磁尾热等离子体的主要储存区，也是磁层能量的储存库，太阳风输送到地球磁层的能量就主要储存在这里。等离子体片是一个非常活跃的区域，对磁层动力学过程起着至关重要的作用。许多重要的磁层动力学过程都源于等离子体片（如极光粒子沉降、环电流、等离子体团等）。此外，等离子体片粒子还是环电流和外辐射带粒子的种子粒子。但是，到目前为止，这些物理过程以及粒子的加速、传输机制还尚不明确。

4.4.1 等离子体片的粒子来源

在等离子体片中，不同粒子成分的来源不同。一般认为，H^+，O^{++}和He^{++}以及其他高价离子主要来源于太阳风，O^+，N^+和He^+等重离子主要来自电离层。H^+和O^+是其中最重要的两种离子成分。

通常认为，太阳风粒子是从远磁尾进入等离子体片的。太阳风粒子可以通过磁场重联或黏性相互作用等机制进入磁层，部分粒子越过极区到达背阳面的磁尾，最后进入等离子体片中。早期人们认为等离子体片中的主要粒子只来自太阳风，但随着后来的观测和理论研究发现，电离层的低能粒子也会从极区上行进入磁层，其中的部分离子最终会到达等离子体片中。等离子体片内的离子与电子的温度具有很强的关联性，两者的比值约为7，且越靠近等离子体片中心，等离子体的温度越高。等离子体片的粒子会在一定的条件下被加热和加速后朝着地球的方向运动，并重新注入内磁层中。

4.4.2 等离子体片在磁扰期间的变化

等离子体片在地磁扰动与平静时期明显不同。在亚暴期间，前期可以观测到磁层对流增强，尾瓣磁场增大，磁力线向磁尾方向拉伸，等离子体片被拉长并且变薄，等离子体片内边界向地球移动。之后，近磁尾磁场场向分量减小，北向分量突增，近地中性线形成。等离子体团通过磁场重联的方式被释放到磁尾。与此同时，中性线向着地球的方向移动，磁场重新偶极化，并且等离子体片膨胀。在此期间，等离子体被加速和加热并注入同步轨道高度附近。

在地磁活动期间，等离子体片内粒子的组成以及磁尾磁力线的拓扑结构都会发生变化。Baumjohann等人（1989）认为等离子体片内粒子的密度随着地磁活动的增强而略有减小。Asnes等人（2008）对Cluster卫星观测到的等离子体片电子进行了统计研究，结果发现等离子体片的能量电子通量随着磁场垂直方向分量的增加而增加。另外一些存在于等离子体片中短暂的、局部的物理过程也会对磁尾磁场以及等离子体造成影响。

在地磁活动增强时，极区电离层的上行粒子增多，等离子体片内O^+与H^+的密度比值显著增大（其比值的增大不仅仅是因为O^+的增多，也因为H^+含量的降低），该比值与地磁指数相关。因此，O^+成为地磁活动时期等离子体片的重要组成部分。郑玲等人（2009）用Cluster卫星的观测数据统计研究了在磁暴期间等离子体片中能量在0~40 keV的H^+和O^+的变化特征。结果显示：H^+数密度在磁暴开始之前较短的时间内迅速增加并达到峰值，但磁暴开始之后迅速降低；而O^+数密度在磁暴开始前保持在较低水平，随着磁暴的发展缓慢上升。更高能量的离子则在磁暴开始后迅速增多，并比低能O^+提前达到峰值。据此，可以推测磁暴初期从等离子体片注入内磁层的主要是H^+离子，之后O^+离子可能扮演更为重要的角色。

地磁活动可以反映出等离子体片在磁层动力学过程中的作用。由于地

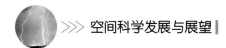

磁活动的能量来自于太阳风,因此地磁活动期间等离子体片中的行为间接反映了太阳风对等离子体片的影响。下面我们将介绍太阳风条件与等离子体层片之间的关系。

4.4.3 等离子体片与太阳风条件之间的关系

太阳风的能量除了通过电离层与磁层耦合作用注入极区电离层外,还有一部分以粒子动能和电磁能的形式储存在磁尾等离子体片中。因此,太阳风条件在一定程度上控制着等离子体片的物理过程。了解太阳风参数与等离子体片能量粒子的关系将会有助于我们理解等离子体片中粒子的加速和传输机制。因此,很多学者直接从太阳风参数入手,分析等离子体片和太阳风条件之间的关系。

Borovsky等人(1998)将等离子体片内粒子的特征参数与太阳风参数进行对比后发现:太阳风的密度与等离子体片的密度、太阳风的速度与等离子体片的温度、太阳风的动压与等离子体片的压强存在较大的相关性。Burin des Roziers等人发现等离子体片内能量大于38 keV的电子通量在5~30 Re范围内与太阳风的速度存在很强的关联。Denton和Taylor(2008)根据Cluster卫星的观测数据得到,等离子体片参数分布与太阳风的速度高低相关,高速太阳风时期的等离子体片温度是低速太阳风时的两倍。

Nagata等人(2007)用GEOTAIL/WIND卫星数据做了进一步分析得到等离子体片不同空间位置对太阳风参数的依赖程度不一样,而且同一个区域在IMF南向和北向时的表现也存在着巨大的差异。当IMF北向时,等离子体片会变得更稠密,温度也更低。类似地,Wang等(2006)利用GEO-TAIL卫星数据对IMF北向时等离子体片的空间分布进行分析后发现,随着太阳风密度以及IMF的Bz分量绝对值的增加,或者太阳风速度的降低,等离子体片都会变冷变稠。另外,晨侧的粒子分布对太阳风速度很敏感,但昏侧不敏感。

Lennartsson（1991；1995）利用ISEE-1的数据研究了等离子体片（10~23 Re、能量范围为0.1 eV~16 keV）的O$^+$与太阳风参数之间的关系发现，O$^+$的数密度和太阳风密度、IMF之间有较好相关性，而且O$^+$的数密度和能量密度与太阳风电场的二次方大致成正比。另外，郑玲等（2009）发现在地磁活动时期，太阳风密度和动压与等离子体片中的H$^+$和O$^+$数密度存在一定的相关性。等离子体片中的H$^+$对北向IMF较为敏感，而IMF南向则更有利于太阳风参数对等离子体片中O$^+$数密度的影响。

Wing和Newell（1998）利用DMSP的观测数据考察了中心等离子体片的温度、密度以及压强后发现粒子的温度和密度都具有晨昏不对称性：温度在昏侧会更高，而密度则在晨侧偏高。他们还发现太阳风动压与等离子体片中心粒子的数密度存在正相关的关系。一些有关等离子体片晨昏不对称性的研究表明，等离子体片内粒子密度晨昏不对称性依赖于行星际磁场的方向，当行星际磁场Bz分量北向时，不对称性最为突出。

由于太阳风粒子从远磁尾进入等离子体片，因此等离子体片对太阳风变化的响应存在数小时的时间延迟。Borovsky等（1998）发现，随着太阳风密度的增加，位于等离子体片内不同区域粒子密度的增加延迟时间各不同。在中磁尾（约20 Re）、近地区（地球同步轨道区）以及日侧的延迟时间分别为2、2~7和11~18小时。这些不同的时间延迟有助于我们理解磁鞘粒子进入等离子体片的传输途径。

4.4.4 等离子体片与内磁层的关系

等离子体片与内磁层之间的关系一直以来都是人们研究的热点，特别是关于等离子体片中的粒子是通过什么机制加热、加速并最终输送到环电流和外辐射的等问题。通常认为存在两种机制：一种是亚暴伴随的粒子注入。磁暴期间的亚暴强度较平静期要大，粒子通过非绝热加速能够获得很大的能量，从近地磁尾进入内磁层（e.g., Delcour, 2002；Ohtan et al,

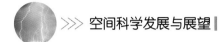

2005）。另一种是大尺度对流电场作用下粒子的地向加速。磁暴主相期间，磁层对流电场增强，等离子体片内边界向地球移动，增强的电场会驱动更多的粒子从磁尾进入内磁层，之后绝热加速到环电流粒子能量范围（e.g.，Wang et al，2008）。但这两种机制究竟哪个占主导地位以及它们相互之间是否存在联系仍然存在很大的争议（e.g.，Daglis&Kozyra 2002；Wolf et al，2006）。

5 磁层活动

5.1 磁层亚暴

磁层亚暴（substorm）是地球空间最重要的能量输入、耦合和耗散过程。磁层亚暴与人们可以用眼睛观察到的极光现象密切相关。17世纪Edmund Halley对极光进行了观测，并提出了极光现象可能由地球磁场控制。1731年，法国哲学家de Mairan指出极光与太阳大气相连，并且假设了极光与太阳黑子之间的联系。自此，地磁学和极光的研究就紧密连接在一起。

亚暴出现频繁，对地球空间环境和人类的活动有广泛和重要的影响。磁层亚暴过程中会产生强烈的磁场扰动，对包括通信性能、导航、定位精度及飞行器轨道有很大影响。譬如磁层亚暴可以在长距离电缆和跨海洋的电缆中诱发感应电流，破坏电力系统的运行；也可引起同步卫星发生强烈真空放电和高压电弧（有时甚至会导致一颗卫星的完全损坏），对航天活动产生严重的危害。极光散射或干扰现象能遮蔽雷达跟踪、干扰或改善HF通讯。总之，对磁层亚暴的研究有重要的实际意义。

亚暴这个概念是1968年由赤祖父俊一于最早提出的，用于描述发生于地球磁层，包括整个磁尾、等离子体片和极光带附近的电离层的一种强烈地磁扰动现象。亚暴期间，整个高纬度地区，特别是极光带，磁场同时发生剧烈扰动。极区扰动磁场的持续一般为1~2小时，又称极区扰动磁场亚暴，也称地磁亚暴；因为极光活动时间和地磁亚暴一致，故极光活动又称极光亚暴。亚暴典型的发生频率是每天4~5次，每次持续的典型时间为1~2小时。在地磁活动高年，亚暴发生非常频繁，即使在活动低年，亚暴也经常发生（见图3-20，图3-21）。

图3-20 从地面看到的极光

1978年，Victoria会议对磁层亚暴及其过程给出了基本一致的定义："磁层亚暴是起始于地球夜晚面的一种瞬态过程，在此过程中来自太阳风—磁层耦合的很大一部分能量被释放并储存在极区电离层和磁层中。"1982年，Munster会议进一步对磁层亚暴过程取得了大致一致的看法：磁层亚暴"由两种性质不同的基本过程组成。这两种过程分别为直接驱动过程（太阳风能量直接传输到极区电离层和环电流中）

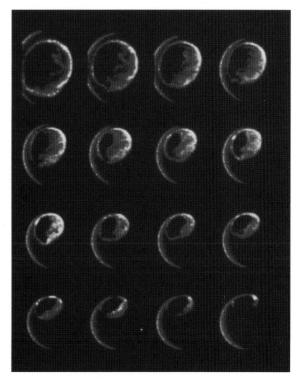

图3-21 从空间看亚暴期间极光演化时间系列（DE-1卫星紫外成像观测）

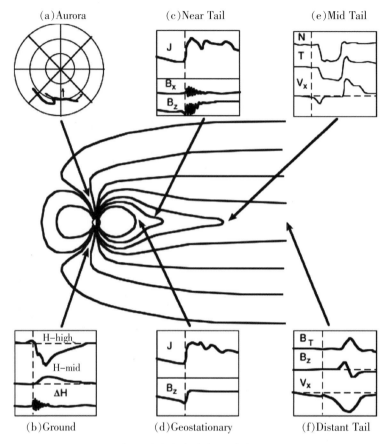

图3-22　磁层亚暴的全球效应(图片来源:Lui,2000)

和装—卸载过程（能量先储存于磁尾一段时间，然后在膨胀相时脉冲式地释放到极区电离层和环电流去）"。其中装—卸载划分为增长相、膨胀相和恢复相三个阶段。亚暴膨胀相起始时，平静光弧突然增亮，增亮区扩大，这就是极光亚暴。亚暴是南北半球共轭的，共轭点上有相同现象，共轭点是指同一条磁力线截于南北半球地面的两点。

　　关于磁层亚暴的产生机制，目前普遍的观点认为行星际磁场由北转向南是亚暴发生的原因。亚暴过程一般发生在行星际磁场持续南向（30分钟以上），是由于太阳风能量持续输入磁层而引起的能量存储和释放过程的多时空尺度过程。磁场能量突然释放造成的全球效应主要包括亚暴电流楔的形成，偶极化过程，Pi2形成，电离层的极光突然增亮，同步轨道的粒子注入等标志性现象。

在亚暴动力学过程的研究中，亚暴膨胀相触发机制是其中的一个关键问题。目前被大家广泛接受的亚暴物理模型有两个：近地中性线模型（Near Earth Neutral Line model，NENL）和近地越尾电流中断模型（Near Earth Current Disruption model，CD）。在近地中性线模型中，近地磁尾磁重联（20~30 Re）产生的高速流携带能量、质量和动量进入近地磁尾，引起磁通量在15 Re以内的堆积，并进一步触发亚暴膨胀相。电流片中断模型认为是近磁尾电流片不稳定性触发亚暴膨胀相，越尾电流中断将引起稀疏波。稀疏波向尾向传播，并将引起磁尾X-line形成。很明显，这两个模型对亚暴膨胀相的触发机制有明显不同的解释，并且对磁尾重联与亚暴触发的关系的解释也完全不同。

近年来，多颗磁层探测卫星的发射为深入了解亚暴触发机制提供了大量的观测数据。对磁尾场和粒子探测的卫星主要有GEOTAIL、CLUSTER、双星和THEMIS，覆盖了磁尾从近地7 Re到30 Re包括中心等离子体片、等离子体片边界层和低纬瓣区等主要等离子体区域。

GEOTAIL卫星于1992年7月24日发射。GEOTAIL是近赤道卫星，倾角为7°。在发射后的头两年GEOTAIL卫星运行在远磁尾80~200 Re。1994年11月，GEOTAIL卫星的远地点逐渐向地球移动至50 Re。至1995年2月，GEOTAIL卫星的远地点移动至31 Re，近地点约10 Re。在1997年6月，GEOTAIL的近地点移动至9 Re。GEOTAIL卫星上配置有磁通门磁强计（MGF）和低能粒子探测仪（LEP）。MGF的时间分辨率为3秒，LEP的时间分辨率为12秒。GEOTAIL的主要科学目标是研究磁层结构和磁层动力学过程。GEOTAIL卫星的观测范围从磁尾10 Re到31 Re，覆盖了重要的研究区域，包括10~15 Re与亚暴触发区和20~30 Re与中磁尾磁场重联发生区域。

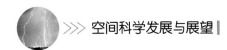

2000年欧洲太空局发射的CLUSTER Ⅱ包括四颗相同的卫星，构成地球空间星座探测计划。CLUSTER Ⅱ的轨道近地点是4 Re，远地点是19.6 Re，倾角是90°。CLUSTER卫星上配置有与双星一致的磁通门磁强计（FGM）和热离子分析仪（HIA）。直至CLUSTER Ⅱ发射成功之前，在空间的局部区域都是单颗卫星进行探测，因而不能探测地球空间环境的三维小尺度结构。CLUSTER的四颗卫星，可在空间中形成四面体，而且四颗卫星之间的距离可根据科学研究的要求进行调控。CLUSTER Ⅱ能够探测过去不能实现的地球空间环境三维小尺度结构及电磁场和粒子的时空变化。

地球空间双星探测计划（简称双星计划，DSP）是我国第一次自主提出的国际合作重大空间探测项目（Liu et al.，2005），包括赤道区卫星（TC-1）和近地极区卫星（TC-2），运行于目前国际日地物理计划（ISTP）在地球空间运行的卫星尚未覆盖的近地磁层重要活动区。探测一号卫星（TC-1）和探测二号卫星（TC-2）分别于2003年12月30日和2004年7月25日成功发射、入轨，完成在轨测试，并顺利进入常规运行阶段。这两颗卫星密切配合，形成了具有创新特色和独成体系的星座式探测计划。自双星发射以来，TC-1已经对磁层赤道面附近全部区域进行了42个月的观测活动，TC-2已经对极区磁层进行了38个月的观测活动；TC-1，TC-2和CLUSTER进行了很好的联合观测活动。双星获得了磁层高能粒子、低能粒子、磁场、波场和中性原子的空间分布和时间演化过程的大量科学探测数据，对于揭示磁层亚暴、磁暴和磁层粒子暴的触发机制及其对太阳活动和行星际扰动的响应过程具有重要的科学意义。双星与欧洲的CLUSTER计划的四颗卫星配合，形成了人类历史上第一次对地球空间的六点联合探测。图3-23为双星和CLUSTER轨道配合的示意图。2010年，地球空间双星探测计划与CLUSTER计划获国际宇航科学院杰出团队成就奖；双星探测计划并获得2010年度国家科技进步奖一等奖。

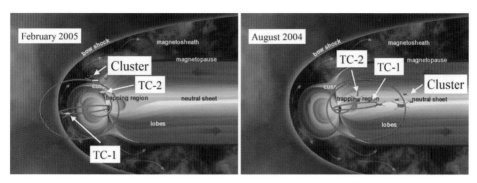

图3-23 双星与CLUSTER配合形成的磁层空间六点探测架构(Liu et al.,2005)

2007 年2 月17 日发射的THEMIS 五颗卫星 (The History of Events and Macroscale Interactions during Substorms，简称为THEMIS)，其目的是研究亚暴膨胀相触发和亚暴不稳定性的演化过程，其中更突出了对近地磁尾的观测和研究，如图3-24所示。

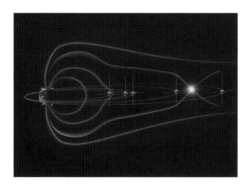

图3-24 THEMIS五点卫星对亚暴期间地球磁尾动力学时空演化过程的探测示意图

5.2 磁暴

磁暴是磁层爆发性释放巨大能量的过程，是磁层动力学最重要的过程，能够引起地球空间环境的剧烈扰动，严重威胁地球空间中各种航天器活动及通信和导航系统。

磁暴是一种全球性的空间现象。但人们了解得最透彻的仍是地面地磁场的表现，所以对磁暴形态的描述仍以地面地磁场的变化为代表，尤其以低纬度地区的地磁场水平分量的变化最为典型。依据低纬地区多个地磁台站的磁场测量，计算平均的地磁场水平分量相对无磁暴期间的变化，用来衡量磁暴的强度。强磁暴期间，地磁场水平分量的变化（Dst指数）可达几百纳特（赤道附近的地磁场强度约为30 000 nT），个别大磁暴地磁场水平分量的变化可达到1 000 nT。有记录以来的最强磁暴发生于1859年，Dst指数达到-1 750 nT。图3-25给出了2001年11月期间发生的两次磁暴的Dst指数演化。

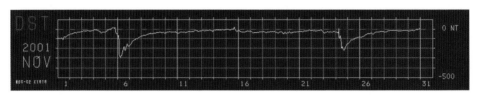

图3-25　2001年11月期间所发生两次强烈磁暴的Dst指数演化

磁暴的发生频率随着太阳活动的增强而增高。Dst指数在-50~-150 nT量级的磁暴几乎每个月都发生，扰动在-150~-300 nT的情况每年能发生几次，而超过-500 nT的磁暴每个太阳周只有几次。由于太阳的自转周期约为27天，磁暴的发生还有相应的周期特性。

一次磁暴的发展一般会经历以下三个阶段（见图3-26所示）：

5.2.1 磁暴急始（初相）

大多数磁暴之前太阳风的压力会增大，导致地球磁层在短时间内被压缩，地磁场水平分量小幅度增加。这个阶段延续时间短（数小时），有些磁暴没有这个特征。

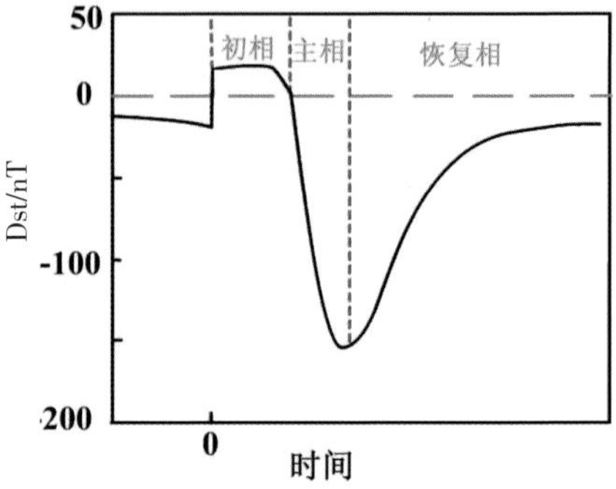

5.2.2 磁暴主相

图3-26　磁暴相位示意图

然后，环电流迅速增强，地磁场水平分量很快下降到极小值，下降时间约半天。其间，磁场起伏剧烈，这是磁暴表现最活跃的时期，称为磁暴主相。所谓磁暴强度，通常就是指这个极小值与平静值之差的绝对值。

5.2.3 磁暴恢复相

太阳风趋向于平静之后，从磁尾向环电流注入的粒子减少，而环电流粒子由于各种原因受到损失。地磁场水平分量下降到极小值之后开始回升，两三天后恢复平静，称为磁暴恢复相。磁暴的总效果是使地面地磁场减小。这一效应一直持续到恢复相之后的两三天，称为磁暴后效。

磁暴的形成归根结底是来自太阳的能量和物质向地球磁层输入的结果。地球磁层阻挡了太阳风的前进路线，而太阳风在向阳面磁层顶剥离地球磁场，带电粒子和能量在背阳面的磁层（磁尾）中积累，并且向磁尾的中心（等离子体片）传输。磁尾的能量积累到一定程度后，带电粒子沿等离子体片通常以爆发性的方式（亚暴）向靠近地球的方向运动。带电粒子在靠近地球的过程中受到越来越强的地磁场的约束，在离地面几万千米的高空最终被地磁场所捕获，做围绕地球、平行于赤道的漂移运动。由于离子和电子所携带的电荷种类不同，在磁场中的漂移方向相反（离子向西漂移，电子向东漂移），所以形成了西向的电流。人们将这种电流称为环电流。由于离子的能量比电子能量高得多，其漂移速度快，所以环电流实际上主要由离子携带。环电流是磁暴形成的一个关键特征，其产生的磁场在地面上与地球本身的磁场方向相反，叠加的结果导致地磁场水平分量减小。

地磁扰动期间磁层对流增强，环电流强度也随着增强，随后逐渐恢复至地磁平静期的水平。这就涉及环电流粒子的损失机制问题。一般认为环电流粒子的损失机制主要有两种：一是与地冕中性成分的电荷交换反应（只作用于离子）。二是损失锥中的粒子被高密度的地球大气层吸收（依赖于波粒相互作用、与等离子体层之间的库仑碰撞或其他机制所产生的投掷角扩散）。

考虑到电子对环电流电流密度的贡献几乎可以忽略，环电流的损失机制主要是与地冕中性成分的电荷交换反应。地冕是由相当冷（约 1 000 K）

的中性原子组成的地球大气以外的一个逃逸层，其成分主要是H。地冕的密度随着高度快速下降。在高度大于10 Re的区域中性成分与离子之间的碰撞概率变得非常小。而在环电流的高度，这种碰撞的概率还是相当高的，足以对环电流离子的损失过程构成显著贡献。在能量离子与地冕中性原子的碰撞过程中，离子获得一个电子变成能量中性原子，而原来的中性原子失去一个电子变成了低能量的离子，两个粒子保持碰撞时刻的能量不变。这个碰撞过程也称为电荷交换反应。新生成的能量中性原子由于不再受地磁场的约束而逃离环电流区域，构成环电流的损失。电荷交换反应的过程如图3-27所示。

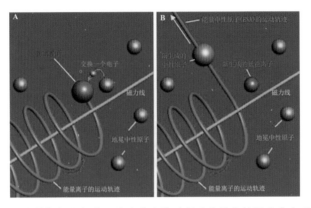

图3-27　磁暴期间环电流区域电荷交换过程及能量中性原子产生示意图

环电流离子的电荷交换反应主要发生在离子和地冕中性原子H之间，如以下三个反应式所示。

$$H^+ + H \rightarrow H + H^+ \qquad (1)$$

$$O^+ + H \rightarrow O + H^+ \qquad (2)$$

$$He^+ + H \rightarrow He + H^+ \qquad (3)$$

如上所述，目前人们对磁暴的形成和发展机制已经有了一些初步的了解。但有很多问题还没有确切的答案。比如，磁暴期间的带电粒子是怎样被加速并且从磁尾注入近地空间区域的；环电流是如何衰减的；磁暴和亚暴的关系如何都有待进一步的研究。

磁暴作为最重要的一类空间天气事件，关系到人类的生产生活，受到人们的极大关注。磁暴所引起的地磁扰动可能干扰电磁设备的运行。干扰各种磁测量工作，对基于磁测的导航系统造成严重影响。地磁场的扰动也可在输电线路或者输油管道上感应出很强的电压、电流，对电网和输油管道的安全造成威胁。磁暴还会引起电离层暴，从而干扰短波无线电通信，也可导致GPS定位误差。磁暴所带来的高能带电粒子对在轨运行卫星更是会形成致命的影响，常常造成卫星系统的深层充电、材料老化加快、逻辑系统单粒子翻转事件等。总之，随着科技的发展，磁暴活动对人类的影响变得越来越深远。

6 | 地球辐射带

6.1 辐射带的结构

6.1.1 探月竞赛的"意外发现"

1958年8月7日至12月6日，为了与苏联开展登月方面的竞争，美国实施了一系列前期实验，并发射"先驱者"1号至"先驱者"4号系列飞行器，由于都没有达到第二宇宙速度而都落回到地面，最远到达约16 Re（114 000 km）。但"先驱者"1号上的粒子探测仪器第一次测量了许多空间环境参数，如飞行器上的磁场探测仪器第一次测量了行星际磁场等。其中最著名和最重要的测量是在"先驱者"1号上的粒子探测仪器第一次确认发现近地空间沿径向分布的高能粒子的高通量空间结构，范·阿伦博士确认其是一个长久存在于地球附近的高能粒子带，也就是后来有名的范·阿伦，空间物理学术名称为辐射带。在此之前的苏联"Sputnik"2号其实已经测量到的近地高能粒子的高通量数据，但当时苏联科学家以为那可能只是仪器的记数饱和故障，没有引起足够的重视。与重大的科学发现失之交臂。可见，机会总是青睐有准备的人。连续的"先驱者"1号和"先驱者"2号的粒子仪器实验让范·阿伦研究小组充分证实了他们的科学研究结论。后来的研究者从空间等离子体物理理论上说明和阐述了辐射带的形成机理。

后来的空间探测不断地补充了辐射带的观测数据，形成了比较普遍的认识，磁层中存在着高能带电粒子，其相对密度较大的聚集区域称为地球辐射带，又称范·阿伦辐射带。地球辐射带分为内辐射带和外辐射带，内辐射带主要由能量为几到几十兆电子伏的高能质子组成，外辐射带主要由能量为几十到几百千电子伏的高能电子组成。

6.1.2 辐射带基本结构

磁平静期等离子体层和辐射带内的粒子分布如图3-28所示。

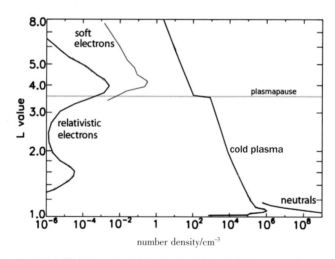

图3-28　内磁层中等离子体的分布情况：相对论电子（relativistic electrons），软电子（soft electrons）和冷等离子体（cold plasma）

由上图可以看到高能电子沿离地球的径向距离的分布，呈现出两个不同位置的峰值，一个在大约为$L=1.6$的位置，另一个在大约为$L=4$的位置。

6.1.3 辐射带粒子通量分布特点

地球有两个捕获粒子区，即内辐射带和外辐射带。

内辐射带主要由质子和电子组成，还有少量的重离子。内辐射带的空间范围大致从$L=1.2\sim2.5$（L值定义为在磁赤道上空的某一点到地心的距离与地球半径之比），在赤道面上为$600\sim10\ 000$ km的高度范围，最大强度区大约在$3\ 600$ km，这个区位置随粒子能量大小而异，一般是低能粒子的中心位置离地球较远，高能粒子的中心位置离地球较近。内辐射带的离子数相对较少，因此积累缓慢，但很稳定。

外辐射带的空间范围从$L=3.0\sim8.0$，在赤道平面内平均位置离地面$10^4\sim6\times10^4$ km，其中心强度的位置离地面$2\times10^4\sim2.5\times10^4$ km。外辐射带主要由电子和质子组成，而质子的能量很低，通常在数兆电子伏以下，其强度随能量增加而迅速减小，在地球同步高度上大于2 MeV的质子通量比银河宇宙线通量小一个数量级。所以，外辐射带主要是一个电子带。外辐射带粒子浓度起伏很大，当发生磁暴时浓度升高，然后逐渐减少。

图3-29表示内辐射带和外辐射带，其中颜色越浅表示粒子的通量越大，从图形看出在两个紫色的区域中有一块区域是黑色的，那个区域就是

图3-29　辐射带结构图

槽区，即捕获粒子在那里维持不住，很快就被波场散射掉。

在外辐射带的外面，还存在准捕获的电子区，其强度随时间、地磁活动水平快速变化，因此，这个区称为不稳定辐射带。

近些年的探测，特别是SAMPEX卫星的探测表明，在内辐射带里面存在一个特殊的捕获粒子区。这个新辐射带的粒子不同于其他区的粒子，它们的成分和带电状态与异常宇宙线类似。

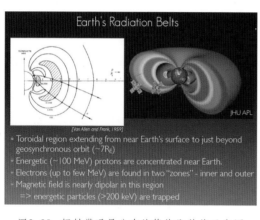

图3-30 辐射带通量分布的等值线数值示意图

图3-30左图是辐射带通量分布的等值线数值示意图，右图是辐射带横切面示意图。图上英文解释表明地球辐射带分为内辐射带和外辐射带，内辐射带主要由能量为几到几十兆电子伏的高能质子组成，外辐射带主要由能量为几十到几百千电子伏的高能电子组成。200 keV的高能粒子就捕获在辐射带内。

6.1.4 辐射带的形成条件和机理

6.1.4.1 地球空间的辐射来源

辐射带内的带电粒子是太阳风、宇宙线与地球高层大气相互作用产生的高能粒子。它们在地球磁层以内，只存在于一定磁纬地区上空。与地球辐射带产生有关的辐射来源如下：

太阳电磁辐射。太阳发射的电磁波范围从波长短于$10×10^{-10}$ m的γ射线到波长大于10 000 m的无线电波。辐射总能量的99.9%集中在 0.2~10.2 μm波段内。在地球大气层外距离太阳1个天文单位处，垂直于射线方向的单位面积上、在单位时间内所有波段的太阳总辐射能量称为太阳常数，其值约为0.137 W/cm²或1.97 Ka/(cm²·min)。

太阳宇宙线。从太阳表面爆发喷射出来的高能粒子的主要成分是能量在10 MeV和100 MeV之间的质子，称为太阳宇宙线。太阳宇宙线在太阳活动的高峰年及其后的2~3年内出现的概率为最大，每年可达10次或者更多，每次爆发时的持续时间为十几个小时到几天，在到达地球附近时，能量大于10 MeV的质子的最大瞬时通量可达10质子/(cm·s)。

银河宇宙线。来自宇宙空间的各种高能带电粒子，大部分是质子，其次是α粒子，还有少量其他各种原子核。宇宙线高能粒子的能量很高，但通量很低，对航天器的影响很小。来自SAMPEX卫星的观测表明，异常宇宙线（ACRs）是辐射带高能（>10 MeV/n）重离子的主要来源。异常宇宙线主要起源于中性星际原子，这些原子因太阳在日球介质中的运动而被扫进太阳腔。在1~3 AU，这些中性原子或是由于太阳UV的光电离，或是由于和太阳风质子的电荷交换碰撞而变成单电离的。这些单电离的粒子被带进外流的太阳风，太阳风将它们带到太阳风终端激波（位于70~100 AU）。在激波中，离子从约1 keV/n被加速到几十MeV/n。来自SAMPEX卫星的观测表明，那些单电离的离子被加速到250~350 MeV总能量。在终端激波区的碰撞使得某些离子进一步移去电子，达到高电离电荷的状态（+2，+3，+4，等等）。由于有这些高电荷，终端激波的电场加速离子到更高的能量。事实上，SAMPEX在地球已观测到能量高达约100 MeV/n的异常宇宙线氧离子。

木星辐射源。空间探测器已经探测到水星、金星、火星、木星和土星等的周围空间环境。这些行星空间也存在着太阳电磁辐射、太阳宇宙线、银河宇宙线和微流星体等。木星是太阳系中最大的行星。木星有浓密的大气，主要成分是氢，大气温度很低，底部的气体已经液化。木星具有很强的磁场，磁场与太阳风相互作用而形成很厚的磁层，磁层中有很强的辐射

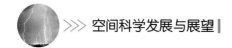

带，因而木星有很强的射电辐射。

地球系统粒子辐射源。一般来讲，被捕获在辐射带粒子的来源是宇宙线反照中子的衰变，入射到磁层内的太阳风能量粒子和被加速了的来自于电离层的粒子以及反常宇宙线。这些带电粒子无法逃脱地球磁场的束缚，而被约束在磁层空间某一个特殊磁场位形区域。

宇宙线和大气中性成分的原子核碰撞产生的能量中子，在一定的输运过程会衰变成离子、电子和半周期为十几分钟的中微子，其中一小部分还没有跑出地磁场。对新生离子而言，如果初始位置和方向合适，会被捕获到辐射带。对新生电子而言，方向为随机散射，也可能会被捕获到辐射带。一般而言，逃逸中子的能量为几百个MeV，是低高度质子辐射带50~100 MeV能段的重要来源。

辐射带粒子分布经常处于非平衡状态，粒子的强度随时间发生大而快的变化，特别是在外辐射带常常发生突然的粒子注入和较快的损失过程。人们在20世纪60年代就发现了磁扰期间有粒子注入的现象发生。亚暴过程中发现高能粒子通量增加，与夜侧内磁层被捕获的能量离子和电子的数密度突然增加相符。近地空间电磁场位形引起粒子注入和漂移过程已经有所揭示。目前大多数研究者的共识是亚暴过程地向驱动等离子体片粒子，并加速它们使其成为外辐射带粒子和暴时环电流粒子。而近地等离子体片粒子却既包括太阳风粒子，又包括来自于地球大气层的粒子。所以注入粒子除了电子和质子外还包括氦离子和氧离子。也会出现来自于太阳的高电荷低丰度离子，其一旦被注入，也会经过径向扩散达到辐射带的中心位置。

亚暴过程中电子通量发生变化的程度和频次是随着L的增大而增大的。所以很难将外带电子分布处理成一个稳态平衡的源或者汇而去用一个平均值来描述它。

如果观测到新注入粒子，那么检查它们是几价电荷就可以初步判断其来源。例如，单一电荷的氦和氧大致是来源于地球大气层，而二价的氦离子和多价的氧离子很可能来源于日冕。但被捕获的辐射带离子达到平衡时的电荷分布却很可能与其最初的来源无关。

高层大气对空间辐射影响地球系统的贡献主要体现在提供浓密的中性成分粒子作为带电粒子的能够与之高概率碰撞的条件。吸收各种入射光，产生发光等光化学离解等，并引起磁层高能粒子的碰撞损失。

电离层对空间辐射影响地球系统的贡献主要体现在提供浓密的低能背景电离成分粒子和传递变化的电场到磁层，即电离层充分影响内磁层中的等离子体层，从而改变磁层能够波动的环境条件。这些波动将强烈地调控辐射带高能粒子的动态分布。

磁层主要是特殊的磁场结构对粒子的捕获。地球磁场近似于偶极子磁场，太阳风将地磁场屏蔽在地球周围的一定空间范围内，形成地球磁层。由于纬度的差异，它从距地表面 600~1 000 km 处开始向远处空间延伸，其外边界称为磁层顶，朝向太阳，磁层顶离地面的距离为地球半径的8~11倍。磁层的形状向太阳的一面很像一个略被压扁的半圆球，背向太阳的一面有一个很长的近似于圆柱形的尾部，称为磁尾。太阳风的扰动往往会引起地球磁层的剧烈变化，有时还会发生磁层暴和磁层亚暴。在磁层亚暴时，磁尾的等离子体片中会出现3~200 keV的高能等离子体，向地球注入时可以达到地球静止卫星的轨道高度。内磁层磁场偶极子磁场，将捕获高能带电粒子，形成密度较大的辐射带。辐射带高能粒子的通量较大，是造成航天器的一些材料、器件和人体辐射损伤的主要原因。因此，磁层对空间辐射影响地球系统的贡献主要体现在提供能够捕获高能粒子和能够产生各种低频波动的磁场环境。

6.1.4.2 粒子在地磁场中的捕获原理

在背景磁场不随时间变化的稳态情况下，电子和离子将围绕着当地磁

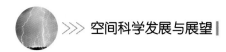

场做回旋运动，沿着磁场方向看过去，电子的回旋运动是右旋，而由于电荷的符号相反，离子的回旋运动与电子的回旋运动相反，是左旋。

如果考虑有初始的平行速度，粒子运动轨迹呈螺旋状，那么带电粒子对磁场的投掷角就定义为：

$$\alpha = \arctan\ (垂直速度/平行速度)$$

假定存在静电场为$\vec{E}$，除了回旋运动外，带电离子还在$\vec{E} \times \vec{B}$方向有漂移运动，这种$\vec{E} \times \vec{B}$漂移，与电荷的符号无关，因此电子和离子漂移方向相同。

当粒子的漂移速度远小于它的回旋速度时，所有的粒子漂移总可以用适当的力项来描述。如在梯度漂移中，力可写成$F_\nabla = -\mu \nabla B$。与电漂移不同的是，其他力产生粒子漂移运动的方向与粒子的电荷符号有关。电子和离子在磁场梯度条件下产生的漂移方向正好相反。因此，磁场梯度产生的粒子漂移是环电流形成的机理之一。

在中间有最小磁场而两边是会聚磁场线的对称磁场结构中，如像偶极子磁场那样，这种磁结构称为磁瓶（magnetic bottle），粒子可能在它的两个磁镜点之间来回振荡而变成捕获粒子（trapped particle）。

在投掷角合适的情况下，一般高能粒子被捕获在地球的偶极子磁场中，虽然有平行速度，但由于地球磁场南、北两极是高磁场区，粒子一般会被反射，向赤道方向做反平行运动，直到另一极的磁镜点，又再次被反射，如此往复，以至无穷。如果没有绝热不变量的破坏或其他散射的干扰，粒子将永远地被捕获在地球的磁场中。

在离地面不太远的距离上，地磁场可以用具有南、北两极高磁场强度（可以构成南、北两个磁镜点区）的地球近地空间偶极磁场来作近似（图3–31）。有时，利用地球半径Re作为距离单位并引入L壳参数或L值（L-shellparameter），$L = r_{eq}/Re$。其中，r_{eq}是在赤道面上地球离磁场线的径向距离，它也是离地球中心的最大距离，Re为地球半径。

但在近地空间也有一个南大西洋异常区。那里地球磁场特别弱，挡不住来自太阳的高能粒子和磁层由于投掷角扩散导致的高能粒子沉降。因此那里的粒子通量特别高、辐射剂量大，对飞行器和航天员而言，是一个潜在的危险区域。

捕获粒子最突出的运动是在两个磁镜点之间的振荡运动。

偶极磁场在其赤道上有磁场强度最小值，而在两个半球有会聚场线。如前一章所述，在这种位形磁场中，粒子将被捕获并在南、北两个半球的镜点之间来回振荡（见图3-31）。在地球磁场情况下，由于在约6个地球半径范围内可以用偶极磁场来近似，这些捕获粒子群就是辐

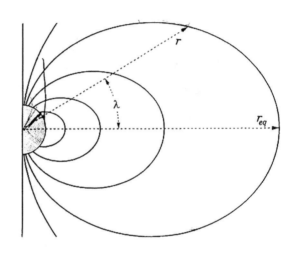

图3-31　具有南、北两极高磁场强度(可以构成南北两个磁镜点区)的地球近地空间偶极磁场磁力线

射带中的高能粒子。该区离子的典型能量范围是在3~300 keV，而电子能量范围约比离子低一个数量级。

粒子不仅做回旋和振荡运动，而且还做缓慢的方位漂移运动（见图3-32）。这种漂移是偶极磁场的梯度和曲率漂移。离子和电子的漂移方向相反，离子围绕地球向西漂移，电子向东漂移，与此漂移相关的电流构成了环电流。环电流主要是中能带电粒子的贡献。但构成辐射带的高能带电粒子也具有漂移运动。

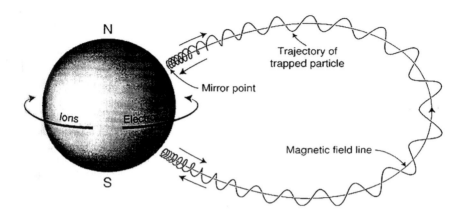

图3-32 闭合磁场线上捕获粒子的轨道

6.2 强烈变化的辐射带

尽管人们认为磁层中有相对稳定的捕获粒子区，实际上辐射带粒子分布经常处于非平衡状态，粒子的强度随时间发生大而快的变化，包括各种时间尺度化：长期、太阳周期、太阳旋转和暴时。外带的变化更大，外带的高能电子因对航天器的严重效应而常常称为"杀手电子"，而它们的起源至今还不清楚。内带粒子浓度比较稳定，但在大磁暴期间也会发生很大变化。例如，1991年，一个大的行星际激波产生了第二个质子带，且持续几个月。1997年，一个大的磁暴事件也产生了第二个质子带，同样维持了好几个月（见图3-33）。CME磁暴可以产生比CIR磁暴更多的相对论电子，并且更容易产生暂时性新辐射带事件。比较图3-33左边和右边的质子通量图形可以看出辐射带粒子的通量随磁力线的分布是强烈变化的，有时会充满槽区并出现新生的辐射带。

图3-34表明通过多年的观测，太阳风条件的变化和强磁暴的发生时间与辐射带高能电子分布的强烈变化有很强的对应关系。外磁层的长期观测证实，高能电子通量受太阳风束的强烈调制，而且有27天重现性趋势。即使在没有磁暴和亚暴的"磁静日"，地球辐射带也发生显著的变化，特别

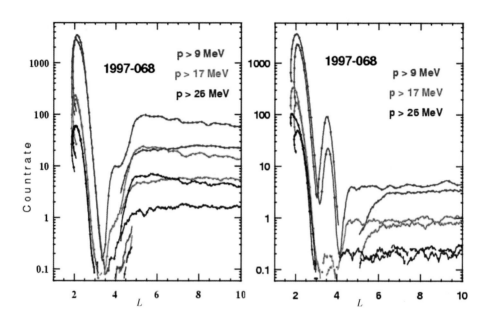

图3-33　太阳爆发事件传播到地球后引发磁层磁场扰动所导致的附加辐射带的产生(比较上面左边和右边的质子通量图形,可以看到辐射带粒子的通量随磁力线的分布是强烈变化的,有时会充满槽区并出现新生的辐射带)

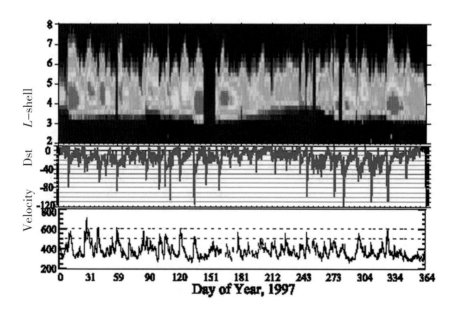

图3-34　太阳风条件变化和磁暴强度与辐射带高能电子演化的对应关系

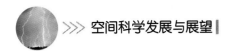

是捕获在磁层的相对论电子的浓度随着盛行太阳风而增加或减少。太阳风的束流结构和太阳旋转产生27天的调制，太阳风速度和电子浓度这种关系的原因目前还不清楚。

辐射带各个能段粒子的通量分布峰值大小和位置是经常发生变化的。但全球性大的变化还是发生在磁暴期间和之后，与恢复期频繁发生的亚暴引起的注入粒子和电离层粒子引起等离子体层的改变有极大的关系，对低高度区域而言，辐射带变化主要发生在纬度60°以上的高纬空间区域。

辐射带电子的暴发特点

高能电子暴是指辐射带中能量高于数百千电子伏到数兆电子伏的电子通量突增事件。高能电子暴可分为突发型和滞后型两类。突发型电子暴的特征为磁暴急始后辐射带高能电子通量突然增强2个数量级以上。大多数高能电子暴是滞后型的，在磁暴开始1~2天后在$4<L<6$的外辐射带范围内，相对论电子强度逐步增强1~2个数量级，维持数天乃至1~2个星期。目前普遍认为，高能电子暴起源于对磁层亚暴产生的能量为$10~10^2$ keV的中能电子的加速过程。突发型电子暴是行星际激波到达地球后对中能电子加速产生的。滞后型电子暴机制被认为是等离子体片边界层和等离子体层顶边界层引发的波动造成的，对其详细过程的研究是今后探索的重点。

图3-35是由美国同步轨道气象卫星GOES空间环境监测器探测到的能量在0.8~2 MeV的电子通量随时间的变化。2011年8月5日大磁暴发生后，在6日至8日的大部分时间，通量比较低，在11月5日18:00 UT和8月8日00:30 UT之间，通量值明显下降，已经大大低于暴前的水平。在8月8日10:00 UT之后，这时已经远离磁暴事件三天之久，开始上升恢复，并超过暴前的水平。在此后的一个星期内，卫星的探测器测量到的电子通量维持急剧增加，最大值超过了正常水平一个量级以上。在高能电子通量增加时，并没有发生耀斑，说明这完全是地球系统在磁暴后调节自身等离子体

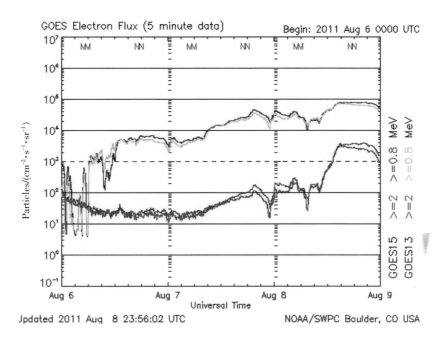

图3-35　同步轨道区域相对论电子的通量演化

环境所产生的特殊粒子演化过程。

滞后型电子暴的观测特点是：加速区位于$4<L<6$的内磁层，加速时间为8~10小时，不同能量的电子通量都等增高。电子加速发生在磁暴恢复相期间，时空变化同时具有绝热过程和非绝热过程的特征，多数发生在有太阳风高速流时，一般具有27天重现性。

图3-36是我国双星探测卫星项目中国仪器给出的高能电子探测器在2004年11月6日至11日大磁暴事件发生期间所测高能电子的整体变化行为。从图中可以看到8日的大磁暴使地球周围的高能电子通量分布增加了2个数量级，并且随后连续几天都维持这么高的通量。

当超强磁暴发生时，历史上曾经发生的行星际和太阳风的条件大约是$Bz=-68$ nT；$Vx=1\,750$ km/s；$N\_peak=1\,800$ cm^{-3}，$N=40$ cm^{-3}。值得注意的是通过弓激波时，许多等离子体参量要放大，磁场和密度可以放大3倍，温

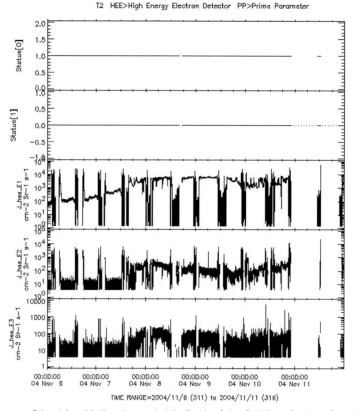

图3-36　高能电子的通量分布在大磁暴事件发生期间随时间的演化规律

度可放大10倍以上，而速度却要减小，但仍然高达1 000 km/s以上。高密
度梯度一方面引发边界层低混杂波粒共振，加速磁层空间带电粒子。另一
方面，高密度也让更多的太阳风粒子进入磁层中，但条件是在行星际磁场
有持续的南向分量期间，因为行星际磁场南向分量打通了进入磁层系统的
通道，行星际磁场南向分量的另一个作用是加大了对流电场的作用，这个
对流电场是要加大整个磁层和电离层系统的电场变化和分布的。从而加大
来自于电离层和等离子体片向环电流和辐射带区域的粒子注入率。在来不
及碰撞扩散逃逸的情况下，粒子不断堆积在环电流和辐射带区域，并形成

超大的漂移电流，从而产生大的抗磁场强分布，使得地面水平磁场减少1 600 nT。磁场变化的本身不足为害，关键是其产生的感应电场和感应电流对地面电网有加热烧毁变压器作用和对输油管线有加速钢管腐蚀的电化学作用。行星际磁场南向分量消失后，也就是说行星际扰动已经扫过地球并没有对地球空间起作用后，地磁场强度开始恢复，但这个时候由于来不及耗散，大量高能粒子仍然滞留在环电流和辐射带区域，等待正常的扩散过程而逐渐消失。对于上述超强磁暴的行星际条件，预计高能"击穿"电子的高通量在1 000~70 000 km的高度范围内将维持3周左右。

大的磁暴常常伴随着行星际激波，会在磁层内部产生多种电磁扰动，这些电磁扰动会强烈地加速辐射带粒子，使其通量产生大的增长和波动，同时还可能将辐射带的槽区充满。磁暴过去后，没有进一步的注入粒子，而在某些L范围内粒子就会与斜哨声波的共振作用，重新被排出槽区。这就是因为反射和放大过的斜哨声是使内、外电子辐射带之间的槽区粒子发生强烈的投掷角散射而损失的原因。在这些L值范围内，由共振引起的谱的放大和由传播效应引起的波的聚集会引起最强的投掷角扩散，使电子寿命时间最短。注入该区域的粒子因斜哨声湍流的存在产生投掷角扩散而损失到电离层的概率最高。

6.3 扰动电磁场对辐射带的强烈影响

图3-37描述了内磁层中等离子体波的分布情况，从图中阴影部分可以看到哨声嘶声在内磁层主要对应$L=2$~5的区域，而哨声合声在内磁层主要对应$L=4.5$~7的区域。

6.3.1 哨声波

定义

哨声波是右旋极化波，因此对电子的回旋运动有明显的敏感度，该波

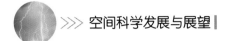

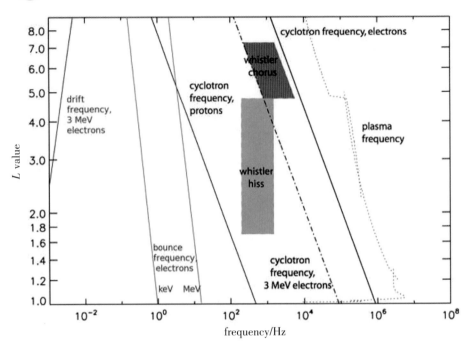

图3-37　在赤道面内等离子体频率和捕获粒子频率在L-f平面的分布情况(图中以3 MeV电子为例,阴影部分表示哨声在内磁层的分布情况)

很容易与电子发生相互作用。哨声波的色散关系为:

$$\omega^2 = k^2 c^2 + \frac{\omega_{pe}^2}{(1 - \omega_{ce}/\omega)}$$

其中,k为波数,当哨声波的频率ω接近电子回旋频率ω_{ce}时, 哨声波因与电子发生回旋相互作用而衰减。哨声波是沿着地磁场传播的, 能从一个半球传到另一半球, 反射后可能回到原来的半球。哨声波的一次传输时间取决于沿路径上的信号频率和电子密度。

特征

　　哨声波在整个内磁层都可以观测到, 但是在等离子体层顶的内、外两边观测到的哨声波具有明显不同的特征。在等离子体层之外观测到的哨声波是连续的哨声信号, 又称为哨声合声, 而在等离子体层之内观测到的哨声是不连续的噪声, 又称之为哨声嘶声。低能粒子影响等离子体层顶两侧的哨声合声和哨声嘶声。

在等离子体层之外观测的哨声合声有两个带宽：一个带宽是很强的 0.1~0.45 ω_{ce}，另一个带宽为 0.5~0.7 ω_{ce}。这对应千赫兹频段（VLF/ELF），低地磁场强度对应低频率。合声波与电子回旋共振导致能量耗散。

在整个等离子体层之内，都能观测到哨声嘶声，频率带宽几乎是一个常数：0.2~1 kHz。有研究者指出，哨声嘶声可解释为分立的哨声合声在等离子体层顶之外激发而进入等离子体层的结果，因为进入等离子体层内的哨声合声经过多次最小衰减的反射而产生不连续嘶声。嘶声是作为外辐射带中电子损失机制而提出的，在等离子体层顶内嘶声与捕获的能量电子相互作用引起慢的投掷角耗散和扩散，在几天或几周的时间尺度内，在等离子体层顶内的能量电子通过投掷角扩散到大气层中损失而耗尽。

6.3.2 磁声波

斜磁声波（又称为压缩Alfven波）垂直于磁力线传播，其色散关系为

$$\omega^2 = \frac{k^2 c^2 (v_s^2 + v_A^2)}{(1 + v_A^2/c^2)}$$

其中，v_A 为Alfven速度，v_s 为声速。在不均匀的等离子体中压缩MHD波可横越磁力线传输能量。

6.3.3 地磁脉动（geomagnetic pulsation）

极低频（Ultra Low Frequency，简写为ULF）脉动是地球表面磁场的波动，又称为地磁脉动。地磁脉动的周期范围为0.2秒到十几分钟，振幅为百分之几到几百纳特，持续时间为几分钟到几小时。按照形态的规则性和连续性，脉动分为两大类，一类是具有准正弦波形，且能稳定地持续一段时间的"连续性脉动"（continuous pulsations），用Pc表示，另一类是波形不太规则和持续时间较短的脉动，叫作"不规则脉动"（irregular pulsations），用Pi表示。Pc脉动的波长可达几个地球半径，可在较大的经度和纬度范围

内观测到，该脉动可由磁层顶处的太阳风速流引起的Kelvin—Helmholtz不稳定性驱动的表面波激发，或由向阳侧的磁层顶处压缩波驱动。因此，地磁脉动主要是阿尔芬波和极低频率的磁声波。

因此，磁层顶、等离子体层边界层，等离子体片边界层中波粒相互作用对辐射带而言是相当重要的，在磁平静期主要是等离子体层对哨声的调控，然后这些哨声合成波再与辐射带内的能量电子相互作用，同时向阳侧有低频波与带电粒子相互作用。外辐射带高能电子的加速和传输是磁层众多类型的波动和电子作用，导致电子绝热不变量受到破坏所产生的。

研究表明，右旋模波（如哨声模）能够和千电子伏至兆电子伏能量级的粒子共振，而左旋模（如离子回旋模）波主要和兆电子伏能量级的粒子共振。哨声模合声波主要造成等离子体层顶外的低密度区域的高能电子加速，其加速时间尺度大约为一到三天，所以合声加速电子主要造成磁暴恢复相期间外辐射带相对论电子通量的逐渐增强。等离子体层嘶声（哨声模）主要造成等离子体层顶内高密度区域能量在几百千电子伏至一兆电子伏的高能电子损失，其损失时间尺度是几小时到几天，所以嘶声散射损失可以解释地磁平静时期或磁暴恢复相晚期高能电子通量的缓慢衰减现象。电磁离子回旋（EMIC）波主要造成等离子体层顶附近或等离子体排泄槽内能量大于0.5 MeV的相对论电子的快速损失，其损失时间尺度大约是几小时，所以EMIC波导致电子的快速沉降损失。另外，内辐射带和槽区的高能粒子还和等离子体层的热等离子体发生库仑碰撞损失，随着不同高度的等离子体密度变化，不同能量的离子的库仑碰撞损失时间尺度大约为几小时到几年，库仑碰撞通常在密度高于100个/cm^3的等离子体层内最有效（离子寿命小于10天），且库仑碰撞主要造成能量低于20 keV的能量离子损失掉。在建立动态辐射带模型时，还需要考虑粒子的径向扩散或输运过程的影响，这样才能够给出比较合理的空间辐射环境参量。

进一步研究发现行星际激波或太阳风压强脉冲，与更加小的动压变化，对辐射带动力学起到无法忽视的作用。被行星际激波或太阳风动压脉冲激发的ULF波通常在地方时正午附近较强，而在晨昏两侧则较弱，证明了被负脉冲引发的扰动要弱于被正脉冲引发的扰动，并且在正、负脉冲事件中，极向模波幅都强于环向模波幅，指出极向模和环向模ULF波对漂移—共振加速的作用在不同L值区域有所不同。环向模ULF波对能量电子的加速在L值较大的区域（外磁层）较为重要，而在L值较小的区域（内磁层），极向模ULF波则对能量电子的加速起主要作用。由行星际激波作用引起的辐射带能量电子的快速加速机制包括三个组成部分：一是由与激波相关的磁场剧烈压缩引起的初始绝热加速；二是与不同L壳层被激发的极向模ULF波造成漂移—共振加速；三是与ULF波相关的快速衰减的电场引起的粒子加速。粒子最终会获得净加速，因为它们在上半个周期获得的能量多于在下半个周期损失的能量。

辐射带中ULF、VLF、磁声波与电子共振是高能电子加速的重要加速机制。磁声波加速相对论电子可能的机制有回旋共振、朗道阻尼，弹跳共振以及transit time加速。可能的加速机制为涡旋电场加速。

上面所描述的波所产生的大于2 MeV电子伏能量的高能电子，一般称之为"杀手电子"。在太阳风暴发生的时候，"杀手电子"将增加几十倍，而且会向其他区域移动，进而对卫星产生极大威胁。这些大于2 MeV电子伏能量的电子足以击穿卫星的屏蔽层，沉积在卫星电子器件的某处，如果飞行器长期运行在高能电子带的中心区域，就会形成不断的电子积累，当电子电荷积累到某种程度可以产生击穿电压时，就会导致微观放电。如果放电发生在卫星的关键部件，卫星就会被损坏甚至彻底失效。"杀手电子"一直以来都是空间天气和卫星工程研究人员关注的重点。在机制解释上，目前倾向锁定在上面所列出的哨声波（千赫兹量极）、极地低频率阿

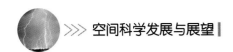

尔芬波及磁声波（毫赫兹量极）与带电粒子的共振作用上。在大约十几分钟的时间里，几十千电子伏的电子就会被加速到兆电子伏。

6.4 结语

地球辐射带高能电子通常在地磁暴（地球磁场短期内剧烈变化）期间剧烈增加，这个区域内的高能电子由于其难以被屏蔽的特性，会对人造地球卫星的正常运转以及宇航员的健康构成致命威胁，这些高能粒子的来源及其加速机制将一直是今后探测研究的重点。在磁层物理研究方面，虽然对辐射带中能量粒子输送、产生和损失过程的研究已经进行了许多年，但由于辐射带中的电磁和静电场变化的复杂性，仍然需要确定所有观测到的变化性。辐射带粒子输送、产生和损失起因于大气层的电荷交换、库伦碰撞过程和由波—粒子相互作用产生的投掷角扩散以及伴随着磁暴和亚暴的大尺度磁和静电脉冲引起的辐射扩散。相关的扩散系数值是今后卫星观测的目的和了解辐射带演变的关键步骤。

在过去的半个多世纪中，人类通过对于地球磁层的空间探测和地面观测已经获得了许多新发现，对磁层基本结构面貌和主要物理活动现象已经有了比较深入的认识。人们发现磁层本身由许多具有特殊磁场结构的区域构成，这些区域内的粒子也具有各自鲜明的特性。这些特殊性质决定了磁层内纷繁复杂的物理活动过程。例如，磁尾等离子体片内弥漫着较热的粒子，磁场具有相反的方向，这里的物理过程相当活跃，是磁场重联、磁层亚暴等磁层主要物理现象的发生场所。人们还认识到磁层并不是孤立存在和静态的，由于太阳风不断吹过地球磁层，太阳风的任何扰动都会引起磁层形态的变化，进而可以触发剧烈的磁层活动，如磁暴、亚暴等。

尽管目前我们已经获得了很多惊人的发现，拓展了人类的知识领域，然而对地球磁层的了解和认识还远未达到令人满意的地步。能量的存贮与释放、输运与转化这些基本的物理过程在稀薄的磁层无碰撞等离子体环境内变得异常复杂，与之相关的磁层亚暴、磁场重联、粒子加速等活动过程仍然是目前科学研究中最受关注的未解之谜。人类空间活动的日益活跃亟待科学家揭开这些谜题，以确保航天活动的安全运行。大自然是公平的，磁层的存在为我们提供谜题的同时，也为我们提供了打开这些谜题的无可比拟的天然实验室。人类无须刻意准备实验材料和试验计划，磁层内的多时空尺度、多能量段以及极端条件下等离子体物理过程就在这个实验室中自然地、持续地发生着，展现这些空间物理过程是人类在地球实验室难以实现的。揭示这些自然谜题需要我们发挥自己的聪明才智，不断地对磁层内发生的物理现象进行捕捉和分析，也有赖于人类突破旧知识和学说的束缚，发挥想象力，以构造符合空间天气实际过程的理论和模式。磁层物理的研究既为我们提出了挑战，也为我们创造了机遇。

参考文献

[1] 安振昌，王月华. 1900—2000年非偶极子磁场的全球变化 [J]. 地球物理学报，1999,42(2):169–177.

[2] 黄朝艳,韩建伟.带电粒子在近地球区运动的计算方法[J].空间科学学报，2007,27(5):367–373.

[3] 徐荣栏,李磊.磁层粒子动力学[M].北京:科学出版社,2005.

[4] 徐文耀,魏自刚,马石庄.20世纪地磁场的激烈变化[J].科学通报,2000,45(14):1563–1566.

[5] 徐文耀.地磁学发展史的启示[J].自然杂志,2006,28(6):349–352.

[6] 徐文耀.地球电磁现象物理学[M].北京:中国科学技术大学出版社,2009.

[7] 上出洋介,简进隆.日地环境指南[M].徐文耀,译.北京:科学出版社,2010.

[8] 曾凌云.1980—2010年地磁场长期变化[D].2012.

[9] 张华,徐荣栏,赵华,等.Weimer电场模式在地球磁层内的特征[J].地球物理学报,2012,55(1):36–45.

[10] 郑玲,王永福,何建森,等.等离子体片离子与太阳风及地磁条件的关联研究[J].地球物理学报,2009,52(12):2931–2942.

[11] snes A,et al. Statistical properties of tail plasma sheet electrons above 40 keV [J]. Journal of Geophysical Research,2008,113(A3).

[12] Baker D N,et al. Strong electron acceleration in the Earth's magnetosphere[J]. Advances in Space Research,1998,21(4): 609–613.

[13] Baumjohann W,et al. Average plasma properties in the central plasma sheet[J]. Journal of Geophysical Research,1989,94(A6): 6597–6606.

[14] Borovsky J E,et al. The transport of plasma sheet material from the distant tail to geosynchronous orbit[J]. Journal of Geophysical Research,1998,103(A9): 20297–20331.

[15] Bullard EC,et al. The westward drift of Earth magnetic field. Philosophical

Transactions of the Royal Society of London [J]. Series A, Mathematical and Physical Sciences, 1950, 243(859): 67–92.

[16] Burch J L. IMAGE mission overview[J]. Space Science Reviews, 2000, 91(1–2):1–14.

[17] Burin des Roziers E, et al. Energetic plasma sheet electrons and their relationship with the solar wind: A Cluster and Geotail study [J]. Journal of Geophysical Research, 2009, 114(A2).

[18] Carpenter D L, Lemaire J. The plasmasphere boundary layer [J]. Annales Geophysicae, 2004, 22(12): 4291–4298.

[19] Chappell C R, et al. A study of the influence of magnetic activity on the location of the plasmapause as measured by OGO 5[J]. Journal of Geophysical Research, 1970, 75(1): 50–56.

[20] Chen A J, Wolf R A. Effects on the plasmasphere of a time–varying convection electric field[J]. Planetary and Space Science, 1972, 20(4):483–509.

[21] Chen J, et al. Cusp energetic particle events: Implications for a major acceleration region of the magnetosphere[J]. Journal of Geophysical Research, 1998, 103(A1): 69–78.

[22] Chen M W, et al. Magnetically self-consistent ring current simulations during the 19 October 1998 storm[J]. Journal of Geophysical Research, 2006, 111(A11).

[23] Christon S P, et al. Spectral characteristics of plasma sheet ion and electron populations during disturbed geomagnetic conditions[J]. Journal of Geophysical Research, 1991, 96(A1): 1–22.

[24] Daglis I A. The role of magnetosphere–ionosphere coupling in magnetic storm dynamics[J]. Geophysical Monograph Series, 1997, 98: 107–116.

[25] Dandouras I, et al. Multipoint observations of ionic structures in the plasmasphere by CLUSTER—CIS and comparisons with IMAGE–EUV observations and with model simulations[J]. Geophysical Monograph Series, 2005, 159: 23–53.

[26] Darrouzet F, et al. The Earth's Plasmasphere: A CLUSTER and IMAGE Per-

spective[M]. New York: Springer-Verlag, 2009.

[27] Delcourt D C. Particle acceleration by inductive electric fieldsin the inner magnetosphere[J]. Journal of Atmosphere and Solar-Terrestrial Physics,2002,64(5): 551-559.

[28] Denton M H,Taylor M G G T. Solar wind dependence of ion parameters in the Earth's magnetospheric region calculatedfrom CLUSTER observations[J]. Annales Geophysicae, 2008,26:387-394.

[29] Freeman J W,et al. A real-time magnetospheric specification model [R]. Rice University final report on USAF contract F19628-90-K-0012,1994.

[30] Gallagher D,et al. Global core plasma model[J]. Journal of Geophysical Research, 2000,105(A8): 18819-18833.

[31] GalvanDA,et al. On thecauses of plasmaspheric rotation variability: IMAGE EUV observations[J]. Journal of Geophysical Research,2010,115(A1).

[32] Glatzmair G A,Roberts P H. Rotation and Magnetism of Earth's inner core[J]. Science, 1996,274:1887-1891.

[33] Golden D I,et al. Role of the plasmapause in dictating the ground accessibility of ELF/VLF chorus[J]. Journal of Geophysical Research,2010,115(A11).

[34] GoldsteinJ,et al. Identifying the plasmapause in IMAGE EUV datau sing IMAGE RPI in situ steep density gradients[J]. Journal of Geophysical Research,2003c, 108(A4).

[35] Grebowsky J M. Model Study of Plasmapause Motion[J]. Journal of Geophysical Research,1970,75(22): 4329-4333.

[36] Hartinger M,et al. Pc5 wave power in the quiet-time plasmasphere and trough: CRRES observations[J]. Geophysical Research Letters,2010,37(7).

[37] Hasegawa H,et al. Transport of solar wind into Earth's magnetosphere through rolled-up Kelvin-Helmholtz vortices[J]. Nature,2004b,430(7001): 755-758.

[38] Hill T W. Origin of the plasma sheet[J]. Reviews of Geophysics, 1974,12(3): 379-388.

[39] Hoffman J H,et al. Initial ion composition results from the Isis 2 satellite[J]. Journal of Geophysical Research,1974,79(28): 4246–4251.

[40] HuangY,et al. Rotation of the Earth'splasmasphere at different radial distances [J]. Advances in Space Research,2011,48(7):1167–1171.

[41] Huddleston M M,et al. An examination of the process and magnitude of ionospheric plasma supply to the magnetosphere [J]. Journal of Geophysical Research,2005,110(A12).

[42] Hultqvist B,et al. Magnetospheric plasma sources and losses[M]. Berlin: Springer Netherlands,1999.

[43] Imada S,et al. The dawn-dusk asymmetry of energetic electron in the Earth's magnetotail: Observation and transport models[J]. Journal of Geophysical Research, 2008,113(A11).

[44] Jacobs J A. Reversals of the Earth's Magnetic Field[M]. Bristol:Adam Higer Ltd Press,1984.

[45] Kivelson M G,Russell C T. Introduction to Space Physics [M]. New York：Cambridge University Press,1995.

[46] Kremser G,et al. Origin,transport,and losses of energetic He+ and He++ ions in the magnetosphere of the Earth: AMPTE/CCE observations[J]. Annales geophysicae,1993,11(5): 354–365.

[47] Lennartsson O W. Solar control of the Earth' emission ofenergetic O+[J]. Journal of Atmosphere and Solar Terrestrial Physics,1991,53(11):1103–1111.

[48] Liu Z X,Escoubet C P ,Pu Z,et al. The Double Star Mission [J]. Annales Geophysicae,2005,23,2707–2712.

[49] Malin S R C. Geomagnetic secular vatiation and its change,1942. 5 to 1962. 5 [J]. Geophysical Journal International,1969,17(4):415–441.

[50] McIlwain C E. A Kp dependent equatorial electric field model: The physics of thermal plasma in the magnetosphere[J]. Advances in Space Research,1986,6 (3):187–197.

[51] Michael W. Friedlander. A Thin Cosmic Rain: Particles from Outer Space[M]. Boston：Harvard University Press,2000.

[52] Moldwin M B,et al. An examination of the structure and dynamics of the outer plasmasphere using multiple geosynchronous satellites[J]. Journal of Geophysical Research,1994,99(A6): 11475–11481.

[53] Nosé M,et al. Change of the plasma sheet ion composition during magnetic storm development observed by the Geotail spacecraft[J]. Journal of Geophysical Research,2003,108(A5).

[54] Ohtani S,Mukai T. Statistical characteristics of the storm time plasma sheet[J]. Journal of Geophysical Research,2008,113(A1).

[55] Olsen N,Mandea M. Will the magneticnorth pole move to Siberia? [J]. Eos, Transactions American Geophysical Union,2007,88(29),293.

[56] PonomarenkoPV,et al. Upstream Pc3 –4waves: Experimental evidence of propagation to the nightside plasmapause/plasmatrough[J]. Geophysical Research Letters,2010,37(22).

[57] Reiff P H,et al. Solar wind plasma injection at the dayside magnetopheric cusp [J]. Journal of Geophysical Research,1977,82(4):479–491.

[58] Roger Clay,Paul Davies,Bruce Dawson. Cosmic Bullets: High Energy Particles In Astrophysics[M]. New York：Basic Books,1999.

[59] Ruan P,et al. Ion composition variations in the plasma sheet observed by Cluster/RAPID[R]. Geophysical Research Letters,2005,32(1).

[60] Sandel B R,Denton M H. Global view of refilling of the plasmasphere [J]. Geophysical Research Letters,2007,34(17).

[61] Sharma A S,et al. Transient and localized processes in the magnetotail: A review[J]. Annales Geophysicae,2008,26(4): 955–1006.

[62] Sheldon R B,et al. The discovery of trapped energetic electrons in the outer cusp[J]. Geophysical Research Letters,1998,25(11): 1825–1828.

[63] Shelley E G. Heavy ions in the magnetosphere[J]. Space Science Reviews,1979,

23(3): 465–497.

[64] Singh N,Horwitz J L. Plasmasphere refilling: Recent observations and modeling [J]. Journal of Geophysical Research,1992,97(A2): 1049–1079.

[65] Song P,Russell C T. Model of the formation of the low-latitude boundary layer for strongly northward interplanetary magnetic field[J]. Journal of Geophysical Research,1992,97(A2): 1411–1420.

[66] Sonnerup B U,et al. Evidence for magnetic field reconnection at the Earth's magnetopause[J]. Journal of Geophysical Research,1981,86(A12): 10049–10067.

[67] Spasojevi M,et al. Global response of the plasmasphere to a geomagnetic disturbance[J]. Journal of Geophysical Research-Atmosphere,2003,108(A9).

[68] Terasawa T,et al. Solar wind control of density and temperature in the near-Earth plasma sheet: WIND/GEOTAIL collaboration [J]. Geophysical Research Letters,1997,24(8): 935–938.

[69] Tsyganenko N A. Solar wind control of the tail lobe magnetic field as deduced from Geotail,AMPTE/IRM,and ISEE 2 data[J]. Journal of Geophysical Research, 2000,105(A3): 5517–5528.

[70] Tu J,et al. On the concept of penetration electric field,in Radio Sounding and Plasma Physics[J]. AIP Conference Proceedings,2008,974: 81–85.

[71] UsanovaME,et al. Conjugate ground and multisatelliteobservations of compression –related EMIC Pc1 waves and associatedproton precipitation [J]. Journal of Geophysical Research,2010,115(A7).

[72] VollandH. Models of Global Electric-Fields within Magnetosphere[J]. Annales De Geophysique,1975,31(1): 159–173.

[73] Wang C P,et al. THEMIS observations of penetration of the plasma sheet into the ring current region during a magnetic storm[J]. Geophysical Research Letters, 2008,35(17).

[74] Wang C,et al. The relations between magnetospheric chorus and hiss inside and outside the plasmasphere boundary layer: Cluster observation[J]. Journal of Geo-

physical Research,2011,116(A7).

[75] Weimer D R. An improved model of ionospheric electric potentials substorm perturbations and application to the Geospace Environment Modeling November 24,1996,event[J]. Journal of Geophysical Research,2001,106(A1):407–416.

[76] Williams D J,et al. Global magnetospheric imaging[J]. Reviews of Geophysics, 1992,30(3): 183–208.

[77] Wing S,Newell P T. Central plasma sheet ion properties as inferred from iono-spheric observations[J]. Journal of Geophysical Research,1998,103(A4): 6785–6800.

[78] Wolf R A,et al. How the Earth's inner magnetosphere works:An evolving picture [J]. Journal of Atmosphere and Solar–Terrestrial Physics,2007,69(3):288–302.

[79] Yau A W,André M. Sources of ion outflow in the high latitude ionosphere[J]. Space Science Reviews,1997,80(1–2): 1–25.

[80] Young D T,et al. Correlations of magnetospheric ion composition with geomag-netic and solar activity[J]. Journal of Geophysical Research,1982,87(A11): 9077–9096.

[81] Yuan Z,et al. Link between EMIC waves in a plasmaspheric plume and a de-tached sub-auroral proton arc with observations of Cluster and IMAGE satellites [J]. Geophysical Research Letters,2010,37(7).

[82] Zhang T H,et al. The electric field model of the earth's magnetotail[J]. Chinese Astronomy and Astrophysics,2003,27(1):99–106.

[83] Zhou X Z,et al. The cusp: a window for particle exchange between the radiation belt and the solar wind[J]. Annales Geophysicae,2006,24(11): 3131–3137.

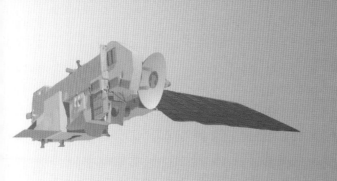

第四章
奇妙的电离层

1 电离层概述

1.1 电离层的简介

1901年12月，Marconi成功地进行了从英格兰到加拿大东海岸的跨越大西洋的无线电传输试验，这个结果并不能用当时流行的绕射公式所解释。于是，1902年Kennelly和Heaviside指出高层大气中导电层反射的无线电波是Marconi跨越大西洋无线电通信成功的原因。该导电层就是我们所讲的电离层（Ionosphere），它是地球大气距地表约60 km以上至约2 000 km左右的一个部分电离区域。太阳极紫外和X射线等地球外部射线能够电离高空大气中的中性原子和分子，这是产生电离层的根本原因。除地球外，金星、火星和木星也都有电离层。

电离层与低层大气的主要区别是在电离层中存在着大量的自由电子。这些自由电子在电离作用下产生，在电子和正离子之间碰撞复合中消失，也会通过电子附着在中性分子和原子上而消失。当然，大气各风系的运动、极化电场的存在、外来带电粒子不时入侵、气体本身的扩散等因素，都会引起电离层中自由电子的迁移。因此，自由电子的产生、消失和迁移三种效应决定了电离层内任一点上的电子密度（这里电子密度是指单位体

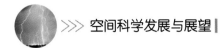

积的自由电子数)。在电离层不同区域,三者的相对作用和各自的具体作用方式也有很大差异。而在约60 km高度以下的区域中,大气相对稠密,碰撞频繁,自由电子消失很快,气体保持不导电性质。在电离层顶部约2 000 km以上,大气异常稀薄,电离成分的迁移运动主要受地球磁场的控制,称为磁层。

电离层的主要特性可以由电子密度、电子温度、碰撞频率、离子密度、离子温度和离子成分等空间分布的基本参数来表示。而电离层各参数,尤其是电子密度,存在着不同时间尺度的扰动和变化。通常把短时间尺度的电离层扰动称为电离层空间天气,而将时间尺度较长的电离层变化称为电离层气候。电离层空间天气学研究电离层对太阳爆发、太阳风暴等的响应,包括电离层暴、电离层短时间尺度的剧烈扰动,以及这些扰动对通信和导航定位的影响。电离层气候学研究电离层长周期的变化,主要是季节变化、年变化、太阳活动周期变化和更长周期趋势等。电离层不规则体、电离层与大气耦合、电离层与磁层相互作用等也都是电离层研究的重要内容。

通过对电离层的研究,人们不仅对无线电波传播的各种机制有了更深入的认识,并且对整个地球大气层的结构及形成机制有了更清晰的了解。

1.2 电离层的大气背景

电离层是中性大气层。作为电离层背景的中性大气层,当其物理参数如压强、温度、密度及组成成分发生变化时,或者大气动力学、运动学、热力学及能量学的某个物理量变化时,必将影响电离层物理特性的变化。为了解电离层物理特性,首先了解中性大气的一些物理特性是必要的。事实上,围绕着地球的中性大气在空间分布上并不是一成不变的,而是存在着明显的分层特征,按照温度变化(热效应)、化学成分、运动规律和密度分布可以将它分为四个不同层次。见图4-1。

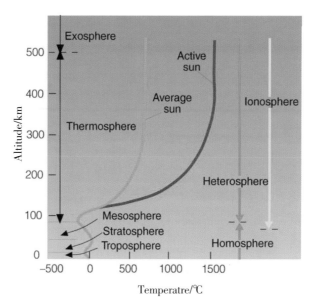

图4-1 中性大气层按温度垂直分布图(其中红线和橙线分别代表温度在太阳活动期和平均状态下的温度分布情况)

对流层(troposphere):起始于地球表面,扩展到8~15 km高空。这是大气层最稠密的部分。随着高度的增加,温度从17℃左右下降到约-52℃,所有的天气变化都发生在这个区域,对流层顶(tropopause)将对流层和上一层分开。对流层和对流层顶合起来称为低层大气。

平流层(stratosphere):从对流层顶开始往上伸展到约50 km高空。与对流层相比,该层大气干燥而稀薄。由于该层含有大量臭氧,它吸收和散射紫外辐射,因此该区域的温度又上升到-3℃,该层又称为臭氧层。整个大气质量约有99%都集中在对流层和平流层中,平流层顶(stratopause)将平流层与上一层大气分开。

中间层(mesosphere):从平流层顶算起到约85 km高空。温度又一次下降至约-93℃。该层由于各种化学成分吸收了太阳能量而处在受激状态。

中间层顶(mesopause):将中间层与热层分开。科学家将中间层、平

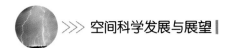

流层以及各自层顶合称为中层大气。

热层（thermosphere）：从中间层顶（约85 km）至约250 km（在太阳宁静期）或500千米左右（太阳活动期）之间的大气层。从热层底部向上，大气温度迅速增加，达到温度梯度消失时的高度，即为热层顶。热层顶高度随太阳活动变化很大，通常在300~500 km之间热层几乎吸收了波长短于$1\ 750 \times 10^{-10}$ m的全部太阳紫外辐射，热层温度结构主要受太阳活动的支配。这一层温度随高度增加而迅速增加，层内温度很高，层顶温度可达约$1\ 500$ K，昼夜变化很大，热层下部尚有少量的水分存在，因此偶尔会出现银白并微带青色的夜光云。

大气层之外还存在着逃逸层（exosphere），它从热层顶一直伸展到太空，与行星际气体融为一体。这部分气体主要的成分是氢和氦原子，并且其密度极低，也称为质子层（protonsphere）。

1.3 电离层的分层结构

电离层的电离源主要是来自太阳的（极）紫外辐射和高能粒子辐射。对电离层产生显著影响的是地球相对于太阳的旋转，电离成分在向阳侧半球增加而在背阳侧半球减少。除此之外，宇宙射线也可以影响到电离成分的分布。电离层对大气的变化极为敏感，任何大气的扰动都会影响到电离成分的重新分布。

电离层按电子密度的分布可分为四个区域：即D区、E区、F区和顶部区（见图4-2），这些区域可以做进一步划分，如F区可以分为F_1区和F_2区等。可以认为，各层是由于中性大气的某种成分吸收太阳辐射而产生的，它们对入射太阳光子谱的不同部分的响应不同。处于平衡态的电离层受到如下各种因素的联合作用：光化学过程、热力学过程、动力学过程、电磁学或电动力学过程。其中的E层和F_1层，近似为查普曼（Chapman）层，由Chapman产生率函数和光化平衡条件决定。在较高处的F_2层，它的分布除受光化学过程外还受到诸如中性曳力和磁层过程的共同作用。最低处的D层则与大多数的高能辐射有关（X光子，宇宙射线离子）。

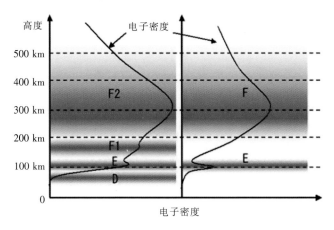

图4-2　电离层电子密度随高度分布的示意图(左侧为白天,右侧为晚间)

D层：位于地面以上60~90 km的区域，是多原子离子"团"的稀薄层，浓度为10^2~10^4/cm³。由于电子—中性分子的高碰撞频率使得通过其中的无线电波的吸收显得尤为明显，所以该区域在实际的无线电通信中起着重要的作用。特别是在磁暴时，在短波段吸收显著，叫作短波突然衰落，严重时使短波通信中断。通常只有最强的电离源才可以渗透到D区高度上，它们是太阳X射线、宇宙线和Lyman-α射线。来源于0.1~1 nm的X光在80~90 km之间，是主要的电离源，来源于太阳的强Lyman-α（121.6 nm）辐射在70~80 km的高度上引起相应的产生率峰值，而宇宙射线粒子则控制着底部。

E层：又称为发电机层，位于地面以上90~150 km，其电子密度为10^5~10^6/cm³。该层通常明显的特征是白天电离层密度分布在约110 km处变化很大。该层中的离子主要是O_2^+和NO^+，它们由100~150 nm范围内的紫外辐射和1~10 nm范围内的太阳X光产生。离子的垂直输运在该层形成中的作用是不重要的。

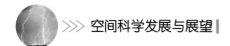

F层：位于地面约150 km以上，F层通常又分为F_1和F_2层两部分，两部分呈现不同的变化。F_1层主要由O^+组成，最大电子密度约为2×10^5 /cm^3，一般出现于170 km高度附近，该层更像一个边界，一般不很明显，几乎全部融入包含电离层密度主峰的F_2层中。F_2层的峰密度也是处于以O^+为主的区域。但是在它出现的高度上，除O^+与周围电子的直接复合外，还存在一些非常重要的化学反应，垂直漂移也会影响到离子的分布。通常在F_2层中复合反应发生前，离子可能先与附近中性分子反应，即O^+先将它的电荷传递给分子，再进行游离复合。只要这种反应的速率超过简单的复合反应的速率，它们就会控制离子的损失。此外，碰撞和双极扩散、磁层和大气发电机电场驱动的垂直漂移，都会明显地影响到F_2峰附近的离子运动。因此电离层的主峰不能由简单的Chapman理论来描述。

谷区：位于电离层的两个层之间，电子密度随高度减少到某个极小值，然后再随高度增加到与上一层相衔接的区域。在E层和F层之间有时会出现这样的谷区，无线电波不能反射，因此在频高图上回波描迹出现跳跃。

1.4 电离层的探测方法和技术简介

电离层变化主要受太阳辐射的影响，在时间上分为年际变化、季节变化、逐日变化和昼夜变化，在空间上随高度、纬度和经度而变化。但是太阳辐射本身的变化并不完全是规则的，此外还有其他多种因素也会影响电离层的状态，因此电离层具有十分复杂的结构特性以及时间、空间变化，这就需要在全球范围内对它进行长期监视和探测。我们可以采用多种无线电工作方式和传播原理，从不同空间角度来探测电离层的电离层特性参量及其变化。

探测部位分为电离层顶部（即上电离层）和底部（以F层峰值高度为分界线），其中底部又分为F层下部和E层所在的电离层主体部分、E层底部和D层所在的低电离层。主要探测参数是电波反射高度、电子总含量、电子密度、电子温度、高空大气成分、离子密度、离子温度、电子同其他粒子间的碰撞频率等。

电离层探测方法可分为直接探测和间接探测。直接探测是用火箭、卫星等空间飞行器，将探测装置携带到电离层中，探测电离层等离子体或环境对装置的直接作用，以获得电离层特性参量。间接探测是依据天然辐射或人工发射机发射的电磁波通过电离层传播时与等离子体相互作用所产生的电磁效应或传播特征，推算出电离层特性参量。间接探测主要有电离层垂直探测、电离层斜向探测、非相干散射探测以及电磁波电离层吸收测量等。

电离层垂直探测是最基本的探测方法，其探测仪器主要为测高仪，它的工作原理是从地面垂直向上发射脉冲调制的高频无线电波，并在同一地点接收它的反射信号，测量出频率连续改变的电波来回传播的时间（称为时延），从而获得电离层电子密度的高度分布。

电离层斜向探测则是将垂直探测方法中的发射和接收设备分别置于地面上相隔一定距离的两处，用某种方法实现收、发同步，然后测量电离层反射回波时延随频率的变化，得出斜向探测电离图，由地面设备发射短波脉冲斜向射入电离层，经反射后回到地面，部分地面散射波沿原来路径返回发射点。测定脉冲往返一次的传播时延，从而获得大面积范围内频率时延特征和电离层短波传播参数。

非相干散射探测则是一种电离层纵深探测手段，可获得约70~1 000 km，甚至2 000 km高度内的电子和离子的密度、温度以及电离层漂移等数据。

低电离层是较难探测的一个区域。由于中、短波在低电离层中的吸收太大，所以很难获得这一区域的普通回波电离图。低电离层探测的主要探测手段有交叉调制法、部分反射法和长波传播法等。

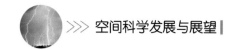

2 电离层形态分布及扰动

2.1 电离层的变化

太阳上发生的各种过程、地球和太阳的相对运动、地球磁场等因素都会对电离层产生影响，使其形态具有昼夜的、季节的、太阳黑子周的、纬度的和受地磁场制约的多种变化。由于电离层各层的化学结构、热结构不同，各层的变化情况也不尽相同。

2.1.1 D层变化

D层电子密度随纬度而变，白天电子密度分布的一个最显著特征是在中低纬度地区80~90 km高度存在很陡的梯度，或称为"缘"。它的高度受太阳天顶角、季节、太阳活动性和地磁场的制约。

D层电子密度具有季节变化，其正午值在夏季高于春秋季，春秋季又高于冬季，只是在冬季的某些天，电子密度的额外增加会造成中波和短波的异常吸收，这就是D层"冬季异常"。D层"冬季异常"主要发生在中纬地区，在低纬未见此种现象。而在高纬地区，磁暴引起的严重吸收较为普遍，加上D层处于漫长的黑暗期，难以判断是否存在"冬季异常"。

2.1.2 E层变化

E层是电离层中最有规律的一层，其日变化、季节变化和全球变化主要受太阳天顶角和太阳活动的控制。E层高度一般在日出后随着电子密度的增大而逐渐下降，中午时下降到最低高度，此后又逐渐升高，日落时恢复到日出时的高度，但这一高度变化只有5~10 km。E层高度的季节变化主要是由太阳高度角的变化引起的。

2.1.3 F_1层变化

F_1层主要受太阳控制，它在黎明时开始出现，正午过后几分钟电子密度达到最大，大约在黄昏时消失。F_1层最大电子密度所在高度为$h\,mF_1$，在近傍晚时增高，夏季值大于冬季值，低纬值大于高纬值。

2.1.4 F$_2$层变化

F$_2$层变化最为复杂，随着太阳升起，F$_2$层电离程度加强（在低纬度尤为明显），但很少在正午达到最大值。在地球的某些部分，午前达到最大值；而在另一些部分，午后才达到最大值。夜间的下降常是缓慢的。有时可在夜间观测到第二个峰值。

在任何季节，电子密度最大值$N\,mF_2$的正午值都与太阳活动性正相关。F$_2$层电子密度最大值对应的高度$h\,mF_2$与太阳活动性一般也有正相关关系，除赤道地区外，夜间值高于白天值。在F$_2$层，地球磁场大气各风系、扩散和其他动力学因素起着重要的作用，其形态变化不能用查普曼（Chapman）的简单层理论来描述。F$_2$层电子密度的最大值不是出现在正午（通常是在本地时间13时至15时），一般将这种现象称为F$_2$层"日变化异常"。同时$N\,mF_2$还具有半日变化分量，其最大值分别在本地时间上午10~11时和晚上22~23时。通常F$_2$层正午的电子密度在冬季要比夏季高，这也称为F$_2$层的季节异常。

2.1.5 电离层潮汐

月球或者太阳引力造成地球大气的大规模潮汐运动引起电离层电子密度及高度等参数的周期性变化称为电离层潮汐。电离层潮汐主要是太阳半周日变化，可由对大量观测资料的筛选和分析而得到。电离层太阳半周日潮汐的振幅大致是：E层高度约为1 km，临界频率为2~6 000 Hz；F$_2$层高度为2~8 km，临界频率为10~20 kHz；E区漂移速度为5~20 m/s；F区漂移速度为2~7 m/s。潮汐的相位随高度而变化。太阳引力产生的潮汐比月球小得多。太阳热潮汐引起的电离层变化被电离层本身强烈的日变化所掩盖，所以很难区分。

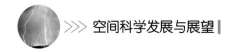

2.2 电离层异常

2.2.1 冬季异常

夏季由于阳光直射中纬度地区的F_2层在白天电离度升高，但是由于季节性气流的影响，夏季这里的分子对单原子的比例也增高，造成离子捕获率增高。这个捕获率的增高甚至强于电离度的增高。因此造成夏季F_2层电子密度反而比冬季低，这个现象被称为冬季异常。北半球冬季异常每年都出现，南半球在太阳活动低的年度里没有冬季异常。

2.2.2 赤道异常

电离层探测发现F层电子密度峰值N mF_2随地磁纬度变化，在白天磁赤道上空N mF_2出现极小值，而在磁赤道南北两边15°~20°的地方出现了N mF_2的两个极大值。这个现象首先由Maeda等人于1942年发现，随后Appleton于1946年对它进行了详细的分析。这是赤道电离层比较重要的异常现象，通常称为Appleton异常、地磁异常或赤道异常。

赤道异常的主要特点:(1) 等高度电子密度分布和峰值电子密度分布(N mF_2)在磁赤道上空有极小值，在磁赤道两边有极大值。N mF_2的两个峰近似位于磁纬±30°的地方。(2) 电子密度最大值按特定磁力线排列，这种对磁力线的依赖性随高度减小而减小，这是由于随着高度减小等离子体同中性粒子碰撞增加的缘故。(3) F_2层的高度(h mF_2)在磁赤道极大地升高。(4) 在冬至、夏至前后，夏半球的峰比冬半球的峰宽，而且低。(5) 赤道异常在9:00~11:00 LT（本地时间）之间形成，一直维持到22:00 LT，随后变成赤道上的单峰。清晨，电离层几乎变成随纬度水平分层。(6) 赤道异常还呈现出经度效应。(7) 在大约1 000 km以上高度，赤道电离层没有以上这些特性。

Martyn在1947年提出，白天其形成原因如下：在赤道附近地球磁场几乎水平。由于阳光的加热和潮汐作用电离层E层形成一个东向电流，这个

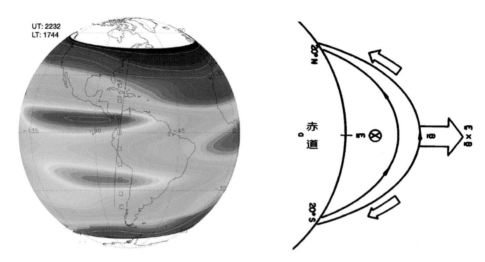

图4-3　左图为电离层赤道异常现象,右图为赤道异常现象的"赤道喷泉效应"示意图
(图片来源:U.S. Naval Research Lab)

电流传递到F层后与水平的磁场线相互作用使等离子向上漂移,然后沿着磁力线向下扩散而在磁赤道附近(±20°以内)形成双峰,这也经常被称为电离层"赤道喷泉效应",如图4-3所示。

2.2.3 主电离槽

主电离槽是亚极光区电离层的一个典型现象,主要出现在夜间。1956年,Reber等人通过分析地面垂测资料后发现,夜间N mF$_2$在磁纬50°~60°处有极小值存在。后来的顶部探测资料进一步证实了这一现象,人们把电子浓度甚低的这一区域称为主谷(main ionospheric trough)。

哨声和卫星观测证明,主谷的平均位置不仅与Kp指数(表示全球地磁活动性的,时间间隔为3小时的地磁活动性指数)有关,还与等离子体层顶有关。若把主谷所在的磁力线向外延伸,与赤道面相交点的地心距约为地球半径的4倍,这恰好是等离子体层顶的位置。由于电离层要不断地向磁层补充等离子体,所以电子浓度随纬度的分布形成一个主谷。

电离层主槽有如下特征:(1)槽在冬季夜间出现较为明显,春秋季夜间较弱，夏季夜间和所有季节的白天均观测不到。(2) 槽的特点有两点，一是其电子密度异常低，二是槽的虚高有较大的增加。(3) 槽的极向壁较稳定，且有较陡峭的电子密度梯度，而槽的赤道向壁较多变，电子密度梯度较平缓。(4) 槽出现的主要时段是在20:00~3:00（LT），在此期间，槽处于不断地变化和运动之中。

2.3 电离层不规则体

2.3.1 电离层偶发E层 (Sporadic E layer，Es layer)

电离层偶发E层简称Es层，它是电离层E层内不规则的电离密集薄层，电子密度往往超出邻近区域电离度的1倍或更多，密度梯度陡峭。由于Es层电子密度的垂直梯度大，所以在电离图（频高图）上Es层的回波描迹呈水平状（如图4-4所示）。一般情况下Es对电波是半透明的，好像一个栅，

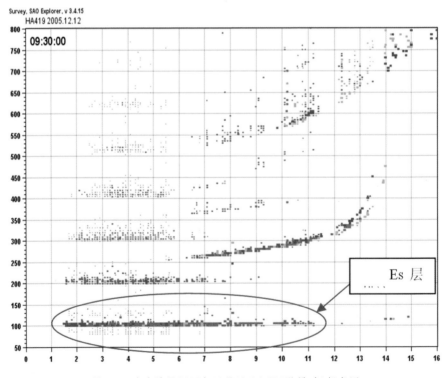

图4-4　海南地区2005年12月12日9:00(世界时)频高图

入射电波可以部分地透过，在更高层再次反射，而更高密度的Es层甚至可以将无线电波直接反射回地面。

Es层离地面高度一般为95~130 km（多出现于100~120 km），同正常E层峰值高度相差5~10 km，其厚度变化范围是0.2~5 km，多为1千米左右。Es层覆盖数十千米至数百千米区域，最多可达2 000 km。Es层的出现具有突然性，并且形成时刻和持续时间不易预料，一般维持数十分钟至数小时。

Es层的出现可引起30~100 MHz无线电波的反射和前向散射，其中以50 MHz波段的散射效应最强。电波传播的距离限于1 000~2 600 km以内，在极少数情况下可达3 000~5 000 km，但是在1 000 km以内区域为寂静区。因为仅当无线电波的出射仰角很小时，才较易产生Es层的反射散射，从而形成无线电波到达的外半径约为1 000 km的盲区。

Es层的形成机制尚未彻底查明，曾经认为Es层的成因同流星雨或低层大气雷电活动有关。20世纪60年代以来科学家提出了"风切变理论"，认为在不同高度上，东、西向大气中性风的活动使E层电子聚集为一较高密度的薄层，形成Es层。一般认为后一种解释较为可取。

2.3.2 电离层扩展F现象（Spread F）

相对于日夜交替的周期性变化，电离层也会受到中性风、电场、磁场等因素的影响，而产生电子密度不规则体。其中扩展F层（spread F）即是一种存在于F层中的电子密度不规则体，它是F层电子密度不均匀体对电波散射的结果，其最早是由Booker和Well在1938年利用电离层探测仪（ionosonde）观测赤道地区电离层所发现的，其后许多科学家利用雷达、火箭、卫星等，对各个纬度地区扩展F现象进行了大量研究。

扩展F可分为频率型（FSF）、区域型（RSF）、混合型（MSF）和歧型（BSF），图4-5展示了这几种类型扩展F的频高图实例。在低纬的海南地区

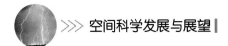

还可以观测到强区域型扩展F（SSF）现象，这一类型扩展F没有在高纬地区被观测到。

图4-5中上排左图是典型的频率型扩展频高图，电离层的回波在频率轴上扩散，其大多出现在中、高纬度，出现时间以后半夜居多。而上排右图则记录的是区域型扩展F现象，低频回波在高度轴上有明显的扩散，临界频率清晰，其出现时间大多在低纬度地区的前半夜。下排左图是混合型扩展F频高图，混合型扩展F既有频率型也有区域型扩展F的特点。下排右图是歧型扩展F频高图。

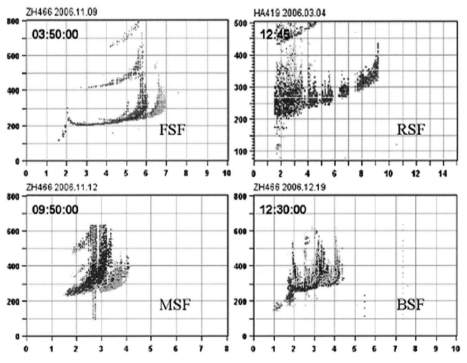

图4-5　四类扩展F的频高图(图片来源：俄罗斯Zhigansk台站、中国海南台站)

图4-6是海南地区观测到强区域扩展F的典型频高图，其特点是弥散回波延伸到了F_2层临界频率以上，使得foF_2难以判定，且持续时间超过一个小时。

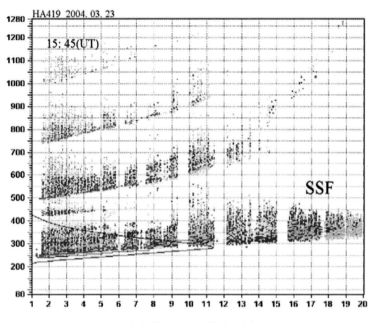

图4-6　海南地区强区域扩展F的频高图

Dungey在1956年提出了瑞利泰勒不稳定性理论来解释扩展F的物理机制。"瑞利—泰勒不稳定性理论"假设当流体处于密度不均匀的状态（上重下轻），其界面会因为受到一个微小扰动而产生微小波形（此扰动可能来自于中性风或重力波等因素）。此微小波形会偏离原来的不稳定平衡状态，造成受扰动处的低密度等离子体向上漂升，高密度等离子体下沉，最后因为扰动的扩大而形成电子密度不规则体。

2.3.3 电离层闪烁现象 (Ionospheric Scintillation)

电离层中不规则体可以对穿越电离层传播的无线电信号产生影响，造成信号的幅度、相位、时延等参数发生快速起伏，这就是电离层闪烁现象。电离层闪烁会给无线电通信、导航、定位等造成重要影响。

电离层闪烁主要发生在高纬和赤道低纬地区。夜间的闪烁现象出现较多且较强，而白天闪烁出现的较少且较弱，因此闪烁是夜间电离层的一个重要现象。电离层闪烁与太阳活动有关，在太阳活动高年闪烁较强，而太

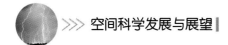

阳活动低年闪烁较弱。电离层闪烁对无线电信号影响程度与信号的频率有关，VHF、UHF波段闪烁最强，L波段次之，C波段闪烁较弱。电离层闪烁与强区域型扩展F关系密切。

2.3.4 电离层等离子体泡（Ionospheric Bubble）

电离层等离子体泡指的是电离层中沿着地球磁场磁力线方向上电子密度低于周围等离子体密度的区域，其主要出现在赤道及低纬地区的电离层。一般是通过瑞利—泰勒不稳定性在日落附近的电离层F层底部逐步形成的，并能够上升至1 000~2 500 km的高度，其水平尺度可达几十至几百千米。目前研究表明电离层等离子体泡与扩展F现象的产生紧密相关。

电离层等离子体泡的出现可以造成卫星信号的幅度和相位闪烁，导致空基卫星通信和导航系统性能的降低，严重时可导致系统的失效。

2.4 电离层行进式扰动

电离层行进式扰动（Traveling Ionospneric Disturbances，TIDs）是电离层中一种很重要的大气波动过程。在相邻不太远的若干个电离层垂直探测站的频高图上，它表现为一种行波型扰动，故称为电离层行进式扰动。它是电离层F层中比较稳定、移动缓慢、水平尺度为几百千米甚至上千千米的不均匀结构。等电子密度面波动似的向前移动，在水平方向移动1 000 km时形态改变很小。运动速度约为200 m/s至10 km/s，持续时间为10~60 min（分钟）。在赤道地区扰动的水平波长为10~100 km。这种扰动发生的频次和运动方向与地方时、季节及太阳黑子活动周期都有关系。一般认为从低层向上传播到F层的重力波可能对这种大尺度扰动的出现起重要作用。极区大量的粒子沉降也是可能的原因。

图4-7是位于日本甲贺市信乐町的全天空气辉成像仪，在2001年5月17日记录的一个中尺度电离层行进式扰动，图中蓝色和红色图案分别表示电离层电子密度的减小和增大。图4-7反映出此时有一个向西南方向传播电

离层行进式扰动。

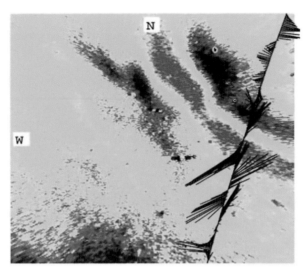

图4-7 由位于日本信乐町(35°N,136°E)的全天空气辉成像仪观测到的一个中尺度电离层行进式扰动的例子。仪器探测空间水平尺度为1 024 km×1 024 km,高度为300 km。日期是2001年5月17日12:20:49UT(世界时)(Shiokawa, et al.,2003)

　　通过长期观测,现已确认电离层行进式扰动的物理本质是大气层中的一种波动过程,叫大气声重波。这种波动的高频部分叫声重波的声波分支,它是低频次声波,振动恢复力主要是空气的绝热压缩和膨胀。这种波动的低频部分叫声重波的重力波分支,振动恢复力主要是气团偏离其流体静力平衡位置时的浮力和重力。由于重力作用,以自由波形式传播的声重波是各向异性的,群速矢量和相速矢量之间的关系式与通常的波动过程很不相同,如能量向上传播的重力波,其等相面是向下传播的,这是重力波的一种重要特性。电离层中的大尺度电离层行进式扰动和中尺度电离层行进式扰动也属重力波,但短周期的电离层扰动属声波分支。

　　极区粒子沉降和极区电急流的焦耳加热作用,在极区电离层中激发短周期声重波。赤道电急流的反向,在赤道上空激发声重波,以弓形激波形式向赤道两侧传播。电离层中激发的声重波向下传播至地面,有时可用微压计检测出来。

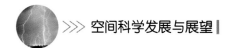

大尺度电离层行进式扰动是磁层扰动期间的极区电急流激发的，是电离层扰动的一种重要形式。它的主要特征是：水平地向赤道方向传播，速度为400~700 m/s，周期为半小时至几小时；衰减较小，传播上千千米后波形变化不大；东西方向的水平尺度长达1 000~2 000 km。

中尺度电离层行进式扰动，周期一般为10~40 min，水平尺度一般为100~200 km，典型速度为100~300 m/s。它的扰动源一般是在近地面和低层大气中，如核爆炸、雷暴、台风、地震和火山爆发等。对这种能量向上传播的重力波来说，整个大气层好像是个振幅放大器、频率滤波器和传播方向选择器。因此，近地面源激发的中尺度重力波，多数不能传播到特定的电离层区域，而到达的往往呈图像清晰的波列，信噪比很高，容易用无线电方法检测出来。通过重力波射线追踪计算，可以对地面源进行远距离监视。人们预计用这种方法有可能对龙卷风等自然灾害现象事先发出警告。

2.5 电离层突然骚扰

太阳活跃时期强烈的耀斑发生时硬X射线会射击到地球。这些射线可以一直穿透到D层，在这里迅速导致大量自由电子生成。这些电子吸收高频（3~30 MHz）电波，致使无线电通信中断，与此同时甚低频无线电波（3~30 kHz）会被D层（而不是被E层）反射（一般D层吸收这些信号），这种现象称为电离层突然骚扰。X射线结束后D层电子迅速被捕获，无线电中断很快就会结束，信号恢复。

电离层突然骚扰发生后，电离层最低可用频率（LUF）和最高可用频率（MUF）发生变化。一般在平静情况下，日出后LUF和MUF同时增大，频率处于可用频率带（LUF与MUF之间的区域）的高频无线电波就可以依靠电离层进行传播，而在SID发生之后的几分钟内，LUF迅速增大，以至于一度超过MUF，因而导致高频电波的传播通道关闭，造成短波中断现象。

电离层突然骚扰是一种来势很猛但一般持续时间不长（一般为几分钟

至几小时）的扰动，它仅发生在日照面电离层的 D 层。当发生这种骚扰时，从甚低频到甚高频的电波传播状态均有急剧变化：无线电通信因电离层突然扰动而中断，这种现象在极区经常发生，但并不限于极区。在太阳活动较强时，极区的通信中断可以持续几天甚至几星期，在高空核爆时也会出现这种现象。飞行体高速通过大气层时，因飞行体表面附近的电离气体组成的等离子体鞘对电波的吸收和发射，也能使飞行体和地面之间的无线电联系中断。来自天外的宇宙噪声，由于D层吸收突然增加而强度突然减弱，称为宇宙噪声突然吸收，经常用电离层相对浑浊度仪在极区监测电离层对宇宙噪声的吸收来观测极盖吸收事件。从D层反射的长波和超长波信号突然变强、长波信号的天波与地波的相位差突然发生变化，是天波反射高度突然降低所导致，称为突然相位异常现象，它是监测太阳耀斑爆发最灵敏的标志，而接收远处雷电产生的"天电干扰"的强度也明显增强，称为天电突增。甚高频低电离层散射传播信号也将增强。此外，耀斑期间，E层和F层底部的电子密度也突然增加，可引起短波频率突然偏离现象。

2.6 电离层暴

太阳耀斑爆发时，太阳风增强引起的电离层急剧而不规则变化的现象称为电离层暴。图4-8记录的就是2003年太阳正对着地球方向爆发了一个巨型耀斑后，地球上−80~10°E，25~65°N区域范围电离层电子密度急剧变化的情况。该区域东北方向的电离层电子密度在电离层暴发生后急剧减小，而西南区域的电子密度增大。

从太阳耀斑爆发到电离层暴开始的时间间隔为36小时左右，持续时间为几小时至几天。电离层暴涉及范围很大，常常遍及全球，在极区附近的电离层变化最剧烈。电离层暴通常可分为三类：一类是正相电离层暴，F_2层的临界频率比正常值增大，多发生于赤道地区上空；一类是负相电离层

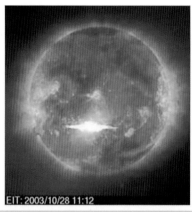

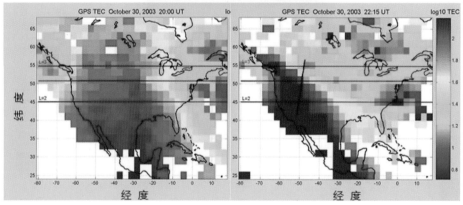

图4-8 上排的图记录的是2003年10月28日11时12分(世界时)太阳爆发了一个巨型耀斑,下排左右两图分别是地球(-80~10°E, 25~65°N区域范围)的电离层总电子密度在此次耀斑影响到来前(左图)后(右图)的情况(图片来源:NASA网站)

暴,F_2层的临界频率低于正常值,多发生于中、高纬度地区,强度大,持续时间长;一类是双相电离层暴,F_2层临界频率有高于正常值的,也有低于正常值的。

在电离层暴期间,太阳风暴的粒子流沿磁力线沉降到极盖区的上层大气中,使极区低电离层的电离急剧增大,因而通过极盖区电离层的电波被强烈吸收,导致通信质量下降,甚至通信中断。随着释放在极区大气中的巨大能量以剧烈的大气扰动的各类形式向中低纬度传播,这些区域的电离层结构受到严重的破坏，层次不清，呈混乱状，电子密度增加或减少的剧烈扰动，尤其是E层和F层的最大电子密度变化很大。在数小时甚至数天内，电报、短波通信不能正常使用。电离层延迟模型不能够有效地修正电离层延迟，接收机导航定位的精度会大大降低。随着高科技对人类生活的不断渗透，由电离层暴引起的次生灾害也不断升级。如果轮船在航道上出现差错，会给船只和成员带来巨大危险；如果在军事对抗中，导航定位不准，会导致误击误伤、贻误战机。

通过大量的统计分析工作，人们对电离层暴的平均形态有了基本的认识。统计分析结果表明，在初始阶段，F_2层临界频率f_oF_2先出现一个持续几小时的增长相。初始相（有时与地磁暴的急始SSC相吻合）过后，随后是持续时间由一天到几天的主相阶段，主相期间f_oF_2通常小于它的平均值（称为负相暴），但有时也会增加（称为正相暴），正相暴主要发生于低纬和中纬的冬季。主相过后是恢复相，f_oF_2逐渐恢复到正常状态。电离层暴受地方时、季节、纬度、太阳周期和地磁活动的影响，表现出不同的扰动特征。

虽然电离层暴效应主要在F_2区，但是在F_1、E和D区也能观察到显著的磁暴效应。中高纬地区的测高仪观测发现F_1层暴以负暴效应为主且不依赖于F_2层暴的形态，而且冬季暴时效应比夏季明显。在强负暴发生时，会出现F_2层临界频率降到F_1层临界频率以下，峰值高度急剧下降，即所谓的"G-condition"。磁暴期间，进入电离层的电子贯穿到100 km或80 km的高度时能产生足够的自由电子在E区形成极光Es层，而且主要发生在夜间。磁暴期间常有D区吸收增加，在极光区域特别显著，这使得短波通信最低可用频率升高，因而可能会造成短波中断现象。在中纬D区也有显著的变化，常常造成低频波段和甚低频波段相位和振幅的变化。

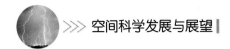

3 | 极区电离层

3.1 极区电离层概述

极区电离层即地球南北极区上空的电离层，是电离层磁层耦合的重要区域。太阳风等离子体对极区电离层有强烈的影响。在极区，地球磁力线直接贯穿电离层和磁层，磁层和太阳风相互作用产生的大尺度磁层电场可以沿着这些高电导率的磁力线直接投射到电离层中，引起增强的极区电离层电流并产生焦耳热，来自磁尾的高能沉降粒子也可以沿磁力线直接进入极区电离层，向电离层直接提供动量和能量。

极区电离层受太阳风和磁层扰动的直接作用，其时空变化形态多种多样。虽然在极区电离层中支配电子和离子密度变化规律的仍是连续方程，但起控制因素的物理过程与中纬地区电离层完全不同。首先，中纬地区电子和离子的生成率几乎完全由太阳EUV辐射所确定，因此日夜、季节的变化十分有规律。在极区则不同，来自磁层的沉降粒子成了主要的电离源，在极夜时则成为唯一的电离源，而地磁正午的极隙区内，磁鞘内粒子可直接抵达电离层高度。其次，中纬地区等离子体运动速度约为100 m/s，而高纬等离子体速度的主要分量磁层对流速度常达1~2 km/s，从而使输运作用变得特别重要。再次，中纬地区（即使对F层）最多只需考虑输运的高度变化，而极区内还要考虑水平输运。最后，电子和离子的消失率在F层与复合过程中粒子的温度有关，极区相对中纬地区的等离子体运动速度增大很多，必然会使其消失率增大很多。由此可见，极区电离层相对中纬电离层的变化更为复杂，极区电离层的研究对了解电离层全球变化特性是非常重要和必要的。

极区电离层有着复杂的电流与电场结构，它们主要由大气发电机产生，还有一部分则是由磁层电场激励产生的。而极区电流体系主要是由场向电流产生的。在平静状态下，极区电流由一对晨昏电流涡组成，而当亚暴发生时，强度为几百万安培的西向电急流造成极区地磁场的剧烈扰动。极区电流的空间分布和时间变化要比中低纬度复杂得多，它既有比较稳定的大尺度晨昏电流涡，又有空间位置较稳定而强度迅速变化的极光带电急流。此外，还有许多时空变化都十分剧烈的小尺度结构。由此可见，极区电离层电流是十分复杂多变的，但其最主要的部分就是场向电流和极光电急流。

极区电离层有着比中低纬电离层更为强烈的扰动。这主要是由于极区太阳光照条件的日变化和季节变化均比较小而且缓慢，容易受到太阳带电粒子流的影响。并且在地球两极区的上空，磁层还存在着"漏斗"型的极隙区，太阳风的粒子一方面可以通过极隙区直接进入，另一方面磁尾加速后的带电粒子又可以通过磁力线沉降到南、北两极的电离层中。因此在极区经常产生极光和磁扰，甚至在磁静时期极区电离层扰动也很大。在磁扰期间，极区电离层有复杂的结构和变化，随磁暴的增长，Es反射更高的频率，F层回波消失，磁暴最大时，回波中断，即出现极盖吸收事件。同时在夜间还会出现极光带吸收事件。研究极区电离层的这些扰动现象，对于我们深入了解极区电离层中的物理过程是十分必要和重要的。

极区电离层通过场向电流、粒子沉降（上行）和对流电场等与磁层紧密耦合在一起，在太阳风—磁层—电离层—热层耦合过程中起着重要作用。来自太阳风和磁层的能量注入极区电离层后，可直接改变极区电离层的状态，还可以通过与中性大气的耦合改变全球中性大气风场和中性大气成分，进而影响到全球电离层。所以极区电离层在空间科学的研究中具有极其重要的地位。

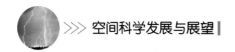

3.2 极区电离层中的电流系

极区电离层中存在着对流电场、场向电流和极光区电急流等重要的电场与电流，它们把电离层与磁层紧密地耦合在一起，在太阳风—磁层—电离层耦合中起着重要作用。近几十年的理论与观测研究表明，太阳风中携带的行星际磁场与地球磁场之间发生重联，太阳风所携带的巨大能量可以有效地传输进入地球空间，而极区无疑是这些能量传输的重要区域。极区电离层中的电场与电流除由大气发电机产生外，来自磁层电场的激励占有很大的比重。

3.2.1 晨昏电场和磁层对流

共转电场和行星际电场不足以解释磁层中观测到的等离子体速度分布和电场分布。绕极卫星的电场测量证实，在极光带和极盖低电离层存在等离子体对流。最突出的特点是在大约70°至80°纬度处，对流速度和电场出现突然翻转：极盖上对流运动背向太阳，而在邻近较低纬度的极光带中对流却向着太阳。极盖上的对流特性要求在磁层顶存在一个方向为清晨指向黄昏的电场。卫星测量同时也证实磁尾亦存在清晨指向黄昏的电场和等离子体向日的对流运动。所有测量结果都表明，除了共转电场外，磁层还存在着很强的"晨昏电场"。晨昏电场平行于赤道平面，垂直于日—地方向，驱动磁力管和等离子体做向日对流运动，因而也称为磁层对流电场。

在高纬区，磁层电场总是存在的，但它在幅度和形态上显示出相当大的变化，电场成了高纬电离层复杂性和多变性的主要原因，即使在稳态场情况下，也会引起各不相同的等离子体流的路径。电场还影响到电离层特性的其他一些决定性因子，即波及离子和中性成分间的动力学耦合，形成大的热层风（环流），还会导致中纬电离层槽的产生和F_2层密度和高度的多变性，以及等离子体不稳定性与电离层不均匀性的出现。

3.2.2 极光电急流

极光电急流发生在高纬地区，由于极光卵区中的高能粒子沉降，使电离率增加，局地电导率增高，并且磁层中的晨昏电场沿着高导电性的磁力线传入极光区。电导率在空间中的结构不对称，这就产生了Cowling电导率，于是在极光带就产生了由东向西流动的"极光电急流"。在磁静日时，对流电场驱动的极光电急流叫作对流电急流；而在亚暴活动期，与亚暴活动相对应的极光电急流叫作亚暴电急流。

图4-9为极光电急流成因示意图。图中所示为从北极向地球方向看，A区和C区分别为极光带电离层和与之相邻的电离层。磁场垂直向下指向图面。沉降的粒子使A区电导率大于C区电导率，晨昏电场在A区为向西电场（$+E_x$）。因为A、C边界上电场连续（$\nabla \times \vec{E} = 0$），所以C区中的$x$方向电场为$+E_x$。A区中电场$E_x$产生Pedersen电流$j_{P1}$和Hall电流$j_{H1}$，同时，C区电场$E_x$也产生Pedersen电流$j'_{P1}$和Hall电流$j'_{H1}$。由于A区电导率较大，结果在边界积累电荷而建立极化场（$-E_y$），极化场产生Pedersen电流j_{P2}和Hall电流j_{H2}。j_{H2}和

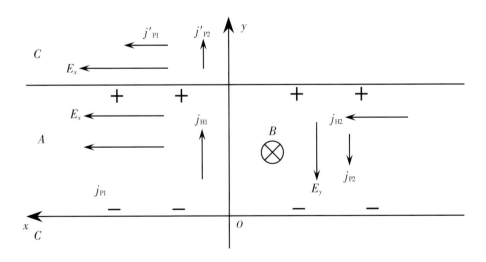

图4-9　极光电急流成因示意图(图片来源:熊年禄等,1999)

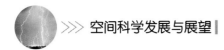

j_{Pl}同方向，从而使x方向的电流（由东向西）大大增强，这也就是我们通常所说的极光电急流。极光电急流是非常复杂的，因为它依赖对流电场和电离层电导率，另外极光电急流与磁层场向电流紧密联系，因此通常把极区上空的 I 区、Ⅱ区等场向电流与极光电急流统称为Birkeland电流系。

3.2.3 场向电流

顾名思义，场向电流就是沿着磁场运动的电流，它是由挪威地球物理学家、磁层物理的奠基人Kristian Birkeland（1908）首次提出的。早在1895年，Birkeland在一块磁铁附近进行阴极射线实验时，发现电子导向磁极的现象。于是在1896年，他首先提出了来自太阳的带电粒子诸如电子，可以直接进入极区电离层产生极光。为了验证这一理论，他在真空室中做了模拟日地系统的实验，即著名的地球模型实验，首次在实验室内产生了人工极光。为了进一步检验他的极光理论，他建立了一些高纬的地磁台站，这也为场向电流理论的提出提供了必要的条件。之后，瑞典工程师、等离子体物理学家Hannes Alfvén（1939）发表文章促进了Birkeland理论，认为太阳风是产生这一电流的直接原因。Alfvén 的同事Rolf Boström（1964）将场向电流的理论运用到了一个新的极光电急流模型中，得到了令人满意的效果。

Iijima和Potemra（1976）通过对卫星资料的分析研究，给出了极区电离层场向电流的统计形态，即主要区分了 I 区场向电流和Ⅱ区场向电流，如图4-10所示。 I 区场向电流位于极侧，Ⅱ区电流位于赤道侧。 I 区场向电流晨侧流进电离层，昏侧流出电离层；Ⅱ区场向电流的方向与 I 区场向电流正好相反，从昏侧流进，晨侧流出。此后的研究表明，在子夜前后，对应Harang间断区有三重场向电流，电流从中间流出，从两边流入电离层。正午附近，在 I 区场向电流的极侧对应极尖区，还有一个流向与 I 区

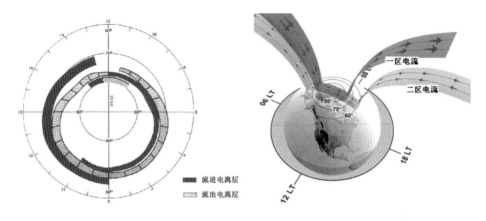

图4-10　Ⅰ区、Ⅱ区场向电流空间分布图(图片来源：Iijima和Potemra，1976)

场向电流相反的极尖区电流，极尖区电流又称Ⅲ区场向电流。后来又观测到，当行星际磁场方向由南变北，且具有很大幅度的改变时，在Ⅰ区场向电流更向极向的高纬位置，存在一个稳定的、大尺度的场向电流系统，这个电流的大小可与Ⅰ区电流的大小相比较，在某些情况下，电流强度、电流密度和总电流会大于Ⅰ区场向电流。这个电流被称为NBZ电流或0区场向电流，电流方向与Ⅰ区场向电流方向相反，此电流大概出现于白天正午。

　　通过卫星观测资料，发现Ⅰ区场向电流和Ⅱ区场向电流的变化规律有所不同：Ⅰ区场向电流的电流强度与亚暴活动密切相关；Ⅱ区场向电流则与亚暴引起的极区电急流活动有关。我们知道，场向电流贯穿于电离层—磁层的整个空间范围，所以Ⅰ区场向电流和Ⅱ区场向电流对应着磁层中不同的区域，通常认为Ⅰ区场向电流沿磁力线与较远的磁尾等离子体片电流相连，Ⅱ区场向电流与离地球较近的部分环电流相连。人们对场向电流如何与磁尾电流形成回路有不同的看法。比如有人认为，Ⅰ区场向电流与西向部分环电流相连，Ⅱ区场向电流与东向环电流相连。总之，极区电离层的场向电流是连接电离层和磁层电流体系的重要纽带，一直以来被作为电离层—磁层耦合研究中的重点问题。

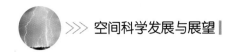

3.3 极区电离层中的现象

电离层中漂浮着各种尺度的电离层不规则体。D区中的不规则体常使电波吸收加剧。E区中的Es层也是一种常见的不规则体。F区内的不规则体有沿磁力线伸展的现象。频高图上的扩展F现象、射电星及卫星信号闪烁都是F区内的不规则体所引起的。在极区，通过磁力线的电离输送过程及太阳微粒流的作用，D层和E层即使在夜间也存在，有时甚至很强。扩展F几乎整天存在，Es层则主要在夜间出现。

太阳质子事件期间，因为高能粒子增多，D区电离增强，在磁扰时会有极盖吸收事件；伴随极光面活动，常有极光带吸收事件发生，在磁暴期间极光带吸收事件的范围是向南扩展的。此外，能量大于20 keV的电子可引起电离层100 km以下区域电离度增加并影响无线电波传播，称之为电离层亚暴。其主要出现在极盖区，表现与太阳质子引起的极盖吸收事件类似，差别在于它不是在整个极盖较均匀地出现，而是沿着极光卵的形态极其复杂的电离层扰动。

3.3.1 极光带吸收

来自太阳扰动区的低能粒子流进入极区上空，使极光带或者比它略宽的环带（宽6°~15°）内低电离层电离增加而引起碰撞增加，高频电波被强烈吸收。这时常伴随出现地磁场扰动和极光现象，在太阳活动峰年过后的两三年内它的出现最为频繁。

3.3.2 极盖吸收

极盖吸收是太阳扰动或磁层亚暴时所产生的高能粒子沿地球磁力线沉降在极区高层大气中，使磁纬64°以上的极盖地区上空电离层D层的电离强烈增大，致使高频电波被强烈吸收而中断。它通常在形成太阳质子耀斑后几十分钟到几十小时以后才发生，这时不一定出现地磁场扰动和极光现象。持续时间通常为1~3天，最长可达10天之久，在太阳活动峰年频繁发生。在磁层亚暴主相期间，与粒子沉降相伴的强电场和电急流，使极区电离层发生极复杂的热力学扰动、电磁场扰动和磁流动力扰动，并能波及全球电离层。

3.3.3 电离层行扰

电离层行扰是暴时极区电离层激发的、向赤道方向以600~700 m/s的速度水平传播的大气重力波扰动，周期为半小时至几小时，东西向水平尺度可达几千千米，传播上千千米后波形变化不大。它可发生使F_2层偏离正常值20%~30%的扰动，严重改变无线电波的传播环境。一般认为从低层向上传播到F层的重力波可能对这种大尺度扰动的出现起重要作用。极区大量的粒子沉降也是可能的原因之一。

3.3.4 极盖辉光

极盖辉光是太阳宇宙线中具有1 MeV以上的高能质子在极盖区高层大气激发的光辐射。它与极区无线电波的强烈吸收有关。这种光可从磁极延伸到磁纬60°，呈现出弥散状光面或光斑。

4 电离层上行粒子

电离层上行粒子是电离层的重要现象，也在磁层—电离层耦合过程中起着重要的作用。电离层上行粒子主要包括上行离子和上行电子。

4.1 电离层上行离子

20世纪70年代以前，人们认为地球磁层中的离子来自太阳风，主要成分为H^+和He^{+2}，还有高荷电态的重离子O^{+5}和O^{+6}等。20世纪70年代中期，Shelley等人（1972）首先发现地球磁层中存在着来自电离层的重离子O^+。

多年来，人们已经发现，在地球磁层的各个区域中，如等离子体片和

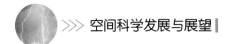

环电流区，等离子体幔和磁瓣区，向阳面磁层顶，日下点边界层和相邻的磁鞘等区域都存在着来自电离层的H^+、He^+、O^+及少量的N^+、N_2^+、NO^+和O_2^+离子。磁层中不同区域的上行离子，主要来自极区电离层。其源区可分为极光带源区、极盖源区、极隙（极尖）源区和极风源区，还有的是从低纬区电离层中受磁场和电场的作用而直接升入磁层的。观测还发现，磁层中电离层离子不仅受地磁活动的影响，还受太阳活动的影响。

4.1.1 上行离子的源区

大量的卫星观测资料表明，磁层中来自电离层的离子源区在极区电离层。按照上行离子的能量分布函数以及它们起源的不同位置，电离层源区可划分为四个不同的区域。这四个区域是极光带源区、极隙（极尖）源区、极盖源区和极风源区。在这四个不同的源区中，离子的能量状态、离子的成分以及上行离子的总通量和通量密度都是不同的。

4.1.1.1 极光带源区

极光带源区是一个重要的上行离子源区，该区域位于极光带上，磁地方时（MLT）9:00~15:00一段除外。该区域中上行离子的主要成分为H^+离子和重离子O^+，还有少量的He^+离子。S3-3卫星定量地确认，该区域中上行离子的能量为几百电子伏到千电子伏的量级。DE1（动力学探险者1号卫星）的观测数据显示，极光带源区上行离子有很强的总通量，其量级在10^{25} ions/s。卫星观测资料分析还表明，极光带源区上行离子的通量密度在$2×10^8$ ions/(cm²·s)以上。Wahlund等人（1992）曾报道了在极光活动期间，在900~1 500 km高度范围内，上行离子通量密度高达$2×10^{10}$ ions/(cm²·s)的事件。

Yau等人（1985）对卫星的观测资料进行了模拟分析，结果为极光带区上行离子的通量密度呈现出随磁纬变化的高斯分布，分布的宽度为1/e，其最大值随磁地方时的不同而有所不同。根据模拟结果，极光带源区的上行离子平均投掷角在磁宁静时为120°，在磁扰动期间为130°。

4.1.1.2 极隙（极尖）源区

上行离子的极隙（极尖）源区位于极光带上，磁地方时为9:00~15:00一段区域内，宽度约为4°。上行离子的主要成分为H$^+$和O$^+$，还有少量的N$^+$、O$_2^+$、N$_2^+$和NO$^+$等，其能量范围为2~20 eV，呈现出低能量特征。该区域具有较大的源区强度，离子具有单一能谱的特点。

在该区域，上行离子H$^+$和O$^+$通量可高达10^{25} ions/s的量级。次要成分N$^+$的通量约为10^{24} ions/s，其他离子，如O$_2^+$、N$_2^+$和NO$^+$等分子离子，通量都小于10^{23} ions/s。

就通量密度而言，H$^+$和O$^+$都可达10^8 ions/(cm^2·s)，其他成分较之低一个量级以上。

这一区域面积较小，但源区强度较大。从这一区域起源的离子，被称为极隙（极尖）区上喷离子。上喷离子从该源区出发，在向磁层传输越过极盖区过程中，由于离子的质量不同，要受"地磁质量分离"作用的影响，即由于受垂直于磁场方向上电磁力和近乎平行于磁场方向上重力的影响，较轻的离子上喷的路径较直，较重的离子上喷路径向夜晚侧弯曲，且质量越大，弯曲程度越大。如图4-11所示，上行离子在向磁层传输过程中，质量最轻的H$^+$的路径弯曲最小，而质量大的离子O$^+$的路径弯曲较大，He$^+$的路径位于H$^+$和O$^+$之间。上行离子路径弯曲的程度还受地磁活动的影响，Kp指数越大，路径弯曲越大，图4-11显示了两个不同的O$^+$路径是在不同的地磁活动下的路径。

4.1.1.3 极盖源区

上行离子的极盖源区为极圈内开放的磁力线区。上行离子的主要成分为H$^+$和O$^+$，能量范围为10~100 eV，属于低能离子。由于该区域面积较大，上行离子的总通量仍可达10^{25} ions/s，其通量密度约为2×10^8 ions/(cm^2·s)。

4-11　地磁质量分离示意图(图片来源:ESA http://sci.esa.int/cluster/43320-illustration-of-ions-flowing-out-from-the-polar-cap-towards-the-magnetotail/)

Shelley等人（1982）对极盖区观测到的离子流事件进行质量分析表明，3 eV的O⁺起支配作用，整体速度为24 km/s，其中H⁺成分仅为10%，通量小于O⁺通量的1%。他们认为，H⁺比率小、通量密度低的原因是卫星的低能阈值造成的，降低这一极限值，H⁺的比率和通量密度都会增加。

观测资料分析结果还认为，因为极盖区主要是开放的磁力线区，所以从极盖区上行的H⁺和O⁺主要是沿磁力线传输到地球磁尾的磁瓣区。

4.1.1.4 极风源区

上行离子的极风源区位于纬度大于51°的极区，极风源区与极光带源区，极隙（极尖）源区和极盖源区相重叠。上行离子的主要成分为H⁺，能量约为eV量级。极风源区具有相当大的面积，上行离子的总通量可达10^{25} ~10^{26} ions/s的量级。卫星在极风源区也观测到了总通量高达10^{26} ions/s的上行离子事件，其通量密度为10^{7}~10^{8} ions/(cm²·s)。

在极风源区中，O⁺的密度仅为H⁺密度的千分之一。

由以上分析可清楚看出，在这四个不同源区中，上行离子的特征是不相同的。但作为一个整体来看，又具有统一性，即上行离子的通量密度呈现出随磁纬的高斯分布。

表4–1给出了不同源区（极光带源区、极隙（极尖）源区、极盖源区、极风源区）上行离子的特征，其中包括各源区的位置，上行离子的主要成分和次要成分、能量、总通量和通量密度等。总体来看，上行离子在电离层源区呈低能量状态。

图4–12为根据卫星观测数据模拟的极区上行离子四个源区的示意图。

表4–1　不同源区上行离子的特征

源区	极光源带	极隙（极尖）源区	极盖源区	极风源区
位置	900~1500除外	900~1500	磁纬>82°	磁纬>51°
主要成分	O^+, H^+	He^+, O^+	H^+, O^+	H^+
能量/eV	10~10 k	2~20	10~100	约几个
通量/ions·s^{-1}	约10^{25}	>10^{25}	约10^{25}	≤10^{26}
通量密度/ions·cm^{-2}·s^{-1}	2×10^8	约2×10^8	约2×10^8	10^7~10^8

图中的同心圆为不同的纬度圈，最外侧为磁纬52°圈，磁地方时在图中已明确标出。图中上排两图对应于磁宁静条件，下排两图对应于磁活动条件。在每一幅图中，轻灰度区为上行离子的极盖区，灰度区为极光带源区，黑度区为极隙（极尖）源区，磁纬大于51°的区域都为极风源区，即整个区域都为极风源区，极风源区与其他源区重叠，只是上行离子的特性不同而已。

4.1.2 上行离子随地磁活动和太阳活动的变化

4.1.2.1 上行离子随地磁活动的变化

随着地磁活动指数的变化，上行离子特性也随之变化，其能量、上行总通量及通量密度、在磁层各区域中的密度和相对密度、与太阳风相平衡产生的界面即地顶的位形及其地心距离、离子的压力分布和投掷角分布等都在变化。

随着地磁活动指数Kp的增大，在电离层的极光带源区，上行离子的

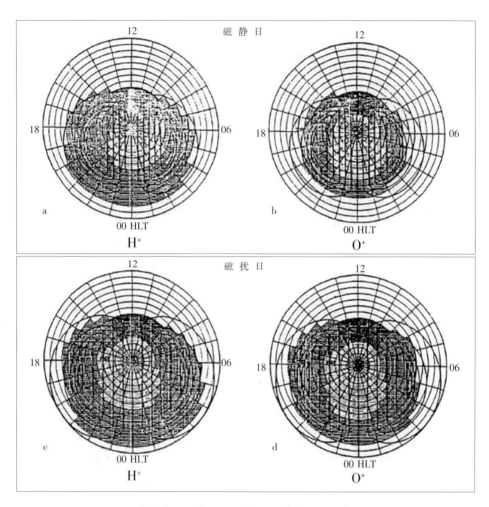

图4-12　上行离子四个源区示意图(图片来源:You等人,1985)

通量密度和总通量都有所增加，Collin等人（1984）研究分析了能量为
500 eV~16 keV范围内的H^+和O^+的上行总通量，发现这两种离子的总通量
都随Kp的增大而成倍变化。

对观测资料的研究还发现，10 eV~16 keV的极光带区上行离子通量密
度的最大值也随Kp发生变化。对于O^+，通量密度的最大值可增大数倍，对
于H^+，通量密度的最大值可增加一个量级。在地磁宁静期间，一般观测到

的上行离子的通量密度在$1×10^8$ ions/(cm²·s）左右，而在地磁活动期间，可达10^{10} ions/(cm²·s）的量级。

在磁层中，电离层离子的成分、相对密度也都随Kp指数而发生改变，大多数观测事件都是在地磁活动的条件下观测到的。一些研究中还发现地磁活动期间O^+平均能量降低的现象。

4.1.2.2 上行离子随太阳活动的变化

上行离子的习性在太阳活动周年中呈现出规律性的变化，同时还随着太阳的远紫外（EUV）辐射和太阳F10.7射电辐射而变化。

对GEOS2卫星的观测资料分析表明，能量范围为100 eV~16 keV的O^+，在太阳活动周中局部密度可变化14倍，且还具有27天的周期变化。DE1卫星对能量范围为10~50 eV的上行离子观测发现，在太阳活动最大期间，O^+的通量在磁静日与磁扰日之间变化较大，而H^+变化较小。许多研究结果显示，无论是在太阳活动高年还是在太阳活动低年，在地磁宁静期间，进入磁尾等离子体片区的电离层的离子H^+和He^+较多，进入的O^+较少；在地磁活动期间，进入磁尾等离子体片区的电离层离子H^+和He^+较少，进入的O^+较多。就总离子数而言，无论是在太阳活动高年还是太阳活动低年，地磁宁静期间，进入磁尾等离子体片区的电离层离子较少；地磁活动期间，进入磁尾等离子体片区的电离层离子较多。

上行离子O^+还随着太阳远紫外（EUV）的增强而增加，其主要原因是由于太阳的远紫外辐射使得热层加热，从而使电离层O^+产生率增加。研究还发现，当太阳EUV通量从最小到最大变化时，O^+的上行通量急剧变化，而H^+的变化则是辨别不清的。

Lennartsson（1988）发现磁尾等离子体片中的O^+和He^+随太阳射电辐射F10.7指数的增大而强烈地增加，而能量却稍有下降。

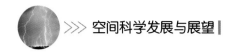

空间科学发展与展望

4.2 电离层上行电子

20世纪70年代末，卫星观测首次在极光带的黄昏段和午夜段观测到上行电子，研究显示上行电子在极光带整个区域都非常普遍，发生率为79%。Burch等人（1983）利用DE1卫星在1 Re高度范围的极尖区观测到大量的上行电子。之后人们就开始关注极区上行电子，并得到了大量的观测和理论结果。研究内容主要集中于极区电子的观测、电子加速的讨论以及与场向电流的关系。

对极尖区和极光带的观测都显示上行电子的能量一般都低于400 eV，而极光带电子的最大通量范围很广，一般在$10^9/(cm^2 \cdot sr \cdot s \cdot keV)$，最大可以达到$10^{11}/(cm^2 \cdot sr \cdot s \cdot keV)$。还有研究指出电子上行事件同时会伴随着磁场的衰减。

以前在场向电流区域观测到横向运动的离子，便认为离子是场向电流的载体。后来在下行场向电流的区域观测到同时存在上行电子，电子也是场向电流的重要载体。许多研究根据观测和计算指出上行电子是向下的场向电流的主要载体。

电离层内的电子只有约1 eV，而磁层内观测到的上行电子可以达到兆电子伏量级。一般认为电位降是电离层起源的电子加速并成为载流子的主要原因。一些研究还指出，共振加速机制和波粒相互作用也可能是电子加速的原因。

还有研究指出，极区上行电子的习性会随着地磁活动不同而不同。相比较磁场宁静期间，磁扰期间观测到上行电子的密度和通量都会增加。Pedersen等人的研究还指出上行电子密度的增加与太阳风有密切的关系。

254

5 极光

极光（aurora，polar light，northern light）是一种五彩缤纷并且形状不一的绮丽之光，在自然界中还没有哪种现象能与之媲美。极光出现于星球南北两极附近的高空，夜间常会出现灿烂美丽的光辉。它们忽明忽暗地轻盈飘荡，同时发出红、蓝、绿、紫等光芒。极光有时出现时间极短，犹如节日的焰火在空中闪现一下就消失得无影无踪，有时却可以在苍穹之中辉映几个小时。极光一般呈带状、弧状、幕状和放射状，这些形状有时稳定有时做连续性变化。

5.1 极光的发现及研究历史

极光的观测有着悠久的历史。早在2 000多年前，中国就有丰富的关于极光观测的记录。中国有位皇太后这么形容极光，"在北斗七星的周围，有一个光芒万丈的光环"。在古罗马时代，人们则相信极光是勇士战死后仍争斗不息的刀光剑影。中古世纪的欧洲大陆充满瘟疫与灾难，出现在欧洲上空的极光，造成人们的恐慌，他们冲出家门，对着极光发出痛苦的哀号，并同时祈求上帝的宽恕。在这些没有科学的年代，对极光的解释依附在现实生活的层面，就像是观天象用来测验人间甘苦。

在19世纪中叶以前，极光一直被认定为极地空气中的小冰片反射太阳光而形成的。然而一位瑞典的科学家提出了一个想法：如果极光真的是由小冰片反射太阳光形成的，那么如果拿棱镜去分析极光，必定可以将它折射成七个色光。分析结果确定它并不是被反射的太阳光。另一方面，极光的光谱却和一些气体在极高电压下放电的光谱有不少相似之处。

18世纪中叶，瑞典一家地球物理台站的科学家发现，当该台观测到极光的时候，地面上罗盘的指标会出现不规则的方向变化，变化范围有1°之多。与此同时，伦敦的地磁台也记录到类似的这种现象。由此他们认为，

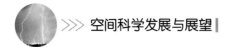

极光的出现与地磁场的变化有关。

过去的有些理论被用来解释极光现象，但现在都已经过时了。例如下面的几点：

（1）Franklin（1700）的理论：神奇的北极光是浓稠的带电粒子和极区强烈的雪及其他湿气作用造成的。

（2）极光的电子来自太阳发射的光束。这是Birkeland在1900年提出的说法。Birkeland在实验室用真空室和磁化的地球模型，显示电子是如何被引导至极区的。这个模型的问题包括本身缺乏在极区的极光、负电荷本身自行散射这些光束，而且在近期内仍然缺乏任何太空中的观测证据。

（3）极光是辐射带溢出的，这是Van Allen和工作伙伴大约在1962年首先提出的。他们指出在辐射带内获得的巨大能量很快就会在极光的漫射中耗尽。不久之后，很明显地陷在辐射带内的都是高能的带正电离子，而在极光内几乎都是能量较低的电子。

（4）极光是太阳风中的粒子被地球磁力线引导至大气层顶端造成的。这适用于极光的尖点，但在尖点之外，太阳风没有直接的作用。另一方面，太阳风的能量主要都留在带正电的离子上，电子只有0.5 eV，而在尖点上会上升至50~100 eV，这仍然远低于极光的能量。

5.2 极光的产生机制

随着科技的进步，极光的奥秘也越来越为我们所知。原来，这美丽的景色是太阳与大气层合作表演出来的作品。极光是地球周围的一种大规模放电的过程。它是由来自地球磁层或太阳的高能带电粒子流（太阳风）注入高层大气时撞击高层大气中的分子或原子激发（或电离）而产生的。经常出现的地方是在南北纬度67°附近的两个环带状区域内，阿拉斯加的费尔班（Fairbanks）一年之中有超过200天的极光现象，因此被称为"北极光首都"。

极光产生的条件有三个：大气、磁场和高能带电粒子，这三者缺一不可。来自上空的高速电子撞击电离层中的原子、分子或者离子，把它们打成激发态（通常必须是一个高能阶的准稳态），等一段时间后，它们会自动的跳回基态（或较低能阶的准稳态），放出一定波长的光，这就是极光。极光的颜色和强度取决于沉降粒子的能量和数量。用一个形象比喻，可以说极光活动就像磁层活动的实况电视画面。沉降粒子为电视机的电子束，地球大气为电视屏幕，地球磁场为电子束导向磁场。科学家从这个天然大电视中得到磁层以及日地空间电磁活动的大量信息。例如，通过极光谱分析可以了解沉降粒子束来源、粒子种类、能量大小、地球磁尾的结构，地球磁场与行星磁场的相互作用，以及太阳扰乱对地球的影响方式与程度等。

被释放的能量由被碰撞粒子的种类决定，这样就看到在特定波长的颜色上发光。例如，最常见的浅绿色幕状极光是氧原子发出波长558 nm的光造成的。明亮幕状极光的下端也有在高度90~100 km被染成粉红色的，而这是由氮分子发出波长570~770 nm的光造成的。另外，引起大的磁暴时，在日本北海道等地会看到像火山喷发那样红的极光，则是氧原子发出波长630 nm的光形成的。

极光往往同时在北极和南极区域出现，其出现的地点由地磁场线连接，这种联系预计也许会将两个极光的图案、位置和时间关联起来。2001年5月12日，两个地球观测飞船"IMAGE"和"Polar"处在对两极同时进行观测的较好位置，当时对南极来说是黄昏，对北极来说是黎明。此次科学家对观测获得的图片所提供的清楚证据分析得出，两个极光可以是不对称的，通常认为北极光（发生在北半球）和南极光（发生在南半球）是互为镜像的观点并非正确。两个极光的这种不对称性可能是由于导电性差异而产生的半球间电流引起的。

太阳系的其他行星，只要具备大气、磁场和太阳风这三个条件，如木星、土星和水星周围也会产生极光。火星虽然也有磁场、大气，但是其磁场微弱，所以极光并不明显。图4-13为太阳系中行星的极光。

5.3 极光的特性

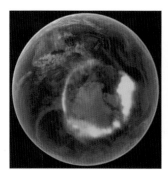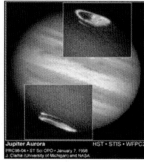

4-13　太阳系中行星的极光

（图片来源：NASA http://earthobservatory.nasa.gov/IOTD/view.php?id=6226）

5.3.1 极光的位置

极光是由来自太阳活动区的带电高能粒子流（可达10 000 eV）使高层大气分子或原子激发或电离而产生的。由于地磁的作用，这些高能粒子转向极区，故极光常见于高磁纬地区。地球上极光最常见的地方是在地磁纬度65°~75°的面包圈状地区，该地区被称作"极光带"。在地磁纬度45°~60°的区域称为弱极光区，地磁纬度低于45°的区域称为微极光区。

极光发生在70~1 000 km的高度范围内，在背阳侧主要出现范围为100~150 km的高空，在向阳侧主要为200~450 km范围内，在极端情况下可达1 000 km以上。极光带在北半球是从西伯利亚的北极海侧起经斯堪的纳维亚半岛以北，格陵兰的南端穿过哈德逊湾，再从加拿大的北部穿过阿拉斯加的正中这一地区。在南半球有同样的极光带，恰好是围着南极大陆转一圈。

但是，在某个瞬间，极光并不覆盖整个极光带。清晰明亮的极光大多发生在半夜，极光在夜里比白天更趋活跃。

5.3.2 极光卵

如果从数万千米上空的人造卫星拍摄实际的极光，就会发现极光并不是相对磁极成同心圆状分布，而是以呈椭圆形状分布，白天会偏向高纬区域，晚上则偏向低纬区域出现，这个区域被称作"极光卵"。

极光卵的方位不随地球旋转，相对太阳不变。极光卵在南、北半球都各有一个，它本身呈不对称，在中等磁扰期间，卵的中心在背阳面离磁极约23°~25°，在向阳面离磁极15°。宁静条件下极光弧沿卵边展开，卵的内部，除磁极周围外，极光比较少见。卵的大小随地磁活动而定，磁扰期间向赤道方向扩展，背阳面可以扩展到磁纬60°甚至更低。极光卵可以分为质子卵和电子卵，一般情况下两者大部分重叠。

5.3.3 极光亮度

极光形体的亮度变化也是很大的，从刚刚能看得见的银河星云般的亮度，一直亮到满月时的月亮亮度。在强极光出现时，地面上物体的轮廓都能被照见，甚至会照出物体的影子来。

极光亮度是评价极光强弱的光学单位。大气对极光在可见光区发出的光吸收很少，肉眼看到或仪器探测到的极光表面亮度与发光体厚度成正比，即与单位体积沿视线积分的发射成正比。若I表示某一方向的表面亮度，$4\pi \cdot I$便是单位横截面的气柱发射亮度，取10^6 ions/(cm^2·s·sr)为计量单位，称为"瑞利"（R）。一般极光在垂直方向为10^3 R，在水平方向为1.5×10^4 R。

5.4 极光的周期变化

极光有明显的11年周期，在太阳黑子极大值与极小值附近的发生频率之比约为5:1，但极光活动极大值与太阳黑子极大值相比有1~2年的时间延迟。

极光有季节效应：春秋分时达到极大值，中冬和中夏时达到极小值。在中磁纬极大值与极小值的滑动频率之比小于2；在低磁纬两者之比大于2。春、秋两个极小值之间无明显区别。强极光有27天重现周期。

5.5 极光的不同分类

极光的种类繁多，按极光的颜色可以分为白绿色极光、青蓝色极光、红色极光和粉红色极光，如图4-14所示。白绿色极光是当打入电子的能量不太高时，将高层氧原子打成激发态氧原子O（1S），此O（1S）回到基态O（3P）便发出白绿色的光（波长5 577×10^{-10} m），这是最常见的极光的颜色。当一般强度的亚暴发生时，打入电离层的电子能量较高，可将较下层氮分子打至不稳定的游离激发态，当此激发态回到基态便放出青蓝色的光（波长为4 278×10^{-10} m）。因此在一般强度的亚暴发生时，可以看见北极光如青龙般在极区夜空盘旋飞舞，同时向北方漂移。当打入的电子能量非常

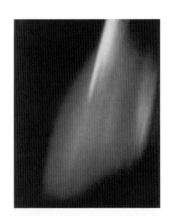

图4-14 极光的色彩

高时，即超强的亚暴发生时，电子得以深入底层电离层，将下层的氧分子打成激发态氧原子O（1D），然后放出红光（波长为6.3×10^{-7} m）而回到基态O（3P）。粉红色极光是由高层大气中氢原子被高速电子打到激发态而后跳回基态所放出的光。

按极光的变化还可以分为流动状极光、脉动状极光、火焰状极光和闪变状极光。在许多情况下，一种极光形式在移动的过程中突然增亮，然后变弱，几秒钟后强度又增加十倍甚至十几倍，接着又变弱，这种增亮变弱交替出现的极光形式称作"流动状极光"。脉动状极光是指亮度上具有准周期变化的极光，它大体上是均匀的暗弱极光或泛布的弥散状光斑，这种极光在地磁子夜之后比较典型，但在黄昏时也可发生。脉动状极光通常肉眼可见。火焰状极光是一种特殊的极光脉动，它出现时发光波扫向磁天顶，水平向的弧状发光区沿磁力线很快向上移动，速度达80~300 km/s。闪光状极光是一种亮度变化不规则，但变化却很快，犹如被闪耀着的火焰照射着的极光。

按激发粒子类型可分为电子极光和质子极光。电子极光是电子注入地球高层大气时激发的极光，电子极光具有弧、带、射线、光斑等不同形式，常呈脉动状光辉。质子极光是高能质子注入地球高层大气时激发的极光，呈微弱的弥散状光带，肉眼不易看见。

极光按形态可分为宁静均匀的光弧或光带、长度变化很大的射线状极光、弥散状或不规则的极光和大尺度均匀的极光，如图4-15所示。

弧状极光　　　　　　　　　　　　　　　带状极光

片状极光　　　　　　幕状极光　　　　　　　射线状极光

图4-15　极光的形态

（图片来源：AEEA天文教育资讯网http://aeea.nmns.edu.tw/geo_home/geo97/new_page_42.htm）

参考文献

[1] 拉特克利夫 J A. 电离层研究五十年[M]. 武汉大学空间物理系，译. 北京：科学出版社，1983.

[2] 焦维新. 空间天气学[M]. 北京：气象出版社，2003.

[3] 刘振兴，等. 太空物理学[M]. 哈尔滨：哈尔滨工业大学出版社，2005.

[4] 吕保维，叶永恒，刘振兴. 空间物理学进展：第三卷[M]. 北京：科学出版社，2001.

[5] 涂传诒，等. 日地空间物理学：行星际与磁层上、下册[M]. 北京：科学出版社，1988.

[6] 熊年禄，唐存琛，李行健. 电离层物理概论[M]. 武汉：武汉大学出版社，1999.

[7] 徐文耀. 地球电磁现象物理学[M]. 合肥：中国科学技术大学出版社，2009.

[8] 叶永恒，吕保维. 空间物理学进展[M]. 成都：四川科学出版社，1988.

[9] Birkeland K. The Norwegian Aurora Polaris Expedition[M]. 1908：1902–1903.

[10] Booker H G, Wells H W. Scattering of radio waves in the F region of the iono-

sphere,Terr. Magn. Atmos. Electr. ,1938,43(3):249‑256.

[11] Bostrom R. A model of the auroral electrojets [J]. J. Geophys. Res. ,1964(69:
4983.

[12] Breit G,Tuve M A. A radio method of estimating the height of the conducting
layer,Nature,Lond. 1925:116,357.

[13] Burch J L,et al. Upward electron beams measured by DE‑1: a primary source of
dayside region‑1 Birkeland currents[J]. J. Geophys. Res. ,1983,10(8):753‑756.

[14] Chapman S. An outline of a theory of magnetic storms [J]. Proc. Roy. Soc. Lon-
don,A,1919:61‑93.

[15] Chapman S. The absorption and dissociative or ionizing effect of monochromatic
radiation in an atmosphere on a rotating earth[M]. London:Proc. Phys. Soc,1931:
26‑45.

[16] Collin H L,et al. The magnitude and composition of the outflow of energetic ions
from the ionosphere[J]. J. Geophys. Res. ,1984,89(A4): 2185‑2194.

[17] Dungey J W. Convective diffusion in the equatorial F region [J]. J. Atmos. Terr.
Phys. ,1956:9,304.

[18] Fleming J A. The principles of electric wave telegraphy[M]. London:Longmans
green,1906:671.

[19] Guass C F. General theory of terrestrial magnetism,English translation in Scien-
tific Memoirs,(ed. R. Taylor),vol. 2,1939:184‑251.

[20] Hartree D R. The propagation of electromagnetic waves in a refracting medium
in a magnetic field[J]. Proc. Cambridge Phil. Soc. ,1931:27,143‑162.

[21] Heaviside O. Telegraphy,Encyclopaedia Britannica[J]. 10th Edition,1902:33,215.

[22] Hulburt E O. Ionization in the upper atmosphere [J]. Proc. IRE,1928:16,174‑
176.

[23] Iijima T,Potemra T A. The amplitude distribution of field‑aligned currents at
northern high latitudes observed by Triad [J]. J. Geophys. Res. ,1976(81):
2165‑2174.

[24] Kelley M C. The Earth's Ionosphere: Plasma Physics and Electrodynamics[M],
Academic Press Inc. ,San Diego,California,1989.

[25] Kennelly A E. On the elevation of the electrically conducting strata of the Earth'

s atmosphere[J]. Electrical World and Engineer,1902;39,473.

[26] Lennartsson W. Energetic (0. 1 to 16keV/e)magnetospheric ion composition at different levels of solar F10. 7[J]. J. Geophys. Res. ,1988;87,10536.

[27] Martyn D F. Atmospheric Tides in the ionosphere. I. Solar tides in the F2 region [J]. Proc. R. Soc. Lond. A,1947;189,241–260.

[28] ReberG. World–wide spread F[J]. J. Geophys. Res. ,1956;157 – 164.

[29] Schunk R W,Nagy A F.Ionospheres: physics,plasma physics,and chemistry[M]. Cambridge: Cambridge university press,2009.

[30] Schuster A. The diurnal variation of terrestrial magnetism [J]. Phil. Trans. R. Soc,1908,A208,163–204.

[31] Shelley E G,et al. Satellite observations of energetic heavy ions during a geo-magnetic storm[J]. J. Geophys. Res. ,1972,77(31): 6104–6110.

[32] Shelley E G,et al. The polar ionosphere as a source of energetic magnetospheric plasma[J]. Geophys. Res. Lett. ,1982;9(9): 941–944.

[33] Shi J K,et al. Relationship between strong range spread F and ionospheric scin-tillations observed in Hainan from 2003 to 2007 [J]. J. Geophys. Res. ,2011: 116,A08306.

[34] Shiokawa K,et al. Ground and satellite observations of nighttime medium–scale traveling ionospheric disturbance at midlatitude[J]. J. Geophys. Res. ,2003;108 (A4),1145.

[35] Stewart B. Aurora Borealis,in Encyclopaedia Britannica[J]. 9th Edn. ,1882;36.

[36] Taylor J E. Characteristics of electric earth–current disturbance,and their origin, Proc[J]. Phys. Soc. (London),LXXI,1903;225.

[37] Wahlund J E,et al. EISCAT observations of topside ionospheric ion outflows during auroral activity: Revisited [J]. J. Geophys. Res. ,1992,97 (A3): 3019–3037.

[38] Watson G N. The transmission of electric waves round the earth [J]. Proc. Roy. Soc. Ser. A,1919;95,546–563.

[39] Yau A W,et al. Energetic auroral and polar ion outflow at DE 1 altitudes: Mag-nitude,composition and magnetic activity dependence and long– term variations [J]. J. Geophys. Res. ,1985,90(A9): 8417–8432.

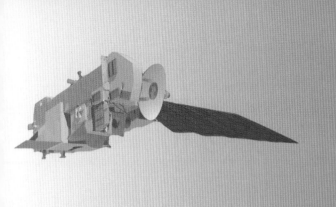

第五章
追风掣电识大气

1 概论

　　大气指包围地球的空气总体。它是地球上一切生命赖以生存的重要物质条件之一。大气总质量约$5.3×10^{18}$ kg，约占地球总质量的百万分之一。由于地心引力的作用，大气质量的90%聚集在离地表15 km高度以下的大气层内，99.9%在48 km以下。在2 000 km的高度以上，大气极其稀薄，逐渐向星际空间过渡，无明显上界。由于地球表面接受太阳辐射的不同以及地球表面的性质不同（如海陆分布、地形起伏、植被等）等原因，大气的成分、物理性质和运动状态都存在着地区性的差异，且垂直方向的变化比水平方向的变化要剧烈得多。

1.1 大气成分

　　地球大气的主要成分是氮气（N_2）和氧气（O_2），分别占78%和21%，其次是惰性气体Ar，占0.93%。其余是二氧化碳（CO_2）、氖（Ne）、氦（He）、氪（Kr）、氙（Xe）、氢气（H_2）、臭氧（O_3）等，这些气体加起来大约占0.04%（如图5-1所示）。这个比例大致维持到90 km高度。但在热层，那里的基态氧原子O（^3P）数量很大，其浓度接近和超过N_2和O_2，在高层大气有时也把O（^3P）称为主要成分。图5-1给出了各种大气成分的高度

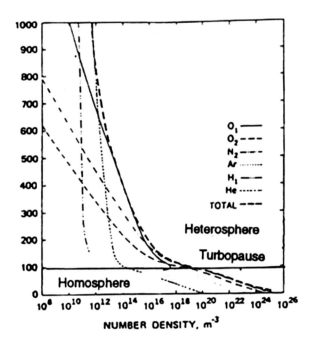

图 5-1 各种大气成分的高度剖面

（图片来源：http://www.fas.org/irp/imint/docs/rst/Sect14/Sect14_1a.html）

剖面。

高层大气成分包括主要成分和次要成分。在500 km以下，主要成分是分子和原子形式的氧和氮；在大约500 km以上，主要成分是氦和氢。次要成分在数量上虽然很少，但所起的作用远远超出它们的数量。次要成分包括臭氧、一氧化氮、氯、二氧化碳和水蒸气。另外，流星把金属原子引入高层大气，每天进入地球的质量高达44 t。这些金属成分，例如钠、钙、铁和镁等，被电离之后在低电离层和高层大气物理过程中都有明显作用。

1.2 大气温度结构

根据地球大气的热力学性质及大气温度随高度的分布特点（如图5-2所示），大气圈由地面向上可分为对流层（troposphere）、平流层（stratosphere）、中间层（mesosphere）、热层（thermosphere）。在热层以上，中性分子有向星际空间逃逸的现象，常称为外逸层（Exosphere）。中高层大气通常是指高度在20~500 km范围的大气层，包括平流层大部分、中间层和热层，有时也指垂直范围更高的大气层。

图5-2给出对流层至低热层大气温度随高度分布的平均状态。太阳辐射主要加热地面，地面的热量通过传导、对流、湍流、辐射等方式再传递给大气，因而对流层内接近地面的大气温度较高，远离地面的大气温度较低。在平流层，气温随高度增加而增加，这是由于O_3吸收太阳紫外辐射使大气加热，H_2O、CO_2、O_3等红外辐射冷却使大气降温，两者相互作用所建立的热平衡，决定了平流层内的温度垂直分布情况。中间层的气温是随高度增加而递减的，在中间层顶，温度降至最低，约190 K，在夏季中高纬

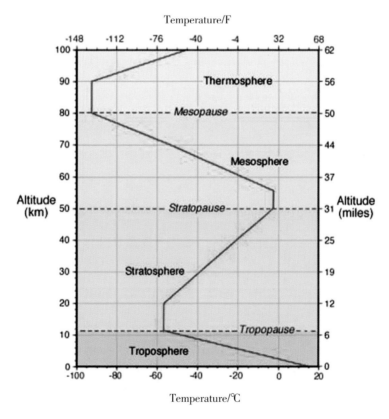

图 5-2　对流层—低热层大气温度垂直剖面
（图片来源：http://www.eoearth.org/view/article/150295/）

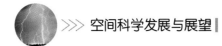

度中间层的气温可以降到大约140 K。这是由于中间层中的太阳辐射加热减少所致。另外，氮、氧等气体所能直接吸收的波长更短的太阳辐射，大部分已被上层大气吸收，所以中间层内温度类似于对流层的情况，随高度的增加而迅速递减。此外，行星波、内重力波（包括大气潮汐）和湍流热传导等动力加热，在极光带附近还有高能粒子沉降加热，对该层气温也有一些影响。中间层的温度分布导致层内有相当强烈的垂直对流。在中间层顶高度（80~90 km）全球温度梯度分布存在"倒置"，即该高度上夏季半球的温度低于冬季半球的温度。

中间层顶以上为热层。从热层底部向上，大气温度迅速增加。其原因是这里的大气几乎吸收了波长短于175.0 nm的全部太阳紫外辐射，而辐射冷却源（H_2O、CO_2等）已极少了。

确定热层内温度垂直分布时，还必须考虑气辉辐射导致的能量损失以及热层底部大气中氧原子的红外辐射导致的冷却作用。其他热源还有电离层电流（包括极区电急流）的焦耳加热，低层大气通过各种波动向上输运的能量及磁层向下输运的能量也会对该层大气产生加热作用。在极区，太阳粒子的加热可超过紫外辐射的作用。因此，热层内的热量收支十分复杂。由于太阳远紫外辐射随太阳活动的变化较大，故热层温度结构也受太阳活动的支配，而且有明显的昼夜变化。温度垂直梯度消失的高度称为热层顶，其高度在300~500 km，但它随太阳活动有很大变化，很难确切地指出这一高度的位置。

1.3 大气风场结构

中高层大气（20~500 km）高度范围内的全球风场分布基本由温度分布决定，而全球温度分布又取决于净辐射驱动（net radiative drive，例如太阳加热与红外加热或冷却之和）与热传输和当地温度变化（动力学加热或冷却）的平衡。

净辐射加热的分布有很强的季节性：最大加热出现在夏季极区，最大冷却出现在冬季极区；在分点日，最大加热出现在赤道，冷却出现在两极。这种加热分布导致子午面的环流平衡，这个环流被称为"非绝热环流"。实际上，虽然子午面的环流是由辐射加热决定的，但并不是由辐射加热直接驱动的，而是由涡流运动直接控制的。具体来说，在至点日，非绝热环流由夏季极区上升经由子午圈下沉到冬季半球的气流所构成，但受科里奥利力的影响，使得沿子午圈的环流出现了东西分量，从而导致了冬季半球盛行西风，夏季半球盛行东风。在分点日，辐射加热产生的非绝热环流由赤道地区上升向两极运动，同样受科里奥利力作用使得两个半球都盛行西风。

1.4 季节变化

中高层大气风场的季节变化，如图5-3所示。冬季半球上空盛行西风，并在纬度45°、高度60 km处有西风的最大值。在夏季半球低空是西风，在高空盛行东风，在纬度50°和高度约70 km处有东风的最大值。

从图5-3中的左图看出中高层大气温度场的季节变化，位于80~100 km的中层顶，其夏季半球的温度低于冬季半球的温度，形成中层顶温度梯度

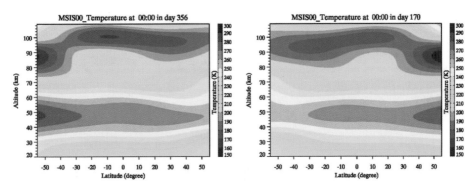

图5-3　中高层大气温度随纬度和高度的分布:1月份(左图),7月份(右图)
(由 Naval Research Laboratory Mass Spectrometer and Incoherent Scatter–NRLMSISE–00 模式得到)
(临近空间大气动力学模式,空间天气学国家重点实验室供稿)

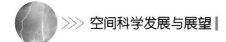

的"倒置"。夏季中层顶温度为100~140 K,冬季大约为180 K。中层顶是大气中最冷的区域。在北半球夏至时,中高层大气的全球温度随高度的分布如图5-3中的右图所示。

1.5 中高层大气研究的重要性

中高层大气虽然比较稀薄,但它却占有非常巨大的体积,在其区域内存在复杂的光化学和动力学过程,这些过程与人类的生存和发展密切相关。

从生态环境角度来看,主要存在于低平流层内的臭氧强烈地吸收了来自太阳的紫外辐射,保护着地球生物圈的安全。中层顶是整个地球大气中温度最低的区域(有时可以达到140 K),在这种低温条件下,水蒸气通过非均匀的核化过程产生冰晶粒子(夜光云),显著地改变地球大气的反射率,从而影响局部或全球的气候。由于地球海气系统的滞后效应,中高层大气的变化可能为低层大气的变化提供早期的警示信号。

从航天和军事方面来看,中高层大气是各种航天器的通过区和低轨航天器的驻留区,在其高度上的暂态结构对飞行器的安全与准确入轨具有重要影响。大气阻尼是航天器轨道最主要的摄动来源,也是航天器陨落的主要原因。大气中的氧原子能够对航天器表面产生化学腐蚀和剥离,影响航天器的寿命。远程战略导弹通常飞行在中高层大气中,要使它准确地击中目标,必须精确适时地给出中高层大气的状态。中高层大气参数对于载人飞船的发射与回收以及空间站的往返也是相当重要的。根据发达国家的经验,为了保障这类重要航天活动的安全,人们需要在发射场与回收区以及重返路径区建立观测站,进行常规或者加密观测,来获取高空大气的风、风切变、密度、气压和温度等观测资料。

中高层大气对太阳活动和人类活动等外界扰动都极为敏感,对于人类了解地球生态环境的变化,保障空间活动和技术系统的安全具有特殊的重要性。因此,中高层大气吸引了众多的空间物理学家和大气科学家来共同关心这一领域。

2 中高层大气中波动现象

2.1 重力波

重力波是地球大气和海洋中普遍存在着的波动。向平静的湖面投掷一颗小石子后水纹向外扩散形成的波动就是最典型的重力波。大气中的重力波能引起许多有趣的现象，图5-4中酷似飞碟的云便是由大气重力波活动造成的。这是在稳定层结大气中，一定强度的气流在垂直于山脊走向30°内越过山脊后产生的重力波，在山脉的背风坡上空形成与无云区相间的荚状或波状云（如图5-4中的左图所示）（朱民等，1999），在平流层中形成非常漂亮的发光的珠母云（如图5-4中的右图所示）。

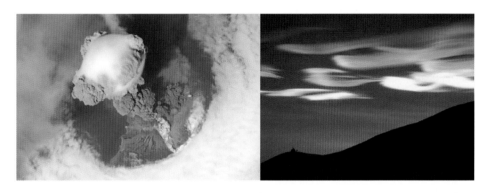

图 5-4　气流越过山坡形成的背风波（左图来源：http://www.chinabright.com.cn/gotone/g38/natur_04.htm）和珠母云（右图来源：http://www.hudong.com）

大气重力波的产生是与垂直运动联系在一起的，它的激发因素有很多。目前普遍认为重力波的产生过程主要与地形、基本气流切变不稳定和积云对流等有关。大气重力波分为重力外波和重力内波。重力外波是指出现在大气自由面以及大气下边界附近的在重力作用下产生的波动，离边界越远波动越不明显；重力内波是指大气内部的不连续面上（如速度不连续的切变线，密度不连续的锋面）或稳定的大气层结中，当空气微团受到扰动后偏离平衡位置，在重力和浮力共同作用下产生的波动。

重力波垂直波长的典型值为几千米到几十千米，水平波长的典型值为几十千米到上千千米，水平相速的典型值为几十到上百米每秒。它通过动量的耗散沉积而对背景风场产生加速或减速作用，并决定了中间层的平均状态。当重力波相速度与背景流场速度相反时，重力波会减小背景风场的速度，甚至会导致风场反向。相反，当重力波相速度与背景流场速度相同时，重力波在上传过程当中和背景流场的非线性作用将导致背景流场的加速。重力波对背景风场产生加速或减速作用的大小和高度与重力波的传播高度是直接相关的。重力波能够在不同大气层之间输运能量，从而对中高层大气的能量收支起到重要作用。

2.2 "涛之起也，随月盛衰"——潮汐波

人们逐渐发现从对流层到热层的大气中也普遍存在着潮汐现象。潮汐波广泛存在于风场、温度场及许多大气过程中。大气潮汐是一种全球性周期运动，它是由月球和太阳的引力以及太阳的热力作用共同激发引起的。大气潮汐波在中高层大气能量和动量的收支平衡过程中以及高低层大气能量和动量的耦合过程中起着重要作用。

月球潮汐（又称太阴潮汐）完全是由月球的引力作用造成的，主要产生在对流层，在中层大气中减小并上传到低热层。中层和低热层太阴潮汐存在着周日和半日分量，其中周日分量比较小。太阴潮汐振幅和相位都随季节变化。大气引力潮要比热力潮汐小很多，例如太阴潮引起的地面气压振荡的半日分量是太阳潮同分量的二十分之一。

太阳潮汐是由引力与热力两种作用造成的，但热力作用要比引力作用大很多。因此我们平时所说的大气潮汐一般是指由太阳热力强迫作用引起的大气振荡或波动，它的周期为一天或一天的整数分之一（例如24小时、12小时、8小时等）。下面提到的大气热潮汐均指太阳热力潮汐。

从激发机制来看，大气热潮汐可分为以下两种主要类型。一种是由太

阳加热在不同经度处的不均匀分布驱动的全球尺度或大尺度的太阳潮汐，依赖地方时并随太阳表观运动向西迁移，称为迁移潮。另一种为有规律的依赖世界时的大尺度潮汐，主要由对流层中（例如与热带深厚对流活动相关的潜热释放、水汽的纬向分布不均匀）和行星边界层中（例如因海陆构型、冰层覆盖或其他大尺度山岳特征而引起的地表差异加热）随经度不同的非迁移的次级热源激发，这种潮汐在纬向向东或向西传播，也可能是驻波模，习惯上称之为非迁移潮汐。

大气热力潮汐在源区高度产生后向上传播，在传播过程中振幅不断增大，并参与控制上层大气能量和动量的收支平衡，是形成中层和低热层区域大气扰动的主要成分之一，同时也是大气不同区域之间能量和动量传输最重要的方式之一。

在中层顶和低热层高度上，潮汐占有主导地位。潮汐波水平风振幅高达数十米每秒，甚至上百米每秒，其中迁移性成分控制了周日和半日这两种频率潮汐的总体时空分布。在小于35°的低纬和赤道地区，周日潮在二分点（春分、秋分）有大的振幅，南半球90 km高度处水平风月平均振幅可达到40~50 m/s。周日潮的分布具有南、北半球不对称性，其中南半球振幅较大。半日潮的活动与日潮类似，主要出现在两半球热带地区，其中北半球秋分和南半球春分到夏至期间最活跃。在高纬地区，半日潮振幅大于周日潮。在中纬地区，半日潮的水平风振幅夏季较小（10~15 m/s）且有较长的垂直波长，冬季情况则相反，在二分点期间，其振幅和相位均发生快速变化。

除上述季节变化外，观测指出大气太阳潮汐有明显的逐日变化，造成这种剧烈变化的原因很多，是潮汐与背景风场、行星波、重力波等相互作用造成的，也有的研究发现中高层大气与低层大气中日潮的日变化规律非常一致，因此推测中高层大气中潮汐的日变化也受到低层大气对流活动等的影响。

重力波和潮汐波之间存在着相互作用。研究表明，周期小于2小时的重力波对潮汐的振幅有很强的调制作用，而潮汐对重力波的饱和与破碎过程也有重要影响。重力波通过对动量的耗散沉积对潮汐的瞬态变化产生重要影响。重力波破碎引起湍流扩散，这导致了潮汐的结构（振幅、波长和相位）在重力波的破碎区域以及破碎区域上方发生改变。

2.3 行星波

大气行星波是形状、波长和位移都受到科氏参数控制的准水平大气运动，周期几天到几十天，波长几千米甚至上万千米，通常纬向波数为1~5个（见图5-5）。由于这种波动是波长与地球半径相当或大于地球半径，因此称为"行星波"。

行星波对平流层大气的时间和空间变化起到重要作用，对中间层大气动力学过程也有贡献。一般情况下，行星波分为行进式波动和驻波（准定常行星波）两类。驻波的产生机制被认为主要是大尺度的地形作用以及与海陆温度对比有关的热力作用通过β效应而形成的。与南半球相比，北半球有更大的海陆对比和高山、高原等大尺度地形的分布，因而北半球的行星波活动比南半球要强。驻波的影响高度一般不高于60 km。

中间层和低热层大气中经

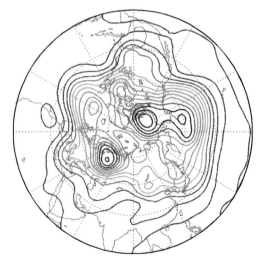

图5-5　由 NCEP/NCR 得到的 2003 年 1 月 1 日 700hpa 处的位势高度图

（图片来源：空间天气学国家重点实验室供稿）

常能观测到2日波、5日波、10日波和16日波等行星波，这些波动都属于行进式波动。行进式行星波沿纬圈的传播方向有两种：西向传播和东向传播。例如，赤道地区的开尔文波相对于背景大气东向传播，罗斯贝波相对于基本气流西向传播。在中高层大气动力学过程中，行进式行星波起到很重要的作用，它的影响高度可达到电离层E层高度。对于中高层大气中的大尺度行星波的产生机制尚未定论，一些行星波被认为由不稳定的大气产生，如2日波，而有一些行星波被认为由重力波滤波后的纬向不对称动量沉淀而形成。目前提出的中高层大气中行进式行星波可能波源主要有以下三种：

一是来自低层大气行星波上传。对流层中的动力和热力强迫作用是平流层的主要扰动源。在一定条件下，行星波能量可以从对流层向上传播到平流层和中间层，从而影响这些大气层环流。当平流层东风时，行星波无法上传到高层大气。只有纬向平均气流为西风并且小于罗斯贝临界速度时，行星波才能够垂直传播到平流层中。由于实际纬向平均风速随纬度变化很大，行星波上传只限于某些地区，在冬季则只限于高纬度。而在强西风区或者极地，行星波在零风速层附近被吸收掉。

二是中高层大气对低层大气强迫变化的响应而产生的周期为几天到十几天、向西传播的瞬态行星波，属于大气共鸣振荡产生的一种自由波动。

三是大气不稳定性导致的一种强迫性不稳定模态。夏季中间层中存在纬向波数为3的行星波，而对流层和平流层都没有这种波动。据此推断中间层的波动独立于下层，它是由自身的内部不稳定激发出来的波动，并且有斜压不稳定的性质。

行星波在大气各层间的动力耦合过程中起到很重要的作用，它明显地影响着风速、温度、臭氧分布和中层大气的结构。行星波在低电离层与中层大气耦合中也起到很重要的作用，是产生电离层无线电波"冬季吸收异

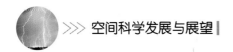

常"的原因之一。

学术界对此现有的一些解释有如下几种：

平流层爆发性增温（SSW）：SSW是高层大气中一种明显的不规则变化，这种现象主要发生在冬季的平流层和中间层，某些地方的大气温度在短时期内急剧增加，几天之中可以增温50℃，大气环流和风场也发生明显的调整。

热带平流层纬向平均风准两年振荡（QBO）：热带平流层是指20°S~20°N，从对流层顶（10 km）到平流层顶（50 km）的大气层。从动力学上可以把这一层分为上层（35~50 km）和下层（17~35 km）。在平流层下层存在着大尺度垂直传播的波扰动，其周期从几天到几周。这些扰动叠加在平均纬向风流场上，使其表现出低频的非季节性振荡，周期略大于两年，称其为准两年振荡。

电离层无线电波"冬季吸收异常"：距地面高度60~80 km左右的电离层被称为D层，能够吸收无线电波。在冬季的某些日子里，无线电波吸收大大增加，这常被称为电离层冬季吸收异常。

3　中高层大气中的发光现象

众所周知，大自然为我们准备了丰富的视觉盛宴。在地面上，有奔流的江河、蔚蓝的大海、宏伟的冰川、神秘的森林、壮丽的山川；在天空，有日月更替、蓝天白云、星光灿烂。在远离喧嚣都市的晴朗夜晚，翘首仰望天际，浩瀚璀璨的银河让我们沉醉其中，美丽的星座让我们不禁浮想联翩。欣赏着大自然的无数美景，享受着大自然的馈赠，我们心怀感激，同时禁不住赞叹它的鬼斧神工。但事实上，大自然为我们描摹的美景画卷远远不止我们现在所看到所认识到的这些。在这里要特别介绍其中的两幅巨作，它们是中高层大气中两种重要的发光现象——极光和气辉。

3.1 极光——燃烧在地球两极的卵形"火焰"

主要内容参见第四章第5节。

3.2 气辉——包裹着整个地球的彩色"迷雾"

气辉相比于极光要弱得多，如果把极光比喻成热烈的火焰，那么气辉更像是包裹着地球的一层柔和的彩色"迷雾"。不像极光主要出现在地球的高纬度地区，气辉可以出现在地球的任何纬度上。图5-6中的绿色和红色的光就是气辉辐射。

（图片来源：http://www.scilogs.eu/en/blog/spacetimedreamer/2009-06-15/the-sunniest-and-darkest-places-on-earth）

（图片来源：http://en.wikipedia.org/wiki/File:NASA-airglow.jpg）

图5-6　卫星测量得到的原子氧绿线和红线气辉辐射分布

3.2.1 美丽的气辉来自何方

气辉是地球中高层大气中的分子或者原子直接或者间接吸收太阳电磁辐射之后被激发到较高的能态，之后从较高的能态跃迁到较低能态时释放出的一定波长的光。图5-6所示的绿色和红色气辉就是大气中的原子氧辐射出来的。

依据量子化理论，原子中的电子只能在一定大小的、彼此分隔的一系列轨道上运动，电子在相应的轨道运动时，原子具有一定的能量；如果原子中的电子从一个大轨道上跳（跃迁）到小轨道上，原子的能量就从大变小，多余的能量就释放出来成为一个光子的能量。与轨道对应的能量只能有分隔的数值，常称为能级。分子中的电子类似于原子中的电子也在不同的轨道上运动，每个轨道的能量对应于电子能级。比原子复杂的是，除了有电子能级之外，构成分子的各原子之间有振动，振动能量也是量子化的，因此有对应的振动能级；此外，分子还有整体的转动，转动能量也是量子化的，因此有对应的转动能级。对于分子，除了不同电子能级之间的跃迁会形成光谱之外，同一电子状态下不同振动能级之间的跃迁以及相同电子状态下的同一个振动能级内不同的转动能级之间的跃迁均会产生光辐射，它们分别被称为振动光谱和转动光谱。关于量子化理论的详细介绍可以参考《原子物理学》（褚圣麟编）。

作为示例，图5-7给出的是原子氧能级示意图。图中给出的三个能级分别对应于原子氧的三个电子状态^3P，^1D和^1S。每个能级对应于不同的能量，即0 eV，1.96 eV和4.17 eV。如果处于^3P态的原子氧吸收了足够的能量跳（跃迁）到^1S态，那么当它从^1S态跳到^1D态时，它将释放出多余的能量，这种能量就以波长为557.7 nm的光的形式释放出来，这个波长属于可见光中的绿光，我们把原子氧的这种跃迁产生的光称为OI 557.7 nm绿线气辉辐射。同理，位于^1D态的原子氧跃迁到^3P态，将释放出多余的能量，这种能量表现为波长为630.0 nm的光，这就是原子氧的红线气辉辐射，常被称为OI 630.0 nm红线气辉辐射。

虽然气辉像迷雾一样随时随地笼罩着地球，但是我

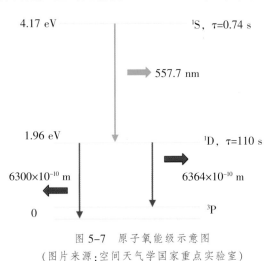

图 5-7　原子氧能级示意图
（图片来源：空间天气学国家重点实验室）

们却不能在地面上用裸眼看到它，这是因为气辉出现在地球上空50~500 km，离我们比较远，而且它的亮度比较弱，分布也比较均匀，因此不易被人们察觉，只有用敏感的仪器才能发现。众所周知，我们人类拥有天然的最精密的光学仪器——眼睛，如果我们的眼睛像巨大的望远镜一样有足够大的接收面积，那么我们也能在夜晚欣赏弥散在大气中美轮美奂、五彩缤纷的气辉辐射，并且痴迷其中。

3.2.2 气辉的分类

依据不同的标准，气辉可以分为不同的类型。根据高层大气接受太阳光照射条件的不同，气辉可以分为三类：夜气辉、曙暮气辉和白天气辉。在远离城市灯光，没有月光的漆黑夜晚，可以观测到一定量的光，这些光中除了星光、黄道光、银河光和大气散射产生的光之外的剩余部分是由大气自身的辐射产生的，这部分光就是夜气辉。在日出前和日落后，太阳天顶角在90°~110°时，低层大气已处于地球阴影之中，高层大气仍能接受到来自下方的太阳光照射，大气中的原子和分子吸收太阳辐射后，通过光电离、光激励、光离解和共振散射等过程从基态激发到较高态，当分子和原子由较高态跃迁到较低态时产生辐射形成曙暮气辉。在白天，大气分子和原子被太阳辐射充分照射，以致上述过程（产生曙暮气辉的过程）大规模发生，从而产生的大气辐射称为白天气辉（Chamberlain，1961）。

依据产生气辉辐射的大气成分的不同，气辉可以被分为多种，包括原子氧OI 557.7 nm气辉［产生于O（^{1}S）原子的跃迁］、原子氧OI 630.0 nm气辉［产生于O（^{1}D）原子的跃迁］、OH气辉、O_2气辉、Na气辉、NO气辉，等等。

3.2.3 为什么要研究气辉

对气辉的研究由来已久，虽然"气辉"这一术语是在1950年提出来

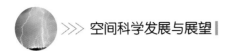

的，但是，与气辉相关的有记录的观测可追溯到1788年。至今，我们对气辉仍然没有完全了解，对气辉的研究以后还将持续下去。

我们之所以研究气辉，除了对客观事物的求真求实、满足认识陌生事物的好奇心之外，更主要的是因为它是研究中高层大气中相关动力学过程和光化学过程的重要工具。

气辉辐射可用于反演中间层—低热层（MLT）区域的大气组分密度。MLT区域是中层大气和高层大气耦合的重要区域。在该区域内，原子氧的化学寿命很长，可以超过一天。此外，原子氧的分布同时受到光化学过程和动力学过程的影响，也是许多光化学过程和动力学效应的重要示踪物。因此，中层顶原子氧密度的分布在中高层大气研究中具有举足轻重的意义。然而由于MLT区域所处的特殊高度对于飞机气球试验来说太高，对于卫星试验直接观测来说太低，这些试验都不能对该区域进行直接测量，火箭试验虽能对它进行直接测量，但只能做单次单点测量。通过气辉遥感反演该区域的原子氧密度便成为研究该区域内原子氧密度的一种重要方法。常用于反演原子氧数密度的气辉辐射包括OI 557.7 nm绿线气辉辐射和OH气辉辐射等。

气辉辐射可用于反演大气温度和大气风场。物体发出的光通常形成不同频率和波长的光谱。谱线的宽度和发光体本身的温度相关，物体本身的运动会使谱线产生多普勒频移。因此，可以通过观测谱线的宽度和频移量推算出物体的温度和运动速度（唐运河等，2011）。目前，通过测量气辉辐射谱线的宽度和频移量来测定大气温度和大气风场这种方法已经在地基实验和空基实验中都得到了广泛应用。

气辉辐射可用于研究大气能量收支状况。大气能量损失的过程包括热辐射、光辐射等多种过程。气辉辐射过程本身就是大气能量损失的过程，因此可以利用气辉辐射研究大气的能量收支状况，可以通过气辉辐射强度计算得到能量损失率和太阳能量沉降率。

气辉辐射是呈现大气波动的一面"镜子"。气辉辐射的分布受到大气重力波、大气潮汐波和大气行星波等多种大气波动过程调制，呈现出特有的波动状态。图5-8中给出的就是在不同强度的重力波调制作用下，地基All-Sky气辉成像仪测量得到的OH气辉辐射强度的分布。通过这些气辉辐射强度分布图，我们可以得到大气波动的周期、波长和传播方向。

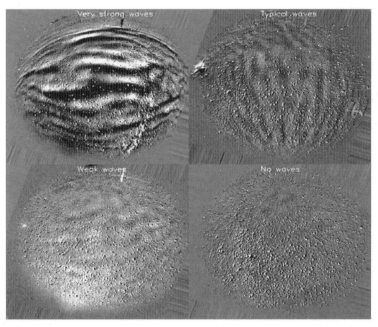

图 5-8　All-Sky 气辉成像仪测量得到的 OH 气辉辐射在不同强度重力波调制作用下的分布
（图片来源：Zhang S. P. Talk）

3.2.4 气辉辐射的时间和空间分布特征

气辉辐射这层彩色"迷雾"在大气中的分布并不是到处相同的，也不是恒定不变的。它在有的地方、有的时间（以下简称情况）下比较浓稠，在有的情况下又比较淡；在有的情况下比较厚，在有的情况下又比较薄；所处的位置在有的情况下比较高，在有的情况下又比较低。在这一部分，我们重点讲述气辉辐射的这些时间和空间变化特征。

气辉辐射强度随地方时和纬度变化。就整体分布特征而言，气辉辐射强度的最大值出现在分点时赤道附近，并且春分的强度比秋分的强，这与潮汐波的调制有关。此外，OH夜间气辉辐射强度随地方时变化，并且变化特征与季节和纬度有关。OH夜间气辉辐射强度的地方时—纬度分布与O_2的大体相同，两种气辉的分布特征类似，归因于两种气辉的辐射强度均受到原子氧密度和大气温度等参数的影响。

气辉辐射高度分布随纬度变化。我们通常用三个参数描述气辉辐射率高度分布剖面，它们是辐射率峰值（最大辐射率）、辐射率峰高（峰值所处的高度）和辐射率高度分布剖面的宽度。这三个参数确定了，那么气辉辐射层的高度分布状态也就确定了。图5-9中分别给出的是OH和O_2气辉辐射率夜间平均值在分点和至点的高度—纬度分布。OH夜气辉辐射在80~100 km比较强，O_2夜气辉辐射主要分布在75~100 km。两种夜气辉的高度分布特征，包括峰值、峰高和辐射层的厚度，均随纬度变化。分点时，两种夜气辉在赤道上空的辐射层比在其他纬度的厚，峰值最大，峰高最低，并且赤道上空春分的峰值比秋分强，这可能与大气潮汐的影响有关。

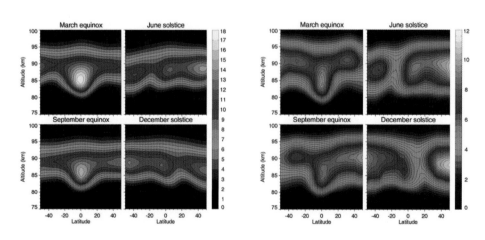

图 5-9　OH（左）和O_2（右）夜气辉辐射率在不同季节的高度—纬度分布（单位：10000 photons cm^{-3}s^{-1}）（图片来源：Gao et al., 2011）

气辉辐射有明显的季节变化特征。除了峰值、峰高和宽度之外，辐射强度（气辉辐射率的高度积分）是刻画气辉辐射的另外一个非常重要的量，在地基观测实验中我们仅能观测到该参数。图5-10给出的是TIMED/SABER卫星测量得到的波长为2.0 μm的OH夜气辉辐射率峰值、峰高和辐射强度随纬度和时间的变化。显然，就整体分布结构而言，辐射强度和峰值的分布相似，峰高的分布与辐射强度和峰值的分布相反。在赤道附近，三个参数的半年变化都很显著。辐射强度和峰值的半年变化的峰值出现在春分点附近，谷值出现在至点附近，并且三月春分点的最大值大于在九月秋分点的最大值，这说明除了半年变化之外，它们还具有年变化特征。在赤道附近，峰高的最小值出现的时间几乎与峰值和辐射强度的最大值出现的时间相同，反之亦然。在中纬度区域，峰值和辐射强度中也存在半年变化特征，但是半年变化的峰值和谷值出现的时间随纬度改变。在中纬度区

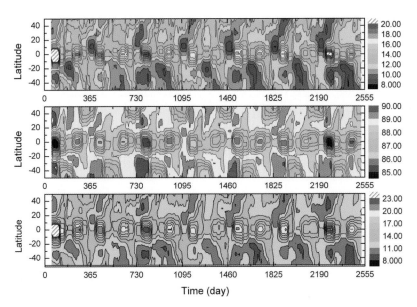

图 5-10　OH 气辉辐射率的峰值、峰高和辐射强度的纬度—时间(从 2002 年 1 月 1 日开始计时)分布(单位分别是 10^4photons cm^{-3} s^{-1}、km 和 10 kR) (图片来源:Gao et al., 2010)

域，三个参数中同时存在年变化和半年变化，并且在较高纬度上年变化比半年变化更为突出。此外，峰值和辐射强度的年变化和半年变化的峰值在赤道附近比在中纬度区域大，峰高的年变化和半年变化的谷值在赤道附近比在中纬度区域小。

气辉辐射随经度的分布表现出明显的经向波动结构。图5-11分别给出TIMED/SABER卫星在分点和至点测量得到的O_2夜气辉辐射强度的全球分布。最醒目的特点是：分点时赤道和低纬度地区的气辉辐射强度在经度方向上有四个峰值（红色区域）。

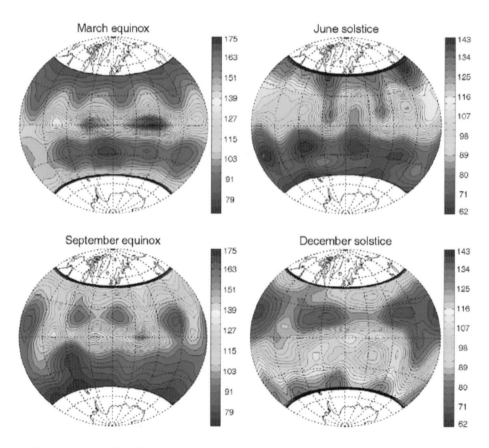

图5-11　O_2夜气辉辐射强度在分点和至点的全球分布结构(图片来源:Gao et al., 2012)

4 大气臭氧层和臭氧洞

4.1 大气臭氧层概述

众所周知，空气、阳光和水是人类生存的三大要素。水对于我们的重要性自然不必多言，除了每天从空气中吸收水分，从食物中间接补充水分之外，我们还会主动喝水。虽然空气和阳光每天都在滋养着我们，但因为太习以为常而经常被我们所忽视。每个人都知道的是：如果大气中没有氧气，包括人类在内的诸多物种均会因此而灭绝，生机勃勃的地球也会变得一片死寂；"万物生长靠太阳"，没有太阳光的照射，地球将一片漆黑并且变得异常寒冷。然而不是每个人都知道大气中的一些微量成分也在调节着我们的生活环境，如果太阳光不经这些微量成分的散射和吸收完全直接到达地面，我们的生活也同样会受到很大困扰。不说别的，单就太阳辐射中的有害紫外线完全到达地面都能给人类带来可与全球核大战相比的悲剧。太阳辐射中的紫外线可以分为三类：远紫外线、中波紫外线和近紫外线（见http://baike. techweb. com. cn/doc-view-9284. shtml）。过量的远紫外线能阻止细胞核分裂、阻止细胞增长、影响生物的生长发育、引发皮肤癌、导致失明以及免疫系统受到损伤，甚至危及生命。长期照射中波紫外线会出现红斑、炎症、皮肤老化，甚至引发皮肤癌。我们人类和其他生物之所以能够免遭太阳光辐射中有害紫外线伤害，正是大气中的微量成分之一——臭氧在保护着我们。当太阳光穿过平流层时，臭氧全部吸收了对生物极有害的强烈的远紫外线，它还吸收了大部分有害的中紫外线。近紫外线则能穿透平流层而到达地面，但这对人体并无损害（www.doc88.com/p-680406267378.html）。各波段的太阳紫外辐射所能达到的高度如图5-12所示。

臭氧是由三个氧原子组成的三原子分子（O_3）。它在大气中的含量按体积算不足二百万分之一，若把所有的臭氧集中起来均匀覆盖在地球表

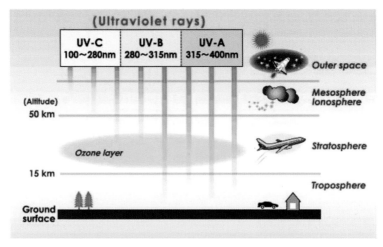

图 5-12　太阳光中的紫外线辐射所能达到高度的示意图

(图片来源：http://scienceray.com/biology/ozone-in-the-atmosphere-is-it-good-or-bad/)

面，其厚度也只有二点八毫米（http://blog.hjenglish.com/coolboy/archive）。大气中的臭氧主要分布在平流层区域，占臭氧总量的90%。如果臭氧总量减少1%，地表0.28~0.32 μm波段的紫外辐射强度将增加约2%。虽然臭氧在大气中的含量很少，它在大气环流和地球气候的形成中起着非常重要的作用。臭氧对太阳紫外辐射的吸收是平流层的主要热源，平流层臭氧浓度及其高度的分布直接影响平流层的温度结构，从而对大气环流和地球气候的形成起到重要作用，平流层臭氧浓度下降，将引起平流层上层温度下降，平流层下层和对流层温度上升，从而改变大气环流结构。

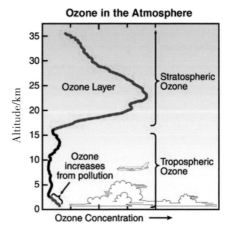

图 5-13　臭氧浓度随高度的分布

(图片来源：http://science.nasa.gov/science-news/science-at-nasa/2006/26may_ozone/)

平均而言，臭氧层主要集中在15~45 km高度范围的平流层大气中，浓度最大值通常出现在25 km高度附近，如图5-13所示。

但是，在真实大气中，臭氧层的高度并不是一成不变的，它随着所处的位置改变，并且有多种时空尺度的变化。

4.2 平流层臭氧源自何方，去向何处

那么为什么在平流层高度存在这么多的臭氧呢？这取决于臭氧光化学反应平衡在那些高度上更有利于臭氧（O_3）的存在。不考虑人类活动的影响，在单纯自然条件下，臭氧生成和损失的主要光化学反应如下（王明星，1999）：

臭氧生成反应式：

氧分子吸收太阳辐射中波长短于242 nm的光量子而离解为氧原子

$$O_2 + h\nu \ (\lambda < 242 \ nm) \rightarrow O + O$$

氧分子和氧原子在第三体（M）的参与下形成臭氧

$$O_2 + O + M \rightarrow O_3 + M$$

臭氧损失反应式：

$$O_3 + h\nu \ (\lambda < 1180 \ nm) \rightarrow O_2 + O$$

$$O + O_3 \rightarrow 2O_2$$

$$O + O + M \rightarrow O_2 + M$$

影响臭氧生成的两个主要因素（太阳紫外辐射和氧气含量）随高度增加而变化的趋势不同，前者随高度增加而增大，后者随高度增加而减小，综合作用的结果，就在某高度大气中形成了臭氧含量的最大值（20~30 km）。

大气臭氧层的全球分布及随时间的变化。平流层臭氧层臭氧浓度的全球分布如图5-14所示，自赤道向高纬臭氧含量逐渐增加，浓度最大值出现在南北纬60°附近。这种分布的原因是臭氧主要在赤道上空生成，通过大气环流向高纬度输送。所以，臭氧的全球分布结构不但与光化学反应有关，而且与大气环流等动力学过程有很大关系。

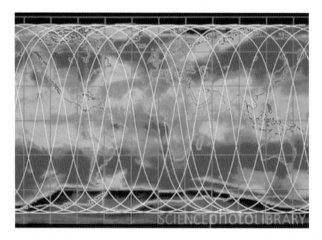

图 5-14　1987 年星载 TOMS(Total Ozone Mapping Spectrometer)仪器探测结果的臭氧总含量的全球分布(白线表征卫星轨道)

(图片来源:http://www. sciencephoto. com/media/160536/enlarge)

臭氧层浓度随着季节的更替也有一定变化,春季臭氧浓度最大,秋季最小。另外,白天和夜间的臭氧含量也不同,白天光化作用剩下的氧原子在夜间与氧分子结合成为臭氧,导致夜间臭氧浓度大于白天。

4.3 臭氧"洞"的科学概念及历史探测

按国际惯例,臭氧总量减少到220 Dobson Unit(臭氧总量单位)以下时称之为臭氧"洞"。所以说,臭氧洞并不意味着臭氧层出现一个破洞,而是指当地臭氧总量降低到220 Dobson以下了。图5-15给出南极臭氧洞示例。

1985 年,英国科学家 Farman,Gardiner和Shanklin首次报道1984年10月间南极上空的臭氧总量相比1957年下降了约40%(见图5-16上图),但

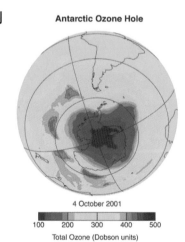

Antarctic Ozone Hole

4 October 2001

| 100 | 200 | 300 | 400 | 500 |

Total Ozone (Dobson units)

图 5-15　南极臭氧洞(美国宇航局 NASA 卫星探测结果)

(图片来源:http://www.research.noaa.gov/climate/t_ozonelayer.html)

1957~1984年每年2月份南极臭氧总量变化并不大（图5-16下图）。1986年，美国宇航局NASA分析星载TOMS（Total Ozone Mapping Spectrometer）和SBUV（Solar Backscatter Ultraviolet）仪器探测数据证实了臭氧洞是一个南极局域尺度现象。自从南极臭氧洞发现以来，各国的相关科学研究日益增多，探测手段也日渐丰富。

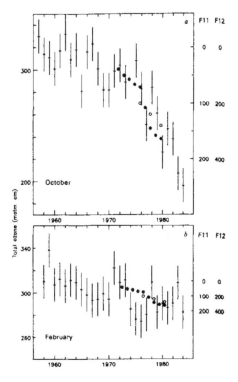

图 5-16 南极 Halley Bay 台站（南纬 76°）观测的臭氧总量(上图：1957~1984年，下图：1958~1984年。其中 $CFCl_3$ 成分由 F-11 仪器探测，CF_2Cl_2 成分由 F-12 仪器探测)

（图片来源：Farman et al., 1985）

4.4 南极臭氧洞是怎么形成的

在讨论南极臭氧洞形成机制之前，先给出南极臭氧洞在空间和季节上的表象特征。在空间上，表现为臭氧总量在南纬60°以南地区极地涡旋内臭氧含量大量减少（< 220 DU）；在时间季节上，表象为每年的9~10月份即南极的春季臭氧总量突然大幅度下降（见图5-17）。

南极臭氧洞在空间和时间上的表象特征主要是大气光化学和力学过程以及极区平流层云共同作用的结果。其中大气光化学过程是根本，大气动力学过程和极区平流层云是必不可少的辅助因素。

人类活动破坏臭氧的光化学过程。目前，国际上普遍认为人工合成的含氯（Cl）和含溴（Br）的化合物在平流层通过催化化学过程破坏臭氧是导致南极臭氧洞的根本原因（Molina，Rowland，1974；McConnell，Jin，2008）。最典型的是人类活动产生的含氯的氟氯碳化合物（CFC）俗称氟利

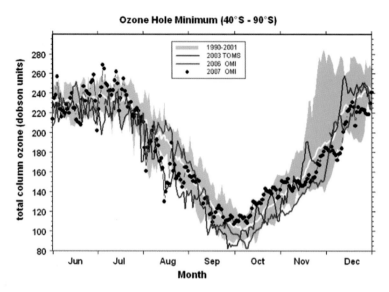

图 5-17 南纬 40°~90°地区臭氧含量的季节变化

(图片来源:http://ozoneaq.gsfc.nasa.gov/ozone.md)

昂和含溴化合物 (Halon)。在对流层光化学条件下，CFC和Halon分子极不易被分解，具有非常强的化学惰性。但在平流层内，强烈的紫外线照射使CFC和Halon分子容易发生解离，释放出高活性的原子态氯和原子态溴。这些氯原子自由基和溴原子自由基以催化剂的方式破坏臭氧。若这类催化反应连锁发生下去，1个氯原子自由基大约可以破坏10^4~10^5个臭氧分子，而1个溴原子自由基对臭氧的破坏力是氯原子的30~60倍。更令人担忧的是，当这两种自由基同时存在时，它们破坏臭氧的能力大于它们破坏能力的简单相加。

必不可少的大气动力学和极区平流层云的辅助因素。极区平流层的夏季为暖中心，冬季为冷中心。较暖的夏季极区附近空气抬升，较冷的冬季极区附近空气下沉，在高空子午圈形成自夏季极区至冬季极区的大气流动。这一大尺度的大气子午向流动受到地球自转科里奥利力作用，在夏季极区平流层形成绕极东风漩涡，在冬季极区平流层形成绕极西风漩涡。

冬季南极平流层下沉大气形成的极涡内温度极低 (约−80℃)，使得该层大气内有凝结的云层，称为极区平流层云（PSC），云层的主要成分为三水合硝酸（$HNO_3 \cdot 3H_2O$）和水凝结成的冰晶。南极冬季极地平流层云不断吸收氟氯碳化合物，浓度越来越高。因冬季的南极为极夜，太阳紫外辐射非常少，云层和氟氯碳合物反应生成的Cl_2和$HOCl$不能被光解产生原子态氯，进而影响到破坏臭氧的光化反应。南极地区的光照自春季开始日渐增强，大量的紫外线照射使得Cl_2和$HOCl$光解产生大量的原子态氯，损耗臭氧的光化学反应式不断进行着；另外，春初的南极平流层仍存在很强大的西风极涡，阻碍了其他纬度的臭氧补充到南极上空，于是在南极的春季臭氧总量大幅度下降，当下降到220 DU时，形成臭氧洞。一旦春末南极极涡残缺严重或消失，其他纬度的臭氧便会进入南极上空，不断补充那里的臭氧，进而南极臭氧洞在春末之后渐渐消失。

4.5 北极有臭氧洞吗

南极出现了臭氧洞，北极有臭氧洞吗？科学考察表明，近几十年来，北极地区的臭氧总量也在减少，只是到目前为止，北极地区臭氧含量的减少没达到被称为臭氧洞的标准（<220 DU）。所以，历史上北极还未出现过像南极那样的臭氧洞。值得警醒的是，2011年科学家Manney等人在《自然》杂志上报道了"2010~2011年出现可与南极臭氧洞相比拟的北极臭氧化学损耗"的事实，北极臭氧亏损已达到220~250 DU，基本上达到了生成臭氧洞的边缘（陆龙骅，2012）。

5 中高层大气有云吗

在高纬度地区夏季的傍晚，太阳落到地平线以下不久，在西方的天空会出现一种奇异的云，从非常微弱、模糊不清到色彩纷繁、结构优美地铺满天空，犹如精美的织锦闪耀着迷人的光。这些云看起来很像卷积云，但却是完全不同的一种云，称之为夜光云（noctilu-cent clouds），如图5-18所示。由于其主要出现于高纬度的中间层大气中，也称为极区中间层云。"Noctilucent"一词源于拉丁语，可以简单地译为"夜晚的闪光"，所以用夜光云来命名这

图 5-18　夜光云

（图片来源：http://www.nasa.gov/mission_pages/aim/multimedia/nocticulant_clouds.html, 2006.6.20 拍摄于 South of Nunivak Island,Alaska 11km 的高空，拍摄者：John Boardman）

种夜晚闪烁的云显得非常贴切。那么这种奇怪的云究竟有多高？它是怎么形成的？对于环境、气候有什么影响呢？

5.1 夜光云的形成

夜光云是地球大气中高度最高的云，一般位于中间层的80~85 km高度上。这一区域正好位于大气温度极小值的中层顶的下方，在夏季温度可降低到-123℃。理论上在中层顶结核成云需要几个小时的时间，并且在此期间高度会下降几千米到达我们所观测的高度。实际上夜光云是很稀薄的，要想在地面上观测到必须具备一定的条件。首先，需要在太阳落到地平线以下后，天空背景光足够弱，此时太阳光还能照射到位于中间层的夜光云，并且被反射到地面。此外，对流层中没有云遮挡才能从地面上观测到夜光云。由于以上条件的限制，观测到夜光云的机会相对来说并不是很容易。

正像对流层中我们常见的各种云一样，夜光云的形成也需要相应的条件，即温度、水汽和凝结核。

首先是温度条件。中间层非常干燥、寒冷，并不是很容易形成夜光云

的。在其上几千米的中层顶温度能达到-160℃，在此高度及其附近温度低到足以使水汽达到过饱和而结核。在夜光云的高度上中间层的温度在夏季的极区达到最低温度。所以夜光云都在夏季的靠近极区的南、北纬50°~70°的地方被观测到。

其次是形成夜光云的水汽条件。夜光云是由水凝结成的冰晶构成的，所以能够反射太阳光而被观测到。中间层含有的水汽同对流层相比是十分稀少的，其体积混合比只有百万分之几。有一个形象的对比就是中间层的含水量是撒哈拉沙漠的一亿分之一。由于中间层的空气很稀薄，要使水汽饱和结晶温度必须降低到-120℃以下。中间层中水汽的来源主要有两个途径：一是地面的水在阳光照射下生成水蒸气，上升到对流层顶，由于温度降低，约99.9%的水分会凝结并重新回到地面。只有很少的一部分会透过对流层顶"缺口"，被输送到中间层当中，这部分水大约占了一半左右。二是来自于甲烷（CH_4）光化学反应。由于甲烷的质量相对水较轻，它可以从地面透过对流层顶往上到达平流层，在太阳紫外波段光的照射下分解为氢和碳。氢原子质量较轻，可以继续向上到达中间层顶，与这里的自由氧分子结合生成水分子。甲烷分子从地面上升到中间层顶然后与氧气反应生成水的整个过程大约需要7年的时间。

最后是形成夜光云的凝结核。目前认为凝结核的来源之一是低层大气的尘埃粒子，如火山喷发的火山灰，通过向上扩散到中间层。另一个重要来源就是流星体，每天大约有几十吨至几百吨的彗星、小行星碎片进入大气层，它们在70~120 km的大气层高速地与大气碰撞、摩擦产生高温而被熔蚀成0.2 nm左右的尘埃粒子。这些凝结核粒子在中层顶极低温度环境下，随机的碰撞并与水分子结合成2 nm或更大的粒子，当周围温度达到-132℃且有足够的水汽的时候，在几个小时之内水分子会迅速在这些核上凝结成更大的冰晶。当冰晶达到60 nm（大约有头发丝直径的千分之一）

以上时，太阳落到地平线以下后，在地面上便可以观测到反射着阳光的夜光云。

夜光云在中层顶形成以后，当冰晶粒子超过100 nm时，会向下进入相对湿度更高、更加干燥的中间层，几分钟内这些冰晶就会消失。上部较轻的冰晶粒子会向上扩散到更暖、更干燥的热层而很快蒸发掉。

5.2 夜光云的颜色与形态

夜光云是一种色彩绚丽的自然现象，在很大程度上由于太阳在地平线以下角度的不同，一般呈金属蓝，也有不常见的红色、金色或白色。一般的蓝色是由于夜光云反射的太阳光经过臭氧层时，被臭氧光谱中黄色部分的Chappuis带的强吸收引起的。当夜光云出现在接近地平线的位置时，可观测到金色或绿色的云。带有红色上边缘的夜光云是由于太阳光线在对流层中的折射和吸收引起的。夜光云中呈现红到黄绿的颜色是由于这些云是由氢燃料火箭喷出的尾气形成的。

夜光云的形态各种各样，最初的国际夜光云手册中把其分为五类，如图5-19所示，目前主要分为面纱型（Veils）、带状型（Bands）、波浪型（Waves）、旋转型（Whirls）和无定态型（Amorphous）。随着观测和研究的

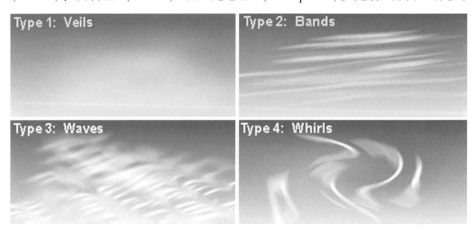

图 5-19 四种类型的夜光云

（图片来源：http://freespace.virgin.net/eclipsing.binary/howtoobservenlc.html）

深入，现在的分类保留前四种而去掉了无定态型。为了能更好地描述夜光云多变的形态，又把带状型（Bands）、波浪型（Waves）、旋转型（Whirls）进行了细分，并引入了四种已公认的"复杂型"夜光云。

5.3 夜光云的观测

一直以来夜光云的观测主要是地面的视觉观测。但视觉观测对于一个人来说是很辛苦的一个任务，他必须一连几天集中注意力四五个小时来等待。所以对于观测时间和地点的选择是十分重要的。由于夜光云只是在夏季出现，所以在北半球观测季节一般是五到八月份，南半球是在十一月到来年的二月份。一天之内的最佳观测时间则是在傍晚太阳降到地平线以下6°。地点首先是在南北纬50°~60°，在傍晚暮光方向的地平线上要没有遮挡，同时避开比较强的亮光，并且整个观测周期内保持同一地点。一般来说，最好地平方向上没有树木、山脉，为了避免地面附近雾气的遮挡，要尽量选择没有河流和湖泊的地方（Gadsden and Parvianinen，2006）。

地面观测受到很多对流层气象条件的限制，飞机在傍晚的飞行观测则是对地面观测的重要补充。同时探空火箭就地观测对于研究夜光云具有重要意义。在火箭上升和下降阶段穿越夜光云的时段，能够准确测量夜光云的参数是水的冰晶，冰晶的大小，以及夜光云所在的高度。由于连续性不够，不能很好地测量夜光云空间变化，致其应用受到限制。而卫星则可以不受对流层天气和白天太阳光的影响进行观测，同时卫星上可以搭载紫外波段光度计、光谱仪对中间层云进行更加详细、准确的观测。卫星长期的观测显示极区中间层云的日变化可能受低层大气条件的控制，出现频率的长期变化与太阳活动相反。已经有人提出冷的极区是冰晶粒子的产生地，然后向更暖的赤道方向运动。而这需要更多地面和空间的观测来证实。

2007年NASA发射了AIM（the Aeronomy of Ice in the Mesosphere）卫星探测极区中间层云，即夜光云。其首要任务就是解释它们是怎么形成的，什么引起了它们的变化。AIM上搭载了三台先进的仪器：云成像和粒子大小探测器（CIPS），太阳掩星探测仪（SOFIE）和宇宙尘埃探测仪（CDE）。这些仪器能够精确地测量夜光云及相关高层大气参数。CIPS有四台照相机置于不同的角度，当卫星掠过和后向观测这些云时，能给出两维的图像，不同角度的观测能确定出组成夜光云的冰晶粒子的尺寸。同时给出极盖区夜光云的全景图像，如图5-20所示。SOFIE利用太阳掩星测量大气温度和气体成分的垂直剖面，其将进一步揭示夜光云形成的化学条件及其周围大气环境状况。CDE记录从宇宙空间进入大气层的空间尘埃数量，从而判断在中间层云形成过程中这些粒子所起的作用。AIM卫星本来设计寿命为两年，但是至今仍在正常的工作。AIM卫星是迄今为止发射的探测夜光云最先进的卫星，其探测数据将解决许多重要的关于神秘的夜光云的起源问题。

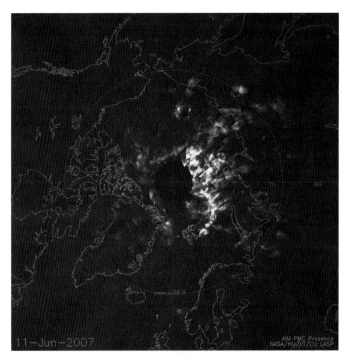

图5-20　2007.6.11 AIM卫星返回的第一张欧洲和北美的北极地区夜光云图片
（图片来源：http://earthobservatory.nasa.gov/IOTD/view.php?id=8366）

5.4 夜光云全球变化与气候变化关系

有证据显示夜光云出现频率增加并向低纬扩展可能与气候变化有关。第一次观测到夜光云正好发生在工业革命期间，在20世纪观测到的夜光云已经向赤道地区扩展了很多，在南北纬40℃中纬度地区都能观测到，并且在一年中出现的频率也越来越高。导致夜光云发生上述变化的原因之一是温室气体的增加可以引起中间层的冷却，促进夜光云的形成。另外，密集农业活动带来的甲烷排放量的增加，在高层大气产生了更多的水，也有利于形成夜光云。当然除了上面的因素以外，对流层中水分的对流输运，火山爆发水分注入等因素也会起到一定的作用（Thomas and Olivero，2001）。对夜光云的观测有利于了解中间层大时间尺度变化，并且预测可能的全球气候变化。

通过对全球的夜光云观测研究发现，夜光云有一个十年的变化周期，这与太阳的十一年变化周期相近，但这还不能完全解释由太阳紫外辐射引起的中间层水分的增加，尤其是不能解释夜光云极大值相对太阳极小值的二至三年延迟。

6 中高层大气有雷电吗

雷电现象是我们在地面上经常能够看到的一种大气放电现象。主要发生在对流层或者平流层的下部，这是因为我们生活在地球上，容易观察到雷暴云下方的闪电。那么，这些雷暴云的放电是否会在其上方发生闪电呢？也就是说在中间层和低热层高度上是否会出现闪电？观测证实，的确会频繁出现。为了区别对流层中的闪电，把它们称为高空闪电。

在随后的研究中，人们通过对这些发光事件进行多仪器、全方位的观测，逐步加深了对这些事件的认识，并将这些事件统称为高空闪电。Pasko

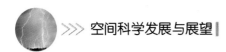

给出的概念图清晰地描绘出了这四种发光事件的形状以及它们在大气中对应的高度，如图5-21所示。其中有红闪（red spirit）、蓝激流（blue jet）、小精灵（elves）和巨大喷流（gigantic jets）等多种光电现象（Pasko，2003）。下面来分别介绍。

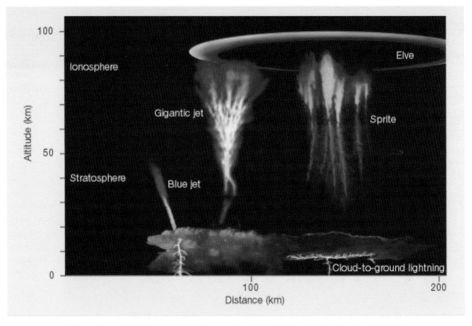

图 5-21　高空闪电的分类以及对应的高度[摘自文献(Pasko,2003)]

6.1 红闪

　　红闪出现的高度较高，易被观测，也是最早被观测到的高空闪电，因此，对它的研究相对较多。红闪出现的高度范围在50~90 km之间，水平范围在5~30 km之间，持续时间在几十毫秒以内，同时伴随着光晕现象。在早期的文献中，红闪有多种不同的叫法，例如"高空闪电""上行闪电""瞬时发光现象"等。1993年，Sentman等人根据红闪现象的颜色特征把红闪称为red sprite。这是一个简洁形象的名称，容易使人想起其短暂的时间特性，而且在其物理机制还没有被我们充分理解之前，这名字还能避免与其他物理机制混淆。图5-22给出了第一张彩色红闪照片，在随后的观测中，红闪的形状多种多样，有圆柱状，胡萝卜状等。红闪通常成群出现，简称闪群。

红闪主要是由正的云地放电产生的。当正的云地放电发生时，雷暴云顶与电离层之间在瞬时会产生一个由上向下的强大电场，而在高空中的大气较为稀薄，种子电子在这种电场中能够较长时间的向

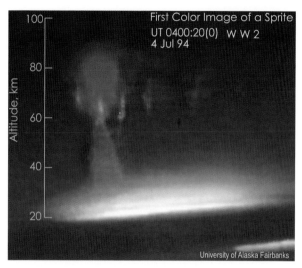

图 5-22　阿拉斯加大学与美国航空航天局合作开展的红闪研究计划中，在飞行器上用高速摄像机拍摄的第一张彩色红闪相片，它们是典型的胡萝卜状(摘自 sprite. gi. alaska. edu)

上运动并被加速，从而获得较大的能量。当高能电子与气体分子碰撞时会产生雪崩效应，进一步产生大量的电子并与气体分子发生碰撞，并使得大量气体分子跃迁至激发态。在气体分子返回基态的过程中，会自发地产生发光。由于大气的主要成分是氮气（占78%），在氮气分子和离子被激发并返回基态的过程中，氮气分子和离子的一些光谱线就会产生红光，也就是我们观测到的红闪。

6.2 小精灵（elves）

在雷暴云的上方除了红闪之外，是否还有其他发光现象呢？美国斯坦福大学的Inan研究团队曾推测：云地闪电发生之后，产生的向上传播的电磁脉冲波会加热电离层中的带电粒子，从而会出现短暂的发光现象。在1992年，Boeck分析了从航天飞机上拍摄的在热带海洋雷暴云上空约95 km高度上发生的一例瞬时发光事件，在该事件中亮度增强的高度跨度大约10~20 km，水平范围大约500 km。这是关于这种瞬时发光现象的首次观测

报道。后来，日本东北大学的Fukunishi研究团队用高速多通道光度计和加强电离耦合照相机观测到有明确的时间和空间分辨率的这种瞬时发光事件，通过计算得到该现象的持续时间小于1毫秒，水平大小为100~300 km，出现在75~105 km的范围内，称这种现象为elves，如图5-23所示。

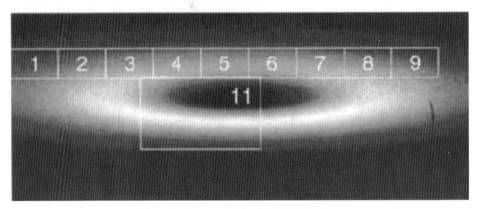

图5-23　时间积分的 elves 的空间结构［摘自文献(Inan,1997)］

6.3 蓝激流（blue jet）

1994年，Wescott团队在从飞机中观测红闪时，在阿肯色州雷暴上方意外地拍摄到了蓝激流事件，如图5-24所示。据统计，在22分钟的时间内蓝激流的发生率为每分钟2.8次，向上运动速度为100 km/s，并向上喷出带电粒子流，其形状像一个向上传播的倒圆锥。圆锥角的范围为 6.5°~31.5°，平均角度为14.7°。在圆锥的顶端向外张开，因此，蓝激流的整个形状看起来像一个喇叭。蓝激流的持续时间为200~300 ms

图5-24　从飞机上拍摄的蓝激流事件(摘自 gi.alaska.edu)

（毫秒），最高可达到40~50 km高度上。到达高度较低的（18~26 km）蓝激

流也称为蓝始，其上升速度随着高度的增加而减小，一般为150~270 km/s。

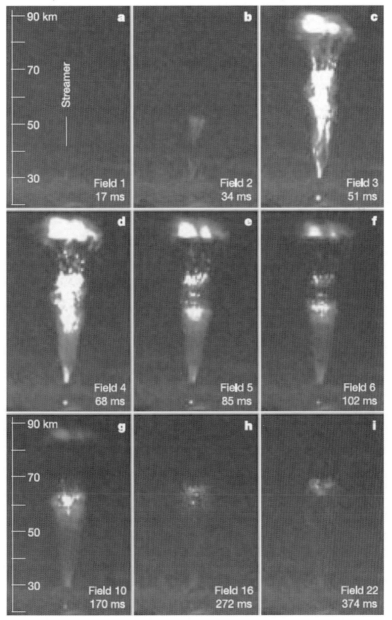

图5-25　台湾成功大学"红闪研究团队"拍摄到的在吕宋岛上空发生的巨大喷流现象

(a)和(b)给出喷流的起始阶段；(c)和(d)给出喷流的充分发展阶段；(e)和(f)给出喷流的尾迹

（摘自 Su et al., 2003）

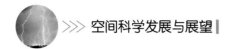

Wescott团队指出，蓝激流发生的时间与正云地闪或者负云地闪的发生时间并不一致，通常发生在雷暴云中发生大冰雹的位置。

6.4 巨大喷流

2002年7月22日，台湾成功大学物理系的"红闪研究团队"在吕宋岛西方海域一个雷暴系统上方拍摄到5个巨大喷流，这些喷流从16 km高的云顶出现，一直延伸到90 km的高空，喷流的顶端宽度约40 km，总发光体体积为30 000 km³，如图5-25所示（Su et al.，2003）。根据台湾中华II号卫星上搭载的闪电和高空闪电成像仪在2004年7月到2007年6月期间的观测结果，该设备共观测到5 434例elves，633例红闪，但对于巨大喷流，仅观测到13例。这一结果也说明巨大喷流的发生概率是非常低的。这也使得人们对巨大喷流及其产生机制的认识是很有限的，有待于继续深入的观测和理论研究。

7 下层大气的天气事件对中高层大气的影响

在我们生活的地球上，下层大气会发生各种各样的变化，一些自然灾害如地震、火山爆发、台风、海啸等也能引起下层大气发生剧烈变化。多种手段的观测结果和理论研究已经表明，这些下层大气的剧烈变化在合适的条件下会影响上层大气结构。

7.1 地震

有的科学家发现地震造成的扰动能传播到100 km甚至高度更高的高层大气，也有人发现大地震断层上方的空气在地震发生前几天迅速加热。日本"3·11"地震中，科学家发现在地震前三天，震中上方电离层电子浓度显著增加到最高值。与此同时，卫星观测到震中上方的红外辐射也大幅增加。但目前对于这些相关性以及蕴含的物理机制的研究仍是地球物理学家所关注的重点，有待于继续深入研究。其中一个比较流行的观点是"地震—岩石层—大气层—电离层耦合机理"。该理论认为，地震发生前几天，断层中的巨大压力会使大量氡气释放出来。放射性的氡气会电离周围的大气，而水分子会被空气中的离子吸引而凝结，在水分子的凝结过程中会释放出热量，从而加热大气。

7.2 火山

世界上有历史记载的最大的一次火山爆发是1815年4月初，位于印度尼西亚的坦博拉火山爆发，这次火山爆发从4月5日持续到7月中旬。这场火山喷发之后，1816年，欧美各国出现了无夏之年。据统计，当年整个北半球中纬度平均气温比常年偏低1°左右，在英国夏季偏低了3°，在我国东南沿海和加拿大地区则出现了6月飞雪的现象。

强烈的火山喷发除了将大量的火山灰等固态物质输送到平流层外，还有各种各样的气体，如水汽、各类温室气体、二氧化硫、硫化氢、盐酸等。通常在几个月内，火山灰等固体物质会成为雨滴或云的凝结核随降水落回地面，盐酸等也会溶解在水中。变化最复杂的是二氧化硫气体，它经过一系列复杂的反应会变成硫酸，而硫酸会因其饱和蒸汽压较低而凝结成为气溶胶悬浮在平流层中达数年以上。这些在平流层中的大量气溶胶对太阳辐射的散射能力要远强于其对太阳辐射的吸收能力，导致地球的反照率增加，使地球表面接收的太阳辐射大大减少，从而使地表吸收的热辐射降低，使整个低空对流层中的温度普遍降低。

根据美国国家海洋和大气局（NOAA）的卫星观测数据发现，在1979~2003年间，低平流层（12~22 km）有两次突然升温的事件发生，分别是在1982~1984年与1991~1993年，刚好是1982年位于墨西哥的埃尔奇琼和火山和1991年位于菲律宾的皮纳图博火山喷发后的1~2年，之后气溶胶浓度逐渐减小，而平流层温度也随之降低。

7.3 海啸

海啸是由发生在海底的地震、火山爆发或水下塌陷和滑坡等大地活动造成的一种具有强大破坏力的海浪。当海底50 km以下出现垂直断层，里氏震级大于6.5级的条件下，最易引发破坏性海啸。当海啸进入大陆架，由于海水深度急剧变浅，导致海浪波高骤增，可形成高达20~30 m的水墙，从而带来毁灭性灾害。

同时，海啸对中高层大气和电离层也能产生影响，其影响机制可以通过图5-26来说明。海啸引起的海面隆起，导致大气受到压缩而形成了大气重力波并从海面传播到高空，使得电离层的电子密度发生相应的变化。2011年3月11日日本地震后，研究人员发现在地震发生7分钟后，在震中东南约170 km处的300 km高空，电离层出现与平时不同的状态，电子密度的变化随时间推移呈同心圆状扩散，约10分钟后到达日本海上空，波纹的中

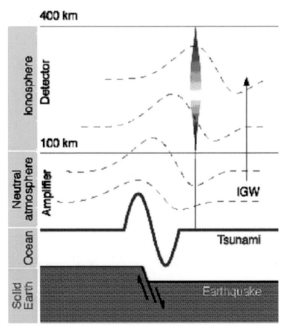

图 5-26   由于海啸导致海面隆起，大气受到压缩而形成的大气重力内波(IGW)上传到电离层影响电子密度(摘自 Giovanni et al.，2008)

心点基本位于海啸发生地点上方。这个现象并非是第一次发生，2009年在萨摩亚和2010年在智利的海啸中曾出现过同样的现象。

7.4 台风

持续风速达到12级（即32.7 m/s或以上）的热带气旋称为飓风或者台风，图5-27给出了台风云图和台风的垂直结构示意图。台风和飓风在风速方面的要求一样，只是发生的地理位置不同。

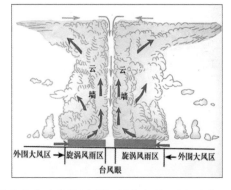

图 5-27 典型的台风云图(左图)和台风的垂直结构示意图(右图)(图片来源:百度百科)

台风在低层大气激发的扰动（主要是各种频率的重力波）可以向上传播，能够达到电离层并影响电离层参数发生变化。通过对北京大学的高频多普勒台站记录的观测资料以及台风信息之间的相关性进行分析发现，24次台风事件中，在电离层中能够引起的扰动次数高达22次，并能引起大尺度行进电离层扰动。

7.5 雷暴

在一个强雷暴期间，能量很大的暖湿气团被很快地抬升到对流层顶高度，如果上升速度足够大，就能够穿透对流层顶而达到低平流层高度上。暖湿气团的结构在低平流层的稳定层结中不再继续上升，而向周围扩散，同时，暖湿气团在上升的过程中会被冷却而释放潜热。潜热释放的过程会激发高频的广谱重力波，这些重力波在合适的条件下能够上传到中间层和

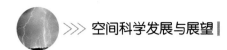

低热层高度上，并引起当地的气辉发生扰动，产生同心圆形状的重力波（见图5-28），而圆心的位置刚好对应于雷暴的中心。

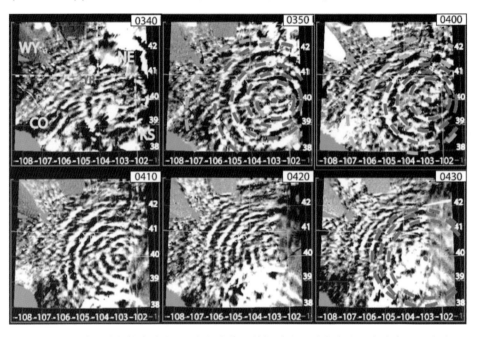

图5-28 位于美国科罗拉多州的OH气辉成像仪拍摄到的雷暴产生的重力波在不同时刻(世界时)的演化形态。其中，红星给出OH气辉成像仪的位置，红色和蓝色虚线和圆点分别给出了两个重力波的形状和圆心位置(摘自Yue et al., 2009)

8 | 太阳和地磁活动引起的高层大气变化

8.1 太阳辐射引起的高层大气密度变化

太阳辐射是地球高层大气的重要能量来源，其变化会对地球高层大气产生重要影响，在150 km以上，热层的主要成分是N_2、O_2和O，吸收太阳的极紫外（EUV）辐射的太阳光子能量而电离，光子的能量被均匀转化为电子的动能和离子的化学能，通过碰撞进一步转化为大气的热能。太阳光谱中的极紫外部分与太阳活动紧密联系，太阳极紫外辐射的扰动与太阳活动11年周期和27天太阳自转周期密切相关，其扰动会导致高层大气密度和其他参量发生变化。

　　卫星观测发现，高层大气的密度变化与太阳活动密切相关，而这种变化与太阳辐射的10.7 cm通量（F10.7）紧密相关。虽然F10.7太阳辐射通量并不会直接影响高层大气，但它是太阳极紫外辐射（EUV）和远紫外辐射（FUV）强度的重要表征量，这些太阳辐射会直接影响地球高层大气。图5-29给出了从1967年至2010年这43年期间高层大气400 km高度处大气密度和F10.7太阳辐射通量的变化关系，如图5-29（a）和图5-29（b）所示，可以看出它们存在着强烈的相关性。

　　太阳自转引起太阳辐射发生27天左右的变化性周期，这也会引起高层大气密度发生相应周期性的变化，如图5-30所示，太阳EUV通量、MgII指数和高层大气密度都存在着明显27天周期的变化，大气密度明显受到太阳辐射变化的控制，当太阳EUV变化10%，大气密度变化幅度可达50%。

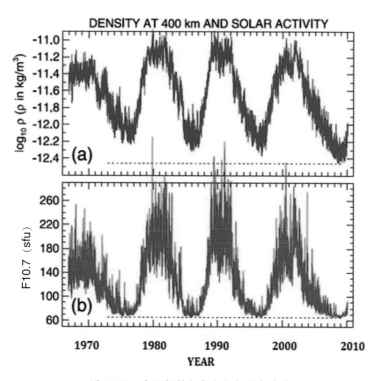

图 5-29　太阳辐射与高空大气密度关系
(a) 400 km 高度全球的日平均大气密度　(b) 1 AU 处的 F10.7 太阳辐射通量(Emmert et al.,2010)

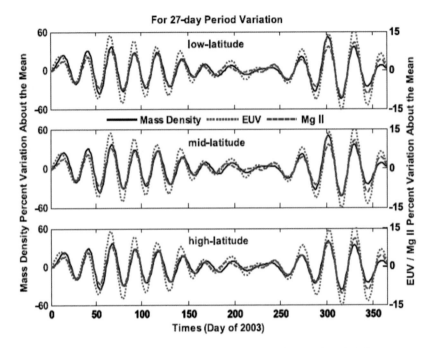

图 5-30　2003 年大气密度、EUV 和 Mg II 指数 27 天变化的比较
(这些变化是 22~32 天带通滤波后的结果，为便于比较，MgII 指数乘以 4)（图片来源：Xu et al.，2011）

　　Paetzold和Zschörner（1961）通过卫星阻力数据发现了高层大气的密度存在半年的周期震荡，在4月份和10月份存在最大值，在1月份和7月份存在最小值。

　　基于地基的非相干散射雷达观测发现，高层大气的温度与F10.7也密切相关。在太阳活动低年400 km高度处高层大气的温度为700 °C左右，而在太阳活动高年，高强度的太阳极紫外辐射（EUV）可使400 km高度处高层大气的温度达到1 500 °C左右。高层大气温度日变化和季节变化的振幅会随着太阳活动的增强而增强，其中夜间随着太阳活动的温度变化会小于白天的。在2007~2009年低太阳活动期间，太阳极紫外辐射水平相比于以往的低太阳活动时期更低，地球高层大气的温度也比预期的要低，同时密度也有所下降。

高层大气的不同中性成分会受到太阳活动的不同影响。从120~400 km，Hedin和Mayr（1987）基于MSIS-83模式发现，在低热层的120千米高度O_2的密度随着太阳活动的增强会略微降低，这可能是由于太阳活动引起的O_2电离增强导致的。而原子氧和其他高层大气成分的密度则随着太阳活动的增强而增加。在高层大气的400 km高度，由于热膨胀的原因，除了氢原子，几乎所有的大气成分都随着太阳活动的增强而增加。氢原子密度的下降是由于在比较高的温度下逃逸速度增大导致的。在太阳活动的控制下，高层大气中一些比较轻的成分还会随着季节变化发生扰动，从夏季到冬季，氦的密度在低强度的太阳活动下要比在高强度下增加得多，这很可能是由于温度的变化影响外层大气回流导致的。从夏季到冬季，在低热层区域的原子氧浓度同样发生增加的趋势，这可能是由于冬季电离层F区异常引起的，然而与氦不同的是，原子氧浓度会随着太阳活动的增强而增加。

8.2 地磁活动引起的高层大气密度变化

除了太阳辐射之外，太阳风能量也是高层大气的重要能量来源，一部分太阳风能量会经由磁层沉降到大气中，地磁活动是太阳风/磁层能量沉降的主要控制因素。地磁暴期间，很强的磁层能量通过焦耳加热和粒子沉降两种方式注入极区中高层大气中，使得许多热层大气参数发生改变，如密度、成分、温度和风场等。

在地磁平静期，太阳是热层大气的主要热源，热层大气密度和温度的纬度和经度变化产生压力梯度，并驱动全球风场，日半球和夜半球的压力梯度驱动风场从日半球吹向夜半球。大气环流的纬度结构非常复杂，分点时，低纬到高纬的气压梯度力使得风场由赤道吹向两极，在至点时，南北半球的气压梯度力非常突出，使得热层风由夏季半球吹向冬季半球。150 km以上的热层风还很大程度地受到高纬地区磁层能量注入的影响，磁

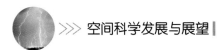

层能量以焦耳加热和高能粒子沉降两种方式注入高层大气/电离层，会引起极区的气压升高，从而产生吹往赤道方向的风。而较低高度上（如150 km以下），强的太阳辐射加热作用仍然占据主要地位。高纬地区赤道向风的强度受到地磁活动的影响，在磁暴发生时，由于磁层能量注入增加，原本赤道向风仅发生在极区，这时会向中低纬方向扩展。

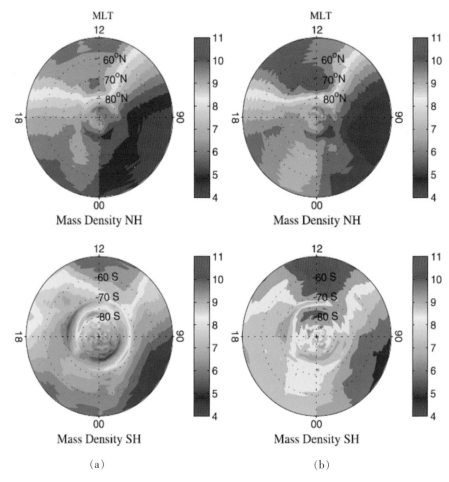

图5-31　南、北半球极区高层大气密度的分布(单位：10^{-12}kg·m^{-3})
(a)图为地磁平静条件，(b)图为中等地磁扰动条件。(图片来源：Liu et al.,2005)

高层大气密度会随着地磁活动的增强而增大。图5-31给出了南、北半球极区高层大气密度的分布。在地磁平静期，北半球大气密度在下午磁地方时大约14点达到最大值，在早晨4点达到最小值，在极隙区的密度增加非常明显。在南半球55°上大气密度的最大值出现在12MLT左右，在75°~80°存在带状的高密度区，该区与极区场向电流的区域一致。南、北半球极区密度的不对称可能部分是由于地磁轴和地理轴的偏离引起的。在地磁扰动时，大部分地区的密度都有增加，尤其是极隙区附近以及在午夜前时段密度增加明显，另外，南半球正午的大气密度增加也很大。

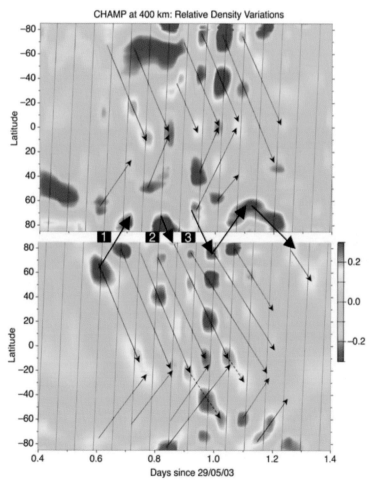

图 5-32　2003 年 5 月 29 日 CHAMP 卫星观测的大气密度变化幅度随着纬度和时间的变化
（上一幅为夜间,下一幅为白天。图中平行线表示 CHAMP 卫星轨道的痕迹,箭头表
示行进式扰动的传播方向）（图片来源:Bruinsma and Forbes,2007）

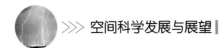

　　除了经向风之外，磁暴期间极区的沉降能量还能通过大尺度重力波的形式向中低纬传播，甚至穿过赤道进入另外一个半球，这种现象又被称为大尺度行进式大气扰动，图5-32给出了2003年5月29日发生的一次磁暴期间CHAMP卫星观测的大气密度变化，可以看出大气密度存在着全球尺度的行进式扰动，密度增加幅度在20%~30%，从南、北半球的极区向赤道传播，相速度分别为460~730 m/s。

　　太阳风的周期性波动常常会引起高层大气密度的相应周期波动。图5-33展示了CHAMP卫星观测的2005年400千米高度的中性大气密度特征、

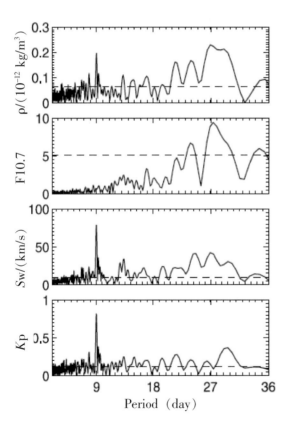

F10.7指数、太阳风速度和Kp指数的谱特征。由图看出，大气密度除了存在着明显的与F10.7指数相关的27天波动外，还存在着显著的周期为9天左右的逐日变化特征，而太阳风速度、Kp指数也存在着类似的周期，说明大气密度的9天波动是由太阳风和地磁活动的扰动引起的（Lei et al.，2008），而这段时期太阳风的9天波动是由这段时间太阳上存在着3个经度间隔为120°的冕洞引起的（Temmor et al.，

图5-33　400 km 高度上大气密度、F10.7 指数、太阳风速度和 Kp 指数的频谱，频谱是通过 Lomb-Scargle 谱分析后所得到的，虚线代表 99% 的置信区间(图片来源:Lei et al., 2008)

2007；Vrsnak et al.，2007)。

最后，高层大气对卫星轨道还有影响。对于低轨道航天器来说，高层大气阻力是其飞行轨道的重要扰动源，大气密度误差是航天测控的主要误差源。在大气阻力的作用下，卫星会逐渐陨落，而大气阻力与大气密度成正比，因此大气密度是低轨卫星寿命的决定性因素。

高层大气的主要加热源来自太阳辐射（极紫外和X射线）对氧分子的加热和磁层高能粒子在高纬大气层中的沉降。因此高层大气密度的变化主要受到太阳和地磁活动的控制。下面我们分别介绍太阳和地磁活动对高层大气密度以及卫星轨道的影响。

当大阳活动增强时，极紫外辐射和X射线增强，会引起大气密度的增加，严重缩短航天器寿命。1973年5月14日美国发射的"天空实验室"，在设计阶段未估计到运行期间会经过太阳高活动期，致使轨道衰变比预期快得多，1977年秋空间站就脱离稳定状态，设计寿命到1983年的空间站于1979年7月11日提前坠毁。

由于太阳自转，太阳活动具有27天的周期性，太阳EUV通量存在着明显的27天变化，这引起了热层大气密度发生同样周期性的变化，两者具有很好的协变性，而卫星轨道高度变化也具有类似的周期。

磁暴发生期间磁层能量会以高能粒子和焦耳加热两种方式在极区大气层中沉降，从而加热高层大气并使密度上升，进一步引起低轨航天器的阻力增加，并引起轨道发生扰动，卫星轨道预报误差增大，从而导致地面跟踪系统无法正常跟踪空间目标。1989年3月强烈磁暴造成大气密度急剧变化，使美国军事侦察卫星丢失大量目标区信息就是一个典型例子。

下面通过一个事例来介绍磁暴期间大气密度的增加对卫星轨道高度的影响。图5-34给出的是2002年第140~153天期间地球物理学参数和CHAMP卫星轨道上圈平均大气密度、大气密度引起的轨道变化图。根据太阳风、

AE指数等可以看出，在此期间发生了两次磁暴，并引起两次热层暴。根据太阳风参数可以看出，Storm 1是日冕物质抛射（CME）引起的磁暴，Dst指数最小值达到−109 nT，为强磁暴。半球极光功率也明显增加，最大值达到90.9 GW，表明大量能量通过沉降粒子和焦耳加热等方式沉降到高层大气中。而Storm 2是太阳风共转作用区（CIR）触发的磁暴，Dst最小值为−64 nT，为中等磁暴。在Storm 2期间极光能量的输入也小于Storm 1期间的。两次磁暴期间都引起了热层大气密度的增加，在第一次磁暴期间，大气密度由磁暴前的大约5.3×10^{-12} kg·m^{-3}增加到第143天（大约1800 UT）左右的大约7.8×10^{-12} kg·m^{-3}，然后逐渐减小；而在第二次磁暴期间，大气密度由磁暴前的大约5.5×10^{-12} kg·m^{-3}增加到最大值6.6×10^{-12} kg·m^{-3}。由于第二次磁暴较弱，密度增加的幅度远远不如第一次磁暴期间的，但仍然引起卫星轨道衰减率产生同样的变化。在第一次磁暴发生前，CHAMP卫星轨道的衰减率每天约为100 m，而磁暴发生后，轨道衰减率最大每天可达145 m。第二次磁暴期间，卫星轨道衰减率由磁暴前的每天109 m增加到磁暴期间最大值每天129 m。

由图5−34还可以看出，Storm 1持续时间较短，仅为1.32天，而Storm 2持续时间较长，为4.77天，这样在第一次磁暴期间，磁暴的能量注入引起了卫星轨道共32.6米的下降，而Storm 2期间，卫星轨道一共下降了96.5 m。事实上，CIR常常持续较长的时间，从而引起持续更久的热层密度增加，因此虽然CIR引发的磁暴一般较弱，但由于持续时间长，其对卫星轨道的影响常常大于CME引起磁暴的影响。尤其在太阳活动低年期间，很少有CME事件发生，而CIR事件仍然具有很高的发生率，CIR对卫星轨道的影响应该受到特别重视。

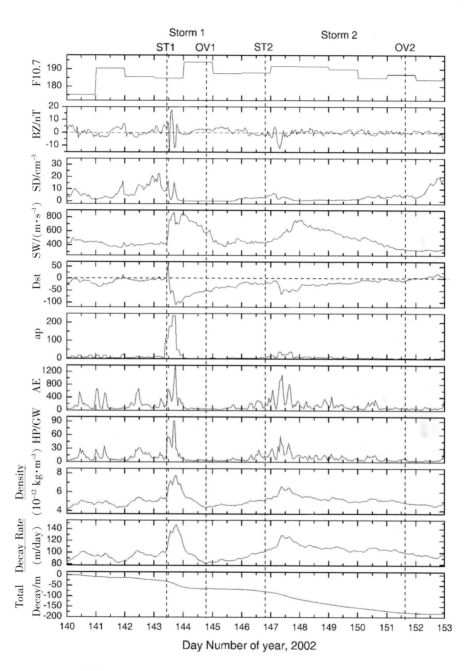

图 5-34　2002 年第 140~153 天期间 F10.7 指数、行星际磁暴南向分量 Bz(nT)、太阳风密度(cm⁻³)
和速度(km/s)、Dst 指数、ap 指数、AE 指数(nT)、半球极光总功率(HP) 和 CHAMP 卫星
高度上的平均大气密度(MDPR)、CHAMP 卫星轨道衰变率(ODPR) 和地磁活动引起的
轨道衰减(ST 和 OV 表示磁暴的开始和结束)(图片来源：Chen et al., 2012)

9 中高层大气探测——八仙过海各显神通

中高层大气的各项动力学参数、化学成分分布和大气辐射是中高层大气探测的主要内容，通常采用无线电和光学遥感探测技术。因此，探测技术研究也是中高层大气研究的重要组成部分。随着电子技术、数字处理技术、计算机通信技术的飞速发展，传感器（CCD、PMT等）性能和用途稳步提升，应用范围扩大，研发设备自动化程度高、数据传输快，这些进步促使中高层大气探测设备研制发展迅速，探测能力显著增强。

根据探测设备传感器的工作方式，目前流行的各项探测技术可分为两大类：主动遥感（如激光雷达、MST雷达等）和被动遥感（如全天空气辉成像仪、气辉光谱仪等）。根据探测平台又可将探测技术细化为地基探测、空基探测（飞机、气球、火箭）和天基探测（卫星遥感）。由图5-35我们可以形象地看到不同的探测设备有其自己特定的探测范围，并不能覆盖整

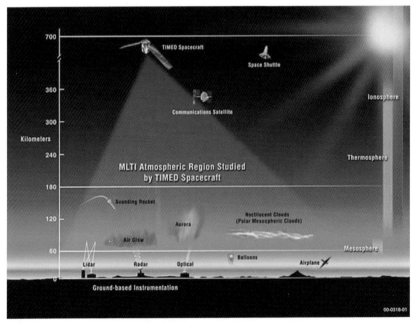

图 5-35 不同探测平台的有效探测高度范围

（图片来源：http://spaceinfo.com.au/wp-content/uploads/2010/11/timed_575.jpg）

个中高层大气区域，而且它们也只能探测一个或某几个大气参数，如温度、密度、风场等，不能实现全能探测。下面根据搭载平台的分类详细介绍目前流行的各类探测技术。

9.1 地基探测

地基探测主要是利用光学和无线电遥感探测技术间接获取中高层大气的风速、温度、密度、化学成分、辐射等参数。地基遥感拥有高时间分辨率、可进行长期定点观测等优点。但是，地基遥感受地域、天气条件影响很大，对多维空间分布探测有局限，难以对全球整体特征进行观测。目前使用的地基遥感设备众多，且不同探测设备工作原理不尽相同，往往只能探测一种或几种大气参数，并不能对所有的大气参数进行同步测量。以下介绍的是几种应用较为广泛的探测设备。

中层—平流层—对流层雷达（MST雷达）是工作在30~3000 MHz频段的气象多普勒雷达，可探测1~100 km高度范围内的晴空大气风场垂直分布、湍流结构、对流层顶高度及逆温层高度和厚度。MST雷达采用脉冲压缩技术，空间分辨率可达到15 m，而且探测灵敏度很高。MST雷达主要是应用了电磁波遇到运动物体反射、散射而产生多普勒效应的原理研制而成的。在中高层大气中，存在的大气湍流运动引起的折射率不均匀结构、稳定大气的分层结构、中层大气的自由电子和流星余迹构成了电磁波反射、散射的必要条件。MST雷达通过应用电磁波脉冲发射和回波收集等技术，实现了中高层大气垂直结构探测。图5-36给出了子午工程武汉站MST雷达阵。

流星雷达是工作在37.5~300 MHz频段的多普勒雷达，主要是利用流星划过80~120 km大气时尾迹产生的电离成分对无线电波的散射来实现的。通过测量无线电回波的多普勒频移，可以计算得出中高层大气的风速、风向、气压以及离子复合率等参数。图5-37给出了流星雷达天线的示意图。

中频雷达是工作在2~3 MHz频段的大气探测多普勒雷达，主要通过检

图 5-36 子午工程—武汉 MST 雷达(图片来源:武汉大学崇阳空间环境探测基地供稿)

图 5-37 流星雷达天线(图片来源:中国科学院地质与地球物理所三亚台站供稿)

测漂移的大气和电子不均匀结构对中频信号的部分回波获取大气风场和电子数密度廓线。中频雷达主要探测60~100 km的大气风场和电子数密度。这个高度的电子稀薄,且电子数密度随高度迅速增加。带电粒子与中性大气分子碰撞频繁,处于动态平衡之中,两者最终以同样的速度运动。该区域中性大气成分和带电粒子的折射率近似水平分层,入射的电磁波在分层界面发生菲涅尔(Fresnel)部分反射。反射系数与电子数密度梯度成正比、与电波频率成反比。因此,需要选择合适的工作频率,用于完成不同的测量目的。

非相干散射雷达利用自身发射的电波在高空大气中受到准平衡的带电

粒子随机热起伏影响而散射的微弱信号，遥测高空大气物理参数。非相干散射是因为随机热起伏引起的散射信号是非相干的。由于非相干散射信号的功率谱与所探测带电粒子的速度分布函数成正比，因此带电粒子的各种物理参数可由非相干散射雷达直接测量。非相干散射雷达能够同时测量70~1000 km甚至更大范围内的高层大气参数，是获取高层大气物理参数最理想的地面探测技术。可探测的物理参数为电子密度、电子温度和离子温度、离子成分、电子—中性粒子碰撞频率、光电子速度分布、等离子体平均漂移速度、电子相对离子的漂移速度等。位于云南省曲靖市沾益县的非相干散射雷达是我国建设的第一台非相干散射雷达（见图5-38），由子午工程资助建设，采用了相干脉冲压缩和新型低噪声放大等雷达先进技术，运行时发射脉冲功率为2 MW，抛物面天线直径达29 m。该非相干散射雷达地处于低纬电离层异常区，可用于探测100~1 000 km高度范围的多种高层大气参数。

图5-38　我国第一台非相干散射雷达,建于云南省曲靖市沾益县
（图片来源:中国电子科技集团公司第二十二研究所曲靖观测站供稿）

激光雷达工作原理与传统的微波、无线电波雷达工作原理相同，由自身向大气发射激光光束，通过接收大气散射回波实现110 km以下高层大气物理参数的测量。激光雷达相比于传统的雷达有许多优点，例如激光发散角小、能量集中、探测灵敏度高、分辨率高等。目前使用较为广泛的三类大气探测激光雷达分别在低、中、高三个高度探测。从近地面到30 km米高度为中低空高程，应用米散射激光雷达探测。高空瑞利散射激光雷达探测范围为30~80 km。高空钠层荧光激光雷达探测范围为80~110 km。目前世界上一些激光雷达已经实现全高程探测的覆盖，即一部激光雷达同时使用米散射、瑞利散射和钠层荧光三通道后向散射回波信号接收系统实现全高程覆盖。目前国内已经在各地建设了不同类型的激光雷达用于中高层大气探测。由中国科学院空间中心空间天气学国家重点实验室研制完成的子午工程激光雷达监测系统使用的是双波长三通道全高程激光雷达（见图5-39），可同时获得近地面至110 km的大气后向散射回波信号，通过反演得到了中高层大气的密度、温度和钠层密度（见图5-40）等大气参数。

图 5-39 子午工程激光雷达(图片来源:于午工程延庆台站供稿)

气辉转动温度光度计被动接收中高层大气气辉辐射，根据不同量子数的振转光谱强度随局地热力学温度变化的方法探测中层顶温度。较为传统的气辉转动温度光度计是倾斜滤光片光度计，传感器件是光电倍增管，通过干涉滤光片中心波长随光线入射角变化而变化的原理实现光谱扫描，一般采用机械方法实现滤光片对入射光的倾斜。随着CCD传感器件的快速发展，目前气辉转动温度光度计采用超窄带干涉滤光片和CCD感光器件相结合实现气辉光谱探测。

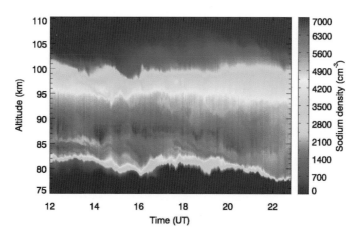

图 5-40　钠层密度时空分布图(图片来源：子午工程延庆台站供稿)

法布里—珀罗干涉仪（FPI）利用法布里—珀罗标准具得到气辉发射线的多光束干涉条纹和稳频的He-Ne激光器，在CCD感光器件上记录干涉条纹图像，得到光谱精细结构的图像信息，包括谱线的Doppler频移和谱线展宽等。FPI可以探测中高层大气气辉，如87 km的OH气辉、98 km的OI 557.7 nm气辉和250 km的OI630.0 nm气辉，利用气辉辐射的Doppler频移和展宽，反演得到气辉辐射高度区域的大气风场和温度场。由于仪器光谱分辨率的限制，风场的反演精度远大于温度场的反演精度。

全天空气辉成像仪是由大视场（180°）镜头、滤光系统、成像镜头、CCD感光器件等组成的成像系统（见图5-41），用来记录全天空气辉辐射的空间强度分布信息。通过分析记录图像，可以提取气辉辐射高度区间大气波动的物理参量，同时连续记录的图像反映了大气波动随时间的演化过程，包括波动传播方向和速度等。图5-42展示的是子午工程兴隆台站全天空气辉成像仪观测到的重力波二维图像。

气辉光栅光谱仪利用聚光镜、准直镜、聚焦镜、衍射光栅、CCD器件

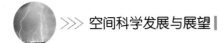

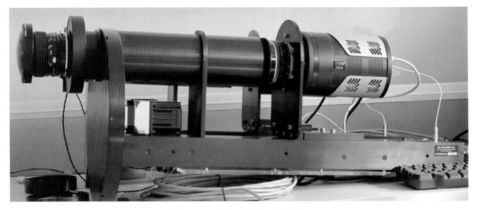

图 5-41　全天空气辉成像仪
(图片来源:空间天气学国家重点实验室中高层大气组供稿)

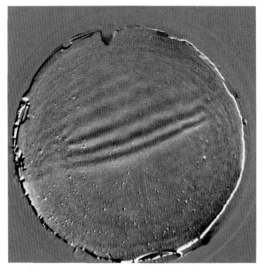

图 5-42　全天空气辉成像仪记录的重力波信息
(图片来源:空间天气学国家重点实验室兴隆台站供稿)

等元件实现气辉辐射探测。气辉辐射通过聚光镜耦合进入光栅光谱仪，光
束经准直镜准直后投射到衍射光栅刻线表面而分光，再经过聚焦镜作用后
在CCD靶面上记录干涉条纹图像，得到气辉辐射特征谱线。分析光谱精细
结构的图像信息，可以提取出不同谱线的辐射强度和增宽，反演出温度等
中高层大气参数。在一定的光谱分辨率条件下，与光度计相比，气辉光栅
光谱仪具有较广的光谱探测范围，可以探测中高层大气辐射的可见光和近

红外区域（400~2 000 nm）。

上述地基探测设备能够有效实现中高层大气的动力学参数（风速、温度、密度）、化学成分分布和大气辐射的探测研究。目前国内已经研制并发展了多种无线电到光学的探测设备，实现了中高层大气各类物理参数的测量。

9.2 空基探测

将探测设备安装在气球、火箭等载体上，进行中高层大气风场、温度场、大气成分和电场等参数的测量，即空基探测。空基探测有其独特的优点，例如局域性强、垂直分辨率高的特性，可以摆脱低层大气水汽等对中高层大气观测的影响。在卫星遥感探测之前，气球、火箭探测是获得中高层大气探测资料的重要来源，如今气球、火箭探测又成为验证卫星遥感数据有效性的主要手段。

探空气球飞行高度一般在30~40 km高度以下，可以携带多种探测设备，进行温度、密度、风速、压强、湿度、电场等大气参数测量。根据不同的探测目的，火箭的飞行高度一般在40~1 000 km高度范围之内，最为常用的火箭飞行高度为40~250 km。火箭可搭载光学、粒子、离子、电场等探测设备，例如光度计、压力传感器、湿度传感器、电场仪和探空仪等。探空火箭可以用来测量大气微量成分、电场、电子密度、离子密度和电子温度等参数。气象火箭可用来获取70 km以下的大气温度、密度、压力、风向、风速等气象参数。利用气球、火箭探测的中高层大气各个物理参数可以作为中高层大气建模的重要数据基础。

9.3 天基探测

天基探测是以卫星、飞船、航天飞机等为载体对中高层大气进行遥感的一种探测手段。目前使用较为广泛的天基探测平台是卫星（见图5-43），

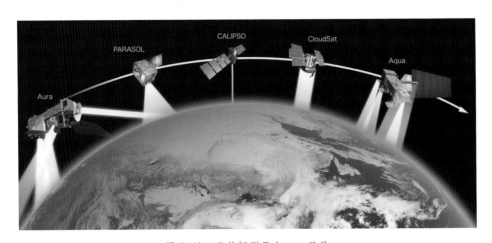

图 5-43　天基探测平台——卫星

（图片来源：http://spacefellowship.com/wp-content/uploads/2009/08/380623main_atrain20090820-
full.jpg）

因此卫星遥感是探测中高层大气的重要手段。卫星一般在300 km以上的高
度飞行，其遥感方法主要有天底探测、掩星探测、临边探测、紫外后向散
射探测等。天底探测是对星下点的中高层大气辐射进行探测，测量的是整
个仪器视场内所有大气辐射的积分量。掩星是一种天文现象，指相对观测
者视面积较大天体遮蔽另一个天体而产生的现象。掩星探测指载荷仪器视
线路径通过大气对探测光源进行遥感，大气充当遮蔽物，而一般太阳作为
探测光源，因此又称为掩日探测。掩星探测主要探测大气中微量成分对太
阳光谱的吸收，属于相对量探测。由于太阳辐射较强，一般仪器仅在曙暮
期间开机观测，且要求仪器光谱扫描速度要快。临边探测是直接探测背景
为冷空间的大气，排除了地球背景辐射的影响，提高了测量信噪比。临边
探测具有较好的垂直空间分辨率，但同时要求卫星具有高精度的飞行姿态
控制。由于临边探测视场内大气气体含量丰富，有利于大气微量成分的观
测。紫外后向散射探测与天底探测类似，都是对星下点的大气进行积分探
测，但不同的是紫外后向散射探测是对大气散射的太阳紫外辐射进行视场

内积分探测。目前国际上已经发射了许多用于中高层大气探测的卫星，对中高层大气的光化学、动力学研究做出了突出贡献。

Solar Mesosphere Explorer（SME）卫星是美国于1981年10月6日发射的、最早用于中高层大气研究的科学卫星，轨道高度336 km，倾角97.6°，搭载的有效载荷包括紫外臭氧光谱仪、1.27 μm光谱仪、NO_2光谱仪、4通道红外辐射计、太阳紫外监视仪以及太阳质子警报探测器，其中测量中层大气成分的仪器采用临边探测。SME卫星主要研究中层大气中（50~80 km）臭氧的生成和损耗过程，主要目的是研究中间层臭氧浓度受太阳紫外辐射的影响，同时考察太阳通量、臭氧与上平流层和中间层温度、臭氧与水汽、臭氧与二氧化氮之间的关系。SME卫星上所有仪器在1989年4月14日停止观测。

UARS卫星（The Upper Atmosphere Research Satellite）是美国于1991年9月15日由"发现号"航天飞机释放飞行，轨道高度585 km，倾角97.6°，观测覆盖地球南北纬度80°的地区。卫星载荷主要用于测量中高层大气的化学成分、风场、温度场以及来自太阳的辐射能量，以便系统、综合性地研究平流层，并探测中间层和热层大气物理参数，研究高层大气在气候和气候变化中的作用。Odin小卫星是由瑞典、加拿大、芬兰和法国的空间机构共同研制，于2001年2月20日发射升空，用于研究天文和中高层大气双重任务的科学小卫星。

Odin小卫星的飞行轨道是高度为600 km的太阳同步圆形轨道，每天绕地球15圈，升交点时间是18:00，主要的载荷是亚毫米与毫米波接收机（SMR）和Odin光谱仪与红外成像系统（OSIRIS），同时对15~120 km的地球大气进行临边探测。这两个载荷提供了大量臭氧层损耗（O_3、NO_2、$OClO$、HNO_3等）的资料，获取的数据同时可用于研究平流层云和气溶胶的气候效应。

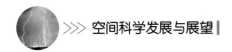

TIMED卫星（Thermosphere Ionosphere Mesosphere Energetics and Dynamics）是美国2001年12月7日发射升空的，飞行高度625 km，轨道倾角为74°。卫星载荷主要有GUVI（Global Ultraviolet Imager）、SABER（Sounding of the Atmosphere using Broadband Emission Radiometry）、SEE（Solar Extreme ultraviolet Experiment）和TIDI（TIMED Doppler Interferometer）。TIMED卫星的任务是研究太阳和人为扰动对中间层和低热层/电离层的影响，重点观测60~180 km的大气层，给出这个区间的温度、气压、风速、化学成分以及能量的输入和输出资料，用于研究该区域的能量收支，为全球变化提供早期预警。

ENVISAT卫星（ENVIronment SATllite）是欧洲空间局于2002年3月1日发射的圆形太阳同步极轨卫星，飞行高度是796 km，倾角为98.54°。用于探测中高层大气的载荷，包括MIPAS（Michelson Interferometer for Passive Atmospheric Sounding）、GOMOS（Global Ozone Monitoring by Occultation of Stars）和SCIAMACHY（SCanning Imaging Absorption spectroMeter for Atmospheric CartographHY）。其中，MIPAS采用临边探测方式在全球范围内探测大气对流层上部和中间层之间相关的光化学痕量气体；GOMOS采用星光掩星探测法测量从紫外到近红外的光谱，用于反演与臭氧有关的大气化学成分、温度和密度等动力学参数；SCIAMACHY是测量光谱范围从240~2 400 nm的8通道光谱仪，部分通道天底探测太阳光的反射和散射，一部分通道临边探测大气辐射，剩下的通道则经过大气进行掩星探测，光源一般是太阳或月亮，用于反演大气微量成分和气溶胶浓度。

AURA卫星于2004年7月15日发射的、高度为705 km的近极地太阳同步轨道卫星，4个载荷分别是HRDLS（High Resolution Dynamics Limb Sounder）、MLS（Microwave Limb Sounder）、OMI（Ozone Monitoring Instrument）和TES（Tropopheric Emission Spectrometer）。这些载荷能够监测全球

臭氧变化、空气质量状况以及关键的气候参数,探测资料有助于研究平流层和对流层中的动力学过程和化学过程对臭氧分布的影响。

经过几十年的中高层大气卫星遥感探测,已经积累了大量的观测资料,提升了人类对中高层大气的认识。我国也在积极准备发射自己的中高层大气探测科学卫星,进一步积累资料,对中高层大气研究做出贡献。

参考文献

[1] 褚圣麟.原子物理学[M].北京:高等教育出版社,北京,1979.

[2] 丁一汇.高等天气学[M].北京:气象出版社,2005.

[3] 高守亭.大气中尺度运动的动力学基础及预报方法[M].北京:气象出版社,2007.

[4] 刘林.航天器轨道理论[M].北京:国防工业出版社,2000.

[5] 刘振兴,等.太空物理学[M].哈尔滨:哈尔滨工业大学出版社,2005.

[6] 赵九章,等.高空大气物理学(上册)[M].北京:科学出版社,1965.

[7] 寿绍文,励申申,姚秀萍.中尺度气象学[M].北京:气象出版社,2003.

[8] 唐远河,张淳民,王鼎益,林云龙.卫星遥感被动探测高层大气风场[M].北京:科学出版社,2011.

[9] 王明星.大气化学[M].北京:气象出版社,1999.

[10] 姜国英.中间层—低热层大气中的行星波研究[D].2007.

[11] 陈洪滨.中高层大气研究的空间探测[J].地球科学进展,2009,24(3):229-241,2009.

[12] 陈泽宇,吕达仁.东经120°E中间层和低热层大气潮汐及其季节变化特征[J].地球物理学报,2007,50(3):691-700.

[13] 陈文,黄荣辉.中层大气行星波在臭氧的季节和年际变化中输运作用的数值研究 I:定常流的情况[J].大气科学,1996,20(5):513-523.

[14] 陈文,黄荣辉.中层大气行星波在臭氧的季节和年际变化中输运作用的数值研究Ⅱ:波流相互作用的情况[J].大气科学,1996,20(6):703-712.

[15] 林本达,高山月.定常行星波的垂直传播及其动力学效应[J].大气科学,1994(18):889-90.

[16] 刘晓,徐寄遥.重力波与不同背景风场之间的非线性相互作用[J].自然科学进展,2006,16(11):1436-1441.

[17] 刘晓,徐寄遥,马瑞平.重力波与潮汐之间的非线性相互作用[J].中国科学D辑:地球科学, 2007,37(7):990-996.

[18] 刘仁强.大气潮汐的经典理论及有关现代模式的发展 [J].空间科学学报,2010,30(3):235-242.

[19] 陆龙骅.臭氧与臭氧洞[J].自然杂志,2012(34):24-28.

[20] 王英鉴.中高层大气对卫星系统的影响[J].中国科学A辑,2000,30(增刊):17-20.

[21] 袁韡, 等.我国光学干涉仪对中高层大气风场的首次观测 [J].科学通报,2010,55(35):3378-3383.

[22] 朱民, 余志豪, 陆汉城.中尺度地形背风波的作用及其应用 [J].气象学报,1999,54(6):705-714.

[23] Andrews D G,Holton J R,Leovy C B. Middle Atmosphere Dynamics [M]. San Diego:Academic Press,1987.

[24] Boeck W L,Vaughan O H,Blakeslee Jr R,et al. Lightning induced brightening in the airglow layer[J]. Geophys. Res. Lett.,1992:19,99–102.

[25] Bowman B R,Tobiska W K,Kendra M J,The thermospheric semiannual density response to solar EUV heating [J]. J. Atmos. Sol. Terr. Phys.,2008:70 (11‑12),1482‑1496.

[26] Bruinsma S L,Forbes J M,Global observation of traveling atmospheric disturbances(TADs) in the thermosphere[J]. Geophys. Res. Lett.,2007:34,L14103.

[27] Chamberlain J W. Physics of the aurora and airglow [M]. Academic Press,New

York and London,1961.

[28] Chen G,Xu J,Wang W,et al. A comparison of the effects of CIR- and CME-induced geomagnetic activity on thermospheric densities and spacecraft orbits: Case studies[J]. J. Geophys. Res.,2012:117,A08315.

[29] Chou J K,Kuo C L,Tsai L Y,et al. Gigantic jets with negative and positive polarity streamers[J]. J. Geophys. Res.,2010:115,A00E45.

[30] Emmert J T,Lean J L,Picone J M. Record-low thermospheric density during the 2008 solar minimum[J]. Geophys. Res. Lett.,2010:37,L12102.

[31] Farman J C,Gardiner B G,Shanklin J D. Large losses of total ozone in Antarctica reveal seasonal ClOx/NOx interaction[J]. Nature,1985:315,207-10.

[32] Franz R C,Nemzek R J,Winckler J R. Television image of a large upward electrical discharge above a thunderstorm system[J]. Science,1990(249):48-51.

[33] Forbes J M,Atmospheric tides 1. Model description and results for the solar diurnal component[J]. J. Geophys. Res.,1982a,87(A7): 5222-5240.

[34] Forbes J M,Atmospheric tides 2. The solar and lunar semidiurnal components [J]. J. Geophys. Res.,1982b,87(A7): 5241-5252.

[35] Fukunishi H,Takahashi Y,Kubota M,et al. Elves: Lightning-induced transient luminous events in the lower ionosphere[J]. Geophys. Res. Lett.,1996,23(16): 2157-2160.

[36] Gadsden M,Parvianinen P. Observation Noctilucent Clouds [M]. published by: International association of geomagnetism and aeronomy,2006.

[37] Gao H,Xu J,Wu Q,Seasonal and QBO variations in the OH nightglow emission observed by TIMED/SABER[J]. J. Geophys. Res.,2010:115,A06313.

[38] Gao Hong,Xu Jiyao,Chen Guang-Ming,Yuan Wei,Beletsky A B. Globaldistributions of OH and O2(1. 27μm) nightglow emissions observed by TIMED satellite[J]. Sci China Tech Sci,2011,54(1):1-10.

[39] Gao Hong,Nee Jan -Bai,chen Guang -Ming. Longitudinal distribution of

O2nightglow brightness observed by TIMED/SABER satellite[J]. Sci China Tech Sci,2012,55(5): 1258–1263.

[40] Giovanni O,Komjathy A,and Lognonné P. Tsunami Detection by GPS,GPS world,2008:51–57.

[41] Hedin A E,and Mayr H G. Solar EUV Induced Variations in the Thermosphere [J]. J. Geophys. Res.,1987,92(D1):869 – 875.

[42] Hitchman M H,Conway B L. Diurnal tide in the equatorial middle atmosphere as seen in LIMS temperatures[J]. J. Atmos. Sci.,1985,42(6): 557–561.

[43] Huck P E,McDonald A J,Bodeker G E,et al. Interannual variability in Antarctic ozone depletion controlled by planetary waves and polar temperature [J]. Geophys. Res. Lett.,2005:32,L13819.

[44] Inan U S. VLF heating of the lower ionosphere [J]. Geophys. Res. Lett.,1990: 17,729–732.

[45] Inan U S ,Barrington-Leigh C,Hansen S,et al. Rapid lateral expansion of optical luminosity in lightning-induced ionospheric flashes referred to as "elves" [J]. Geophys. Res. Lett. ,1997:24,583–586.

[46] Jacchia L G. Revised static models of the thermosphere and thermosphere and exosphere with empirical temperature,Smith. Astrophys [J]. Obs. Spec. Rep. , 1971:332,113.

[47] Jacchia L G,Slowey J. Accurate Drag Determinations for Eight Artificial Satellites;Atmospheric Densities and Temperatures [J]. SAO Special Report #100,1962.

[48] Lei J,Thayer J P,Forbes J M,et al. Rotating solar coronal holes and periodic modulation of the upper atmosphere[J]. Geophys. Res. Lett. ,2008:35,L10109.

[49] Liu H,Lühr H,Henize V,et al. Global distribution of the thermospheric total mass density derived from CHAMP[J]. J. Geophys. Res.,2005:110,A04301.

[50] Manney G L,Santee M L,Rex M,et al. UnprecedentedArctic ozone loss in 2011

［J］. Nature,2011:478,469-475.

［51］ McCormick M P,Thomason L W,Trepte C R. Atmospheric effects of the Mt. Pinatubo eruption［J］. Nature,1995:373,399-404.

［52］ Mlynczak M G,Marshall B T,Martin-Torres F J,et al. Sounding of the Atmosphere using Broadband Emission Radiometry observations of daytime mesospheric O2 （1D） 1. 27 um emission and derivation of ozone,atomic oxygen,and solar and chemical energy deposition rates ［J］. J. Geophys. Res. ,2007:112, D15306.

［53］ Moe K,Moe M M. Gas-Surface Interactions and Satellite Drag Coefficients［J］. Planetary and Space Science,2005:53,793 - 801.

［54］ Newman P A,Kawa S R,Nash E R. On the size of the Antarctic ozone hole［J］. Geophys. Res. Lett.,2004:31,L21104.

［55］ Newman P A,Nash E R,Kawa S R,et al. When will the Antarctic ozone hole recover?［J］. Geophys. Res. Lett.,2006:33,L12814.

［56］ Pasko V P. Atmospheric physics: Electric jets ［J］. Nature,2003,423（6943）: 927-929.

［57］ Sentman D D,Wescott E M. Observations of upper atmospheric optical flashes recorded from an aircraft［J］. Geophys. Res. Lett.,1993:20,2857-2860.

［58］ Ramaswamy V,Schwarzkopf M D,Randel W J,et al. Anthropogenic and natural influences in the evolution of lower stratospheric cooling ［J］. Science,2006: 311,1138-1141.

［59］ Roble R G,Dickinson R E. How will changes in carbon dioxide and methane modify the mean structure of the mesosphere and thermosphere ［J］. Geophys. Res. Lett.,1989:16,1441-1444.

［60］ Roble R G,Dickinsion R E,Ridley E C. Seasonal and solar cycle variations of the zonal mean circulation in the thermosphere ［J］. J. Geophys. Res.,1977: 82,5493-5540.

[61] Ronald V R. Acoustic-gravity waves in the upper atmosphere due to a nuclear detonation and an earthquake[J]. J. Geophys. Res.,1967:72,5,1599-1610.

[62] Smith A K,Marsh D R,Mlynczak M G,et al. Mast,Temporal variations of atomic oxygen in the upper mesosphere from SABER [J]. J. Geophys. Res.,2010:115, D18309.

[63] Solomon S C,Woods T N,Didkovsky L V,et al. Anomalously low solar extreme ultraviolet irradiance and thermospheric density during solar minimum[J]. Geophys. Res. Lett.,2010:37.

[64] Su H T,Hsu R R,Chen A B,et al. Gigantic jets between a thundercloud and the ionosphere[J]. Nature,2003:423(6943),974-976.

[65] Temmer M,Vrsnak B,Veronig A M. Periodic appearance of coronal holes and the related variation of solar wind parameters [J]. Sol. Phys.,2007:241,371-383.

[66] Thomas G E,Olivero J,Noctilucent clouds as possible indicators of global change in the mesosphere[J]. Adv. Space Res.,2001,28(7):937-946.

[67] Tsugawa T,Saito A,Otsuka Y,et al. Ionospheric disturbances detected by GPS total electron content observation after the 2011 off the Packfic coast of Tohoku earthquake[J]. Earth Planets Space,2011:63,875-879.

[68] Vrsnak B,Temmer. M,Veronig A M. Coronal holes and solar wind high-speed streams: I. Forecasting the solar wind parameters[J]. Sol. Phys.,2007:240,315-330.

[69] Wang W,Killeen T L,Burns A G,et al. A high resolution,three-dimensional, time dependent,nested grid model of the coupled thermosphere-ionosphere[J]. J. Atmos. Sol. Terr. Phys,1999:61,385-397.

[70] Wescott E M,Heavner M J,Hampton D L,et al. Blue jets: their relationship to lightning and very large hailfall,and physical mechanisms for their production[J]. J. Atmos. Solar-terr. Phys.,1998:60,713-724.

[71] Wilson C T R. Investigations on Lightning Discharges and on the Electric Field of Thunderstorms[J]. Phil. Trans. Roy. Soc.,1920:A221 73-115.

[72] Wilson C T R. The Electric Field of a Thunderstorm and Some of Its Effects[M]. London:Proc. Royal Meteor. Soc,1925:37,32D-37D.

[73] Wilson C T R. A theory of thundercloud electricity. Proc.,Royal Met [M]. London:Soc.,1956:236,297-317.

[74] Wilson G R,Weimer D R,Wise J O,et al. Response of the thermosphere to Joule heating and particle precipitation [J]. J. Geophys. Res.,2006:111, A10314.

[75] Xiao Z,Xiao S,Hao Y,et al. Morphological features of ionospheric response to typhoon[J]. J. Geophys. Res.,2007:112,A04304.

[76] Xiao S G,Hao Y Q,Zhang D H,et al. A case study on whole response processes of the ionosphere to typhoons[J]. J. Geophys.,2006:49,3,623-628.

[77] Xu J,Wang W,Lei J,et al. The effect of periodic variations of thermospheric density on CHAMP and GRACE orbits[J]. J. Geophys. Res.,2011:116,A02315.

[78] Yang E,Cunnold D M,Newchurch M J,et al. Change in ozone trends at southern high latitudes[J]. Geophys. Res. Lett.,2005:32,L12812.

[79] Yue J,Vadas S L,Reising S C,et al. Concentric gravity waves in the mesosphere generated by deep convective plumes in the lower atmosphere near Fort Collins, Colorado[J]. J.Geophys.Res.,2009:114,D06104.

第六章
观"云"看"雨"，预测空间天气

1 | 什么是空间天气

1.1 人感受不到的空间天气现象

天气现象发生在大气层中和地面上，以风雨为主，直接对我们的生活环境产生影响，我们轻而易举地就可以感受到天气的变化。空间天气则不同，它主要研究对流层以上的部分，在地球的20~30 km之上，甚至千万千米的空间，它关注的"风"是"太阳风"，关注的"雨"是来自太阳的高能粒子雨，它不太关心"冷暖"问题，却特别注意太阳的紫外线和电磁辐射变化，不太关心"阴晴"，却对电磁场扰动情有独钟。空间天气并不能直接感受得到，而是通过高技术系统来影响我们的生活。如同狂风暴雨、电闪雷鸣这些恶劣的天气变化会给人们的衣、食、住、行等生产生活带来灾害，灾害性的空间天气会使卫星失效乃至陨落、通信中断、导航失误、电力系统崩溃甚至威胁人类的健康与生命，造成社会经济和国家安全的重大损失。正因如此，在高科技的今天，空间天气引起了人们的关注。

1.1.1 空间天气与空间天气学

自1957年人造卫星上天，人类的航天、通信、导航以及军事活动等从地表扩展到成百上千千米的空间，日地空间（见图6-1）环境就成为人类

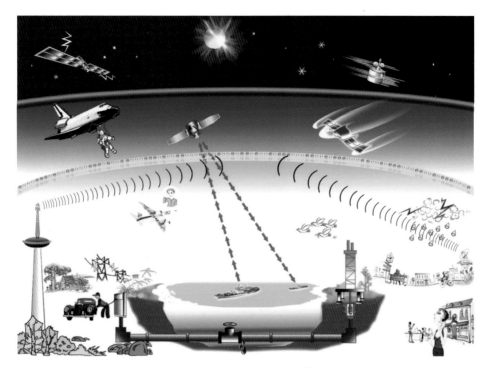

图6-1 空间天气对人类的影响

(图片来源：国家空间天气监测预警中心http://www.spaceweather.gov.cn/)

生存发展的重要活动场所，如图6-2所示。在这个日地空间环境中，太阳是源头，由于太阳的爆发活动，如太阳耀斑和太阳物质抛射这类巨大能量（$1.4×10^{21}$ J/s）、物质（$3.5×10^9$ kg/s）突然释放现象，放出的电磁辐射带电粒子以及超声速运动的太阳风暴吹过地球，会引起地球高空的结构、密度、温度、运动状态、电磁状态、通信条件、光学特性、带电粒子分布等发生急剧变化，给空间和地面的高科技系统，如航天、通信、导航、资源、电力系统等带来严重损伤和破坏，甚至危及人类的健康和生命。人们把空间环境的这种短期变化或突发性事件形象地称为空间天气（冯学尚，空间天气学——21世纪的新兴学科）。

空间天气同地球上的天气一样，也是变幻莫测的。刚才还是风平浪静，几分钟后就可能风暴大作，而且风暴可能持续数小时或者数天。正如

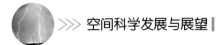

地面上的天气是随季节而变一样，空间天气也有它自己的周期性变化。造成太阳耀斑的太阳磁活动反复地增强和减弱，其周期为11年，因此地磁暴也遵循相同的模式。空间天气也与太阳的27天自转周期有关，当高速与低速的太阳风粒子流随着太阳的自转交替地扫过地球时，空间天气也随之变化。这些活动时刻会出现不同程度的变化，时强时弱，太阳活动平静时是"好天气"，当太阳活动频繁，可能影响地球上的通信、导航和电力系统，以及卫星或太空船的运作时，便是

图6-2 日地空间区域示意图（日地空间可分为以下几个层次：太阳大气和行星际空间、磁层、电离层和大气层）（图片来源：陈颙，2007）

"坏天气"（张英，2006，日地空间环境与空间天气预报）。

为了研究和预报空间天气的变化规律，减轻或防止空间灾害，空间天气学这门新兴学科应运而生。空间天气学是一门具有重要基础性、战略性和前瞻性的跨世纪新学科。空间天气学的基本科学目标，是把太阳大气、行星际和地球的磁层、电离层和中高层大气作为一个有机系统，按空间灾害性天气事件过程的时序因果链关系配置空间、地面的监测体系，了解空间灾害性天气过程的变化规律。空间天气学的应用目标，就是减轻和避免空间灾害性天气对高科技技术系统所造成的昂贵损失，为航天、通信、国防等部门提供区域性和全球性的背景与时变的环境模式；为重要空间和地面活动提供预报、效应预测和决策依据；为效应分析和防护措施提供依据；为空间资源的开发、利用和人工控制空间天气探索可能途径，以及有关空间政策的制订；等等（魏奉思，1999）。

1.1.2 灾害性空间天气事件与其危害

1.1.2.1 灾害性空间天气事件

太阳是空间天气事件的源头，它时而宁静时而活动，有着巨大的威力。它的一举一动、瞬息变化，都足以影响到绕它旋转的地球。太阳的局部区域常常在很短时间内释放巨大的能量和物质，这种现象称为太阳活动，如太阳耀斑、日珥爆发和日冕物质抛射等。在太阳活动爆发时，不断往外辐射电磁波、抛射粒子、"吹"出太阳风，常伴有X射线、紫外线辐射增强、高能粒子流暴涨和日冕物质抛射等，会产生强大的激波和各种扰动。X射线、紫外线8分钟左右就可以抵达地球，对电离层和高层大气造成影响。高能粒子流，如太阳质子事件，快的会在几小时内到达地球，使地球万米高空的质子流量陡增千万倍，影响航天安全。此外，太阳不断地吹出太阳风，这些日冕物质速度高达每秒数百至上千千米，冲击波似的横扫地球。速度大的太阳风可以突破地球磁层的保护，闯入地球空间，对生产生活造成危害。例如，太阳风会在地球空间引起各种效应，有地球极光、全球电离层扰动、电离层暴、地磁场突然扰动、地磁暴与亚磁暴、高能粒子暴等，会对航天、通信、导航和电力系统等造成巨大危害，这也就是所谓的灾害性空间天气事件。

1.1.2.2 灾害性空间天气的危害

其实在未进入空间时代以前，空间天气灾害带来的损失很小。随着航天技术的发展，人类生产生活现代化程度的提高，空间开发规模的扩大，受到的空间灾害反而越来越明显。俗话说"明枪易躲，暗箭难防"，灾害性空间天气的危害远比我们想象的要更加激烈危险。

（1）对航天器的影响

太阳的剧烈变化会直接影响空间天气的变化。地磁暴和太阳紫外辐射的增强会加热地球高层大气，使得卫星运行高度处的大气密度明显增强。

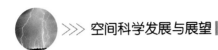

卫星在高层大气中运行时，大气的阻力使得卫星动能减小，运行轨道高度降低、轨道收缩，进入更加稠密的大气区，导致卫星所受阻力进一步增加，加快了导航卫星下降的速度，除非定期将卫星向较高高度推进一点，否则它将缓慢陨落（陈颙，2007；刘天波，2007）。例如，美国Colombia航天飞机第一次飞行时，由于太阳活动使得高层大气密度大幅上升，航天飞机遇到的阻力比以往增加了15%，幸好卫星携带了足够的燃料才避免了一场机毁人亡的惨剧（罗霄，2007）。美国天空实验室（Skylab）于1982年6月提前了两年坠入澳大利亚附近的大海之中，原因是没有充分估计到临近的太阳活动峰年，大气阻力增加（陈颙，2007）。

高能带电粒子以巨大的辐射剂量损伤各种航天材料，造成结构材料的性能恶化。航天器表面电位随着空间等离子体的状态变化而变化，低能粒子可以使卫星表面带电。亚暴期间，高密度、低能量的等离子体被能量1~50 keV的低密度等离子体云取代，这可使航天器表面充电到很高电位，甚至产生静电荷击穿现象。更高能的电子会引起航天器的内部充电，缩短元器件的寿命，甚至导致单粒子效应，引起程序混乱，最终使航天器失效（陈颙，2007；刘天波，2007）。强粒子辐射使卫星出现故障的例子很多。例如1994年1月，1个高能电子暴使加拿大通信卫星Anik失控，不得不启用备份系统，六个月以后才恢复工作，损失高达2亿美元（罗霄，2007）；1990年11月我国的"风云1号"气象卫星的主控计算机受到高能带电粒子辐射引起的单粒子事件影响，卫星姿态无法控制而失败，造成了不可挽回的局面。

空间碎片和流星体会造成航天器的机械损伤，它们具有极高的动能，如与航天器相撞，会造成表面变形，甚至击穿，磁场还能改变航天器的姿态（陈颙，2007；刘玉洁，2004）。

根据美国航天部门的统计，卫星故障大约40%与空间天气条件有关。

仅就航天领域的空间灾害天气损失而言，每年损失都以数千万美元为单位计算。

（2）对通信、导航定位的影响

任何以电磁波方式传送信号的系统，当其信号穿越电离层，或在其下部传播时，都会受到电离层变化的影响，诸如远距离长中短波通信、超视距雷达、甚低频导航系统等（焦维新，2003）。

电离层扰动会对无线电通信、雷达信号和传输造成重大影响，导致通信中断和雷达反射错误。穿越电离层的卫星微波通信信号，会因电离层扰动发生闪烁而降低通信质量。空间辐射背景和空间碎片会影响侦察预警卫星、远程预警雷达、超视距雷达对目标的发现、识别和跟踪。电离层折射、闪烁会影响雷达对目标方位、速度和距离的测量准确度，尤其在临近地磁赤道时，还会引起系统的失灵。

电离层扰动严重影响通信的例子屡见不鲜。例如在1989年3月的大磁暴期间，低纬的无线电通信几乎完全失效，轮船、飞机的导航系统失灵。伊拉克战争中，美军"自相残杀"的误击、误伤事件接连不断。有专家指出，除了人为原因之外，与空间天气的影响也有一定联系——2003年3月28日太阳耀斑和地磁暴发生导致电离层暴（刘玉洁，2004）。

（3）对地面输电系统的影响

磁暴对电网系统的破坏力是相当巨大的，太阳爆发时，会引起地磁场的强烈扰动——磁暴和亚暴。地磁场的剧烈变化会在地表面感应出一个高达20 V/km的电位差，它作为一个电压源加到电力系统上时，会产生强的地磁感应电流，这种感应电流相当危险，对输电设备危害极大。地磁感应电流影响电网最早在美国发现。20世纪40年代以来，北美发生过多起电网遭到磁暴影响事件。近年来最引人注目的强磁暴损害电力系统的事件发生在1989年3月，加拿大魁北克省蒙特利尔地区由于一场大的磁暴，整个电

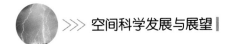

力系统崩溃，导致600万居民停电9小时，仅电力损失就达19 400 MW，直接经济损失达5亿美元。强磁暴同时还烧毁了美国新泽西州的一座核电站的巨型变压器，以及大量输电线路、变压器、静止补偿器等电网设备跳闸或损坏（焦维新，2003）。

（4）对地球天气和气候、生态系统的影响

研究表明太阳活动与地球上的天气和气候变化具有一定相关性。例如，太阳黑子数的变化周期与年降水量多少的变化周期基本吻合，约为11年。洪水灾害的发生率、平均气温变化等也有11年的类似太阳活动周期的变化（陈颙，2007）。

强粒子辐射会对地球大气层产生影响。如1965年2月和1972年8月曾发生过两次大的质子事件，前一次使地面的中子数约增加了90倍，大气中的碳14同位素增加了10%，后一次使平流层中的臭氧长时期地减少15%。美国卫星于1994年拍摄到的高能电子穿透大气层的图像表明，高能电子在中、低纬大气层的强度也很高。高能电子在大气层会产生氮的化合物，直接影响全球臭氧的分布。臭氧对紫外线有很强的吸收作用，臭氧层的存在使不致有太多的太阳辐射的紫外线到达地面，对人类及生物起着重要的保护作用。大气臭氧含量的减少，会引起海洋陆地生态系统的严重失调和恶性变化（焦维新，2003）。

（5）对人类健康的影响

一些研究者指出，一些传染病、心血管疾病、眼病等病发率都与太阳活动的强弱呈正相关关系。但这些影响不是太阳辐射的电磁波和粒子直接打到地面上引起的。1972年8月4日至10日的太阳大爆发射出的强大带电粒子流到达地球，引起强烈地磁暴。印度学者对两个百万人的城市进行统计，发现在此期间心脏病患者入院就医的人数增加了一倍。这是什么原因呢？一些科学家和医学家认为，人体有生物电，无数细胞生物电汇集，形成人体的电磁场。在通常情况下，人体电磁场和地球电磁场处于相互融洽状态。当地球磁场被强烈扰动时，会打破人体电磁场和地球电磁场的平衡，使人体的某些功能发生紊乱，影响人的情绪甚至诱发疾病。

特大耀斑所释放的高能量粒子会对人类造成危害，如同核辐射对人类的伤害一样。地球的大气层和磁层对地面上的人们可以起到足够的保护作用，但太空中的宇航员则缺少这种保护屏障，面临潜在的辐射危害。如果宇航员在空间辐射的高峰期走出航天器，就有可能因粒子的袭击而受伤甚至死亡。太阳质子事件还可能对在极地上空飞行的飞机驾驶员造成严重的辐射伤害。为了把这种危险减到最低，美国联邦航空局定期发布常规预报和警报，有潜在危险的航班就可以改变路线或降低高度来减少辐射危险。我国"神舟四号"飞船轨道舱在轨运行半年期间，初步探明了飞船运行轨道的空间环境状况，为我国下一步载人飞船的安全飞行成功绘制了"安全路况图"（刘玉洁，2004）。

1.2 空间天气可以预报吗

人们已清楚地认识到太阳活动和空间环境状况的变化，制约着人类安全、生产和生活。预报空间天气"好""坏"就成了势在必行的工作（邓素云，1997）。如果对日地空间环境，空间天气变化提前做出准确的预报，人类就可以提前采取防范措施，将空间灾害性天气事件带来的损失减小到最低程度。例如，如果事先减少电力系统的负载，就可以避免磁暴对输电系统的破坏。在发射卫星时，选择合适的发射时间和轨道参数，也可以避免太阳爆发所造成的危害。对于已在轨道上的卫星，如果事先知道空间暴何时发生，也可以通过地面控制系统密切监视卫星的所有指令，及时排除由于单粒子翻转所产生的伪指令。因此，避免和减轻空间天气灾害最有效的措施是准确地进行空间天气预报（方成，2006）。

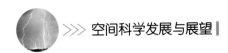

什么是空间天气预报呢？空间天气预报这一术语是借鉴天气预报而来的。天气预报是预报某一地域的天气变化，主要是10 km以下的对流层的大气环境变化情况。而空间天气预报则预报日地空间环境状态的短时间尺度的变化，通过监测太阳活动，从地面观测网和卫星观测数据预测太阳活动及空间环境的变化。空间天气预报要复杂得多，涉及的空间区域从地球表面几十千米直到太阳表面这一广阔的区域（李昌兴，2003）。

空间天气预报的内容主要有以下几个方面：一是太阳活动预报，包括周期性活动和爆发性活动，如太阳黑子数、耀斑、高速太阳风等；二是行星空间天气预报，如行星际磁场的大小和方向，太阳风状态等；三是地球空间天气预报，包括磁暴、地磁活动、极光现象、电离层暴等。

从时间提前量方面，空间天气预报可分为长期预报，主要预报未来一年以至几十年内太阳活动水平的变化。提前半个或一个太阳自转周至几个月的中期预报，主要内容是预测未来一个月或27天的太阳活动总体水平。提前1~3天的短期预报，预报是否会有太阳X射线爆发、级别如何，地球附近是否会有太阳质子流量的突然增强——太阳质子事件发生（高玉芬、王家龙，2001）。

2 空间天气预报模式

2.1 山雨欲来风满楼——空间天气经验预报

空间天气预报就是应用空间天气变化的规律，根据当前及近期的观测数据，对未来一定时期内的空间天气状况进行预测。可以类比我们常见的天气预报来理解它的含义，只不过预报的对象和范围有所不同。前者主要是对地球低层大气的天气状况进行预测，而后者所要预报的是从太阳到地球中高层大气的整个空间环境变化。根据所研究的日地空间区域详细划分，空间天气预报可分为太阳活动预报、行星际空间天气预报、磁层天气预报、电离层天气预报和中高层大气天气预报。

　　一般来讲，空间天气预报主要有两种方法：经验预报和物理预报。经验预报主要是对大量历史观测资料进行数理分析，研究预报对象与预报因子之间的统计关系，进一步建立预报模型对未来事件进行预测，有时也被称为统计模式预报。这种预报模式是以概率论作为基础，当达到某种置信程度时，可以把预报量与预报因子之间的关系用回归方程表示出来，因此，在大多数情况下，如果预报因子出现，预报量也就会在很大概率上相应地出现，但不能保证在任何时候都这样。从理论上讲，符合确定论的预报是最理想的，但由于实际情况的多样性和复杂性，现阶段人们还无法建立起完整的确定论预报模式。从实际业务上讲，统计模式具有针对性强、使用简单快捷的特点，因此在空间天气预报中被广泛应用在日地空间的各个领域。实际业务中采取的统计分析技术一般包括回归分析、小波分析、时序叠加分析、现象滤波分析、多因素分析和人工神经网络方法等。

　　根据预报对象的不同，空间天气预报可以分为太阳活动预报、行星际空间天气预报、磁层天气预报和电离层天气预报。

2.1.1 太阳活动预报

　　太阳活动主要预报对象是太阳黑子数、太阳耀斑、日冕物质抛射、射电流量F10.7等太阳表面活动。太阳黑子数预报的时间尺度跨度很大，从半个月到十几年的预报都有。严格来讲，太阳黑子数本身就是一个缺乏具体物理意义的统计量（见图6-3），但它已有二百余年的观测历史，积累的观测数据多而且完整，并且它能够清楚表征太阳活动的周期性，因而受到广泛的重视。

　　最直观的方法就是将黑子数作为时间的函数进行统计预报，把黑子数的观测值作为一个非平稳随机时间序列，利用古代极光及黑子目视记录的

图6-3　2004年7月22日太阳黑子的观测图片

（图片来源：http://zh.wikipedia.org/wiki/File:Sun_projection_with_spotting-scope.jpg）

历史资料研究太阳黑子数的周期性。至今已发现太阳黑子活动具有11年、22年、80年和200年左右的周期，根据这个周期就可以大致预测太阳黑子活动的变化趋势。图6-4是Phillips等人在2006年给出的太阳黑子数的预测，其中第18~23太阳活动周的数据是已有的观测数据，可以明显看到太阳黑子数的周期性变化。根据这种周期性变化，Phillips等人给出第24和25太阳活动周黑子数的预测值。图中给出，太阳黑子数预计在2010年到2011年间达到最大，但实际情况却恰恰相反，2010年的太阳黑子数始终处于谷底。这说明我们所处的第24个太阳活动周是一个非常特殊的活动周，太阳活动异常平静。对黑子数时间序列的预测类似的方法还有时间曲线拟合法，一般是利用单条或多条曲线回归法来预报黑子数，例如Wilson等曾利用三条正弦曲线相加来拟合黑子数曲线，外推预报值。

此外对黑子数的预报还有活动周参量法，这种方法就是假设当某个太阳活动周的主要特征参数（极大值、极小值、上升或下降段的时间长度）与历史上以后的太阳活动周参数相似时，则该活动周的其他特性也与之相似。利用概率统计法和相关分析法对历史数据进行整理研究，就可以得到这种预报所使用的经验公式。为了能进行更准确的预报，一般还会根据活

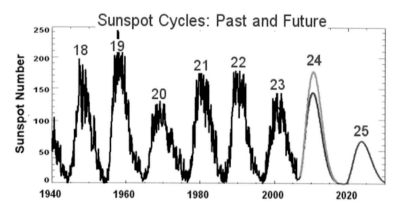

图6-4 美国航空航天局在2006年对太阳黑子数的预测(其中黑色曲线为观测数据,红色曲线为预测值)(图片来源:http://science1.nasa.gov/science-news/science-at-nasa/2006/10may_longrange/)

动周的类型进行分类,分别给出不同的预报公式,例如引入高值周和低值周、奇数周和偶数周、快升周和慢升周的概念。中科院空间中心的空间环境预报中心从1997年就开始采用相似周的方法对太阳活动进行了长期预报。还有一种预报提前量不多但预报值更为准确的预报方法,这种方法是利用极小期或太阳活动周下降期的地球物理量的观测数据来预报下一个太阳活动周黑子数的极大值。王家龙在1987年曾利用第21周地磁指数观测数据预报了第22周的太阳黑子数,预报值与实际观测到的黑子数非常接近。

不少学者也利用经验公式的办法对太阳耀斑进行了预报,一般是先建立太阳活动区参数和耀斑发生率之间的统计关系,然后根据统计关系定出经验公式。有时经验公式涉及的参数会有十几个,预报的时间提前量一般为1~3天。人们长期观测发现在耀斑发生前,在可见光波段、射电波波段或X射线波段上通常能观测到发生区域的某些异常现象,这些先兆现象相对于耀斑发生时间的提前量是各不相同的,可以利用它们来做不同时间提前量的耀斑预报。常见的先兆现象有X射线亮点、短波辐射增强、色球暗条活动、黑子群特殊变化等。观测表明,大多数耀斑都发生在黑子群上

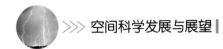

空，且黑子群的结构和磁场类型越复杂，耀斑发生的概率就越高。虽然这些先兆现象与耀斑产生的物理机制还不是特别清楚，但是利用这些现象与耀斑之间的统计关系却确实可以做出相当准确的短期预报。威尔逊山磁分类和McIntosh分类从形态上对黑子群的磁场极性和结构特征进行了分类，建立了不同黑子群与耀斑爆发的统计关系，并利用自回归、小波分析、模糊分析或神经网络等方法给出了耀斑预报模型。实际业务中，预报员参考耀斑预报模型给出的结果，综合分析太阳X射线、极紫外、射电波段等太阳活动监测数据，结合长期积累的预报经验最终给出预报结果。

2.1.2 行星际天气预报

太阳风和行星际磁场把太阳活动的信息带到地球附近，引起地球空间天气的变化。行星际空间就是日地之间太阳风和行星际磁场传播必须经过的区域，如果能在地球上游行星际条件进行检测和预报，无疑对近地空间天气的预报具有重要意义。行星际天气预报主要包括背景太阳风状态预报、行星际扰动预报和太阳高能质子时间预报。

由于太阳风的物理模型相对简单，产生机制研究得比较透彻，所以对背景太阳风的预报主要是基于物理模式。对于行星际扰动来说，激波和行星际日冕物质抛射是我们研究的主要对象，因为它们是引起灾害性空间天气的主要原因。行星际日冕物质抛射实际上就是日冕物质抛射在行星际空间的传播过程，在太阳爆发之后，一般会在1~5天内传播到地球轨道。对于激波和行星际日冕物质抛射的预报，主要是对它们到达地球时间的预报。Wang等（2005）利用多颗卫星的观测数据，研究了行星际日冕物质抛射在0.3~5.4 A（天文单位）的传播特性，定性给出等离子体团在传播过程的性质变化。Gopalswamy等（2000，2001）通过分析SOHO/LASCO的数据，给出了一种预报行星际日冕物质抛射到达地球时间的ECA模型。Manoharan等（2004）基于91个激波事件，对激波到达时间和太阳风参数进行了相关性分析，给出了激波到达时间的经验公式。

太阳质子事件是空间天气预报的一个重要对象，因为它可能造成航天设备的损坏，甚至威胁到航天员的生命安全。质子事件预报主要是长期预报和1~3天的短期预报。前者主要是预报未来几年或一个太阳活动周内质子事件的积分通量和能谱，对于运行周期较长的航天器飞行计划和轨道设计等具有很高的参考价值。后者主要是预报质子事件的发生概率和级别，为太空行走、高能辐射敏感的科学设备提高规避依据。质子事件的长期预报模型主要在统计整理过去质子事件的观测数据的基础上，对峰值流量、延迟时间等相关参数进行分析得出经验模型，进一步用于预报，常用的模型有King模型、JPL模型、ESP模型以及MSU模型。目前能进行业务运行的短期预报模型也主要是建立在统计关系上的经验模式，预报因子主要是太阳活动区、耀斑、射电爆发等太阳活动的特征参数，预报对象为质子事件的发生概率和级别等，一般通过神经网络、支持向量机等方法建立起两者之间的联系从而进行预报。

2.1.3 磁层天气预报

磁层空间与行星际空间最大的不同就是磁场位形的不同，在磁层内，地磁场起着主要的控制作用。磁层内的磁场位形就是我们首要研究的一个对象，目前用得最多的地磁场经验模型是Tsyganenko模型。它从地磁观测得到的近地国际地磁参考场（IGRF）出发，对大量的卫星观测数据进行拟合，得到了一个能描述整个磁层空间内磁场位形的经验模型。在这个模型中，磁层内磁场的位形受到太阳风动压、Dst指数、行星际磁场的Y和Z分量、地球磁倾角等因素的影响。当行星际条件发生变化时，有时会引起地磁场的剧烈扰动，发生地磁暴。伴随地磁暴发生的同时，外辐射带高能电子通量会增强、发生电离层暴、高层大气扰动、地面电缆和输油管道里产生感应电流，这些现象都会影响天基地基系统的正常运行，甚至造成输电和输油网络的中断，从而造成巨大的经济损失。为了描述地磁活动，地磁学家们设立了几十种描述地磁活动的指数，其中目前最常用的几个描述全球地磁活动水平的指数包括Ap、Kp和Dst指数。地磁暴预报主要就是对这几个地磁指数进行预报。地磁暴主要是由日冕物质抛射和共转相互作用区引起的，如果能预报它们到达地球的时间、频次和到达时的太阳风参数，就能对地磁暴进行较为准确的预报。前面所说的对于太阳日冕物质抛射和它们在行星际空间传播的预报就是出于这个目的。Yurchyshyn等（2004）通过对历史观测数据进行统计分析，给出了日冕物质抛射的初始速度与由它引起的行星际磁场南向分量之间的经验公式，并利用三次曲线对行星际磁场南向分量和Dst指数进行了拟合。Gonzalez等（2004）也建立了一个以日冕物质抛射初速度为参数的经验预报公式，用以对Dst指数进行预报。在太阳活动较低的时候，共转作用区引起的地磁暴占很大的比例。根据冕洞共转作用区的重现和发展特征，通过自回归方法，就可以对未来27天内的地磁指数如Ap指数进行预报。除此之外，利用在日地连线上的拉格朗日点L1上的卫星实时监测数据，可以用来进行提前2小时的地磁扰动预报。Gonzalez给出过一个利用太阳风监测数据进行强地磁暴预报的判断依据，即行星际磁场持续维持南向10 nT以上超过3小时，就会引起大磁暴。中科院空间环境预报中心也建立了基于L1点太阳风数据，提前2小时预报Dst指数的模型。

2.1.4 电离层天气预报

电离层天气预报主要是对电离子总电子密度TEC和电离层参数foF2进行预报。TEC是单位面积电离层高度上电子含量的总和，一般通过电波在电离层中的法拉第效应、折射效应等来反演总电子含量TEC。例如，GPS卫星两个频率上的信号在通过电离层时由于折射效应会产生时间延迟，根据这个时间延迟就可以反演出传播路径上总电子含量TEC。这种技术能以

30秒的采样频率给出全球范围内斜向和处置电离层总电子含量的数据，并且进一步根据掩星技术可以得到高精度的电离层电子密度垂直剖面。f_0F_2是电离层中另一个重要的参量，它对短波通信有着重要的影响。目前对于f_0F_2的预报主要是基于经验模式，利用统计分析和数据工具对历史观测数据进行分析，实现短期的预报，常用的有自相关函数、多远线性回归、人工神经网络等方法。在我国的子午工程中，利用数字测高仪的观测数据，采用三层神经网络法发展了f_0F_2提前1天的预报模式。对于磁暴期间电离层参数的预报，主要是美国发展的暴时电离层经验修正模型。该模型利用43个电离层暴期间全球75个台站的电离层观测数据，统计并分析了电离层参数f_0F_2与地磁指数Ap的关系，并在网上实时给出模式中全球暴时f_0F_2的修正因子。

2.2 谈天论道识规律——空间天气物理预报

空间天气预报能力是空间天气的监测能力、物理规律的认知能力、建模能力和预报技术等多方面的综合。基于以往观测数据的统计预报模型和半经验半物理模式来预测未来空间天气状况在过去的几十年中发挥了核心的作用，并且在可以预期的未来也将发挥重要作用。然而，如果我们要提高空间天气预报的准确率，就必须了解空间变化过程及其物理规律，并在认识和了解这些物理过程和变化规律的基础上开展空间天气物理建模，这已经得到了空间大国科学家的共识。美国2000年颁布的空间天气实施计划中，空间天气建模是六大关键要素之一，发展基于物理的可以实现48小时近地空间天气的预报模型是其主要目标。美国2008年5月召开的空间天气大会认为：要提高预报能力，提升对日地系统空间天气整体变化过程的认知水平，主要途径是保持L1点卫星对太阳风进行24小时不间断地监测，发展各类空间天气模式。美国在2006年到2035年的空间物理和太阳系空间环境探测领域中规划了一系列的从太阳—行星际—地球空间的探测计划（见

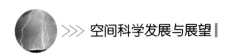

图6-5），并把空间天气建模作为重要的基础能力来重点发展。

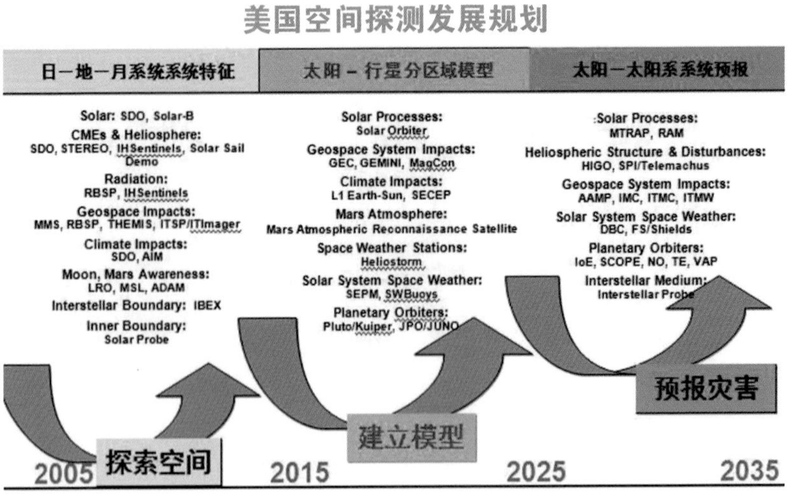

美国空间探测发展规划

日-地-月系统系统特征	太阳-行星分区域模型	太阳-太阳系系统预报
Solar: SDO, Solar-B	Solar Processes:	Solar Processes:
	Solar Orbiter	MTRAP, RAM
CMEs & Heliosphere:	Geospace System Impacts:	Heliospheric Structure & Disturbances:
SDO, STEREO, IHSentinels, Solar Sail Demo	GEC, GEMINI, MagCon	HIGO, SPI/Telemachus
Radiation:	Climate Impacts:	Geospace System Impacts:
RBSP, IHSentinels	L1 Earth-Sun, SECEP	AAMP, IMC, ITMC, ITMW
Geospace Impacts:	Mars Atmosphere:	Solar System Space Weather:
MMS, RBSP, THEMIS, ITSP/ITImager	Mars Atmospheric Reconnaissance Satellite	DBC, FS/Shields
Climate Impacts:	Space Weather Stations:	Planetary Orbiters:
SDO, AIM	Heliostorm	IoE, SCOPE, NO, TE, VAP
Moon, Mars Awareness:	Solar System Space Weather:	Interstellar Medium:
LRO, MSL, ADAM	SEPM, SWBuoys	Interstellar Probe
Interstellar Boundary: IBEX	Planetary Orbiters:	
Inner Boundary:	Pluto/Kuiper, JPO/JUNO	
Solar Probe		

2005 探索空间 **2015** 建立模型 **2025** 预报灾害 **2035**

图6-5 美国空间探测发展规划路线图

　　在将空间天气预报研究模型向业务转化方面，美国早在1995年的空间天气计划中，已经明确把空间天气模式等研究成果的技术转化和集成列为战略要素；2000年的美国空间天气体系框架计划中设立了快速原型中心，负责快速、集中地将所需研究模式和成果转化集成到空间天气业务系统中。美国空间天气预报中心和美国空军都建立有专门的空间天气模式转化和集成中心（RPC，预报模式快速原型中心），专门负责空间天气业务模型的转化、运行、检验和集成工作，已实现了许多单一空间天气预报模式的应用转化和集成，并在多模式耦合集成上开展了大量工作，如磁层、电离层和热层模式的耦合集成。然而，日地系统的太阳日冕、行星际、地球空间（磁层、电离层和中高层大气）的物理结构和动力学过程的复杂性，使得传统的理论分析变得非常困难，进行大规模计算的数值模拟成为攻克空间天气预报这一挑战性难题最有效的途径。随着高性能计算的迅猛发展，发展空间天气数值预报的技术条件也已成熟。21世纪初国际上开展了日地系统连锁变化过程的物理建模，对空间天气过程的定量化描述、空间天气数值预报正处在起步阶段。正如天气数值预报模式对天气预报发挥的重要作用一样，建立基于物理和符合实际的空间天气数值预报模式是提高空间天气服务水平和质量的必由之路。

2.2.1 物理预报模式要素

空间天气的源头主要来自太阳活动。太阳爆发（太阳风暴）向行星际空间抛出大量的物质和能量，引起行星际空间的扰动，当这些扰动到达地球空间时，从上而下影响磁层、电离层和中高层大气。日地空间环境的要素包括场和粒子。场主要是磁场和电场，而引力场的作用在很多情况下都可以忽略不计。粒子的主要成分是各种能量的质子，也包括少量的氦、氧等重粒子。人们最关心的空间环境要素有磁场、粒子的密度、速度、温度等基本参数。日地空间环境中不同区域的物理性质截然不同，目前对不同空间区域还没有建立统一的数学描述和物理模式。然而，每一个空间区域都建立了成熟度各异的物理模型。日地空间物理模式根据空间区域不同可以大致分为日冕模式、行星际模式、磁层模式、电离层模式和中高层大气模式。其中有的模式覆盖了两个或两个以上的区域，如日冕—行星际耦合模式，太阳风—磁层—电离层耦合模式等。

2.2.2 物理预报模式纵览

当前空间天气预报的水平与实际需求还有较大差距，预报的水平估计相当于气象天气预报五六十年代的水平。借鉴天气预报发展历史，要从根本上提高空间天气预报的水平，一方面要大力开展空间探测，针对日地空间关键的区域和空间天气连锁变化过程进行监测；另一方面需要进行理论研究和建立相关的空间天气预报模式。经过几十年的发展，在从太阳大气、行星际空间再到地球空间的不同空间区域都研发了成熟度不同的各种半经验半物理或物理模式。

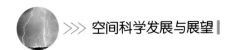

2.2.3 日冕和行星际模式

日冕和行星际模式包括高度复杂的三维MHD模型和半经验半物理模型。太阳风的磁流体力学（MHD）模型，主要有SAIC模型，Feng等、Toth等开发的SC-IH模型。这些模型大都根据太阳光球磁场的观测确定初始输入，并在MHD方程组中加入体积加热项，模拟结果可与一些观测细节对比。上述模型的输入都是利用一个太阳自转周的概图作为输入，有的还将日冕底部边界的参数随着时间变化而演化。Wang-Sheeley-Arge（WSA）模型则是通过源表面上磁场扩散因子计算太阳风加速终了速度的半经验模型，可以确定背景太阳风速度的分布和行星际磁场径向分量极性的时间变化。对日冕物质抛射事件（CME）引起的激波到达地球时间的统计模型也有许多，如利用II型射电暴频率漂移速度来估计初始激波速度作为输入量估计激波到达地球时间的运动学模型，这类模型有STOA、STOA-2、ISPM和HAFv.2。Gopalswamy等假定在某一径向距离内，激波是匀变速运动，预报CME驱动激波到达地球的时间和激波到达时的传播速度。Wei等利用太阳观测、行星际闪烁观测以及地磁扰动观测结合模糊数学方法，提出了一种综合性的"ISF"方法，来预报太阳风暴能否到达地球、到达时间及造成的地磁活动大小等。

2.2.4 全球三维磁层模式

磁层模拟按计算域可分为局地模拟和全球模拟两大类；按计算方法划分大致可分为磁流体力学（MHD）和粒子模拟。国际上磁层的全球MHD数值模拟工作开始于二十多年前，最初的研究局限于二维空间。由于磁层内在的三维特性，三维MHD数值模拟工作兴起于20世纪80年代，主要是用来模拟磁层的大尺度结构和基本的物理过程。直到20世纪90年代才开始与探测计划结合并用来与观测数据进行定量比较。20世纪90年代中旬开始成为空间探测计划有机组成部分。借助模型，人们开始认识空间探测器未能覆盖的广阔领域和了解观测现象后面的物理规律。当代流行的磁层三维全球MHD模型有Maryland大学 and Dartmouth学院的Lyon-Fedder-Mobarry (LFM) MHD模型，Michgan大学的BATS-R-US模型，UCLA/UNH的OpenG-GCM模型，FMI的GUMICS模型，以及日本名古屋大学的Ogino模型。这些模型采用了从相对简单的中心差分算法到利用近似求解黎曼问题算子等不同的计算格式。在美国自然科学基金委 (NFS) 地球空间环境模型 (GEM) 提出的对流问题挑战课题和磁层亚暴挑战课题中，这些模型显示了相当的再现观测现象的能力，然而也存在一定的局限性，并不能完全反映观测现实，在很多方面还需要不断改进和发展。其中包括对物理过程的深入了解和对计算方法的进一步改进。在双星计划和我国自然科学基金委的支持下，在21世纪初我国科研人员也完成了PPMLR的全球MHD数值模式。

2.2.5 内磁层 (辐射带) 模式

目前广泛使用的辐射带模式是美国宇航局 (NASA) 的经验模式，AP-8和AE-8，这些模式是根据1990年以前的数据建立的。这种静态模式具有许多不准确性，特别是在南大西洋异常区域。事实上，CREES和SAMPEX等卫星的观测表明，外辐射带高能电子通量处于急剧的动态变化之中，受太阳风条件和地磁活动指数影响很大。现有的静态辐射带模式已经不能满足科学和工程上的需要。

2.2.6 电离层 (热层) 模式

目前典型的电离层模型有英国Sheffield大学的热层—电离层耦合模型 (CTIM)、美国国家大气研究中心的热层—电离层全球环流模型 (TIGCM)、美国犹他大学的时变电离层模型 (TDIM)、美国Alabama大学的磁流管等离子体模型 (FLIP)、Philips实验室的全球电离层理论模型 (GTIM) 和俄罗斯极区地球物理研究所的全球大气和等离子体模型等。这些模型在其自身的完备、与其他空间物理层次模型的耦合和高效能计算方面仍在不断

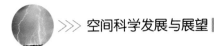

完善。近年来美国海军研究实验室建立了新一代的中低纬电离层模型（SAMI3），犹他大学在原有电离层模型基础上，正在发展其自主的全球热层电离层平均理论模式（GAIT），Alaska大学借助于高性能计算技术，建立了基于欧拉坐标和并行运算的极区电离层模型（EPPIM）。各国对理论模型的重视还体现在当前最新的预报技术——基于物理模型和大量观测数据的数据同化预报技术当中，这在中低纬度电离层预报中得到了较好的应用。

目前中高层大气模式中主要的半经验模式有标准大气模式、系列CIRA半经验模式，基于质谱计—非相干散射雷达大气模式（MSIS Model），表征中高层大气风场的（HWM）模式，反映大气背景风场和行星尺度波动的系列全球尺度波模式（GSWM）等。这些模式能够较好地反映全球中高层大气背景和行星尺度扰动的气候学基本结构特征，但是无法表征短时空间天气过程的传播和耦合。为了力求逼真地表现中高层大气运动中各种重要物理过程及其相互作用，近年来国际上陆续建立了系列的大气环流模式（GCM），但是这些大气环流模式中对中高层大气与其上下层区的耦合过程的表征是非常不充分的。另外，这些模式间中小尺度扰动效应的参量化模式差异很大，备受争议，导致模式输出结果与观测结果之间差异很大。

2.2.7 空间天气集成模式

日地空间是一个耦合的复杂系统。来自太阳的能量和物质，经过行星际传向地球空间，形成能影响人类空间活动甚至地面系统的各种地球空间环境现象。例如，来自太阳的电磁辐射直接加热并电离地球高层大气，形成地球热层和电离层，并驱动高层大气环流。太阳活动与太阳爆发引起的太阳风扰动，通过与地球磁层相互作用，形成地磁暴、亚暴等磁层扰动，并通过太阳风—磁层—电离层/热层耦合系统，进一步影响到地球电离层与热层，引起电离层热层暴，产生包括极光在内的中高层大气剧烈扰动现象。此外，地球低层大气吸收来自太阳的辐射能量，以重力波、潮汐和行星波等波动形式将能量和动量向上传递，进一步加热高层大气，影响高层大气环流，拖曳电离层等离子体运动并与之发生耦合作用；潮汐等大气波动还在电离层底部（发电机区）通过发电机效应产生电场。该电场沿着倾斜的磁力线映射到整个电离层，导致电离层等离子体重新分布，产生包括赤道喷泉效应在内的电离层动力学和电动力学现象。

迄今为止，针对典型的空间灾害性天气事件，从太阳表面太阳风暴驱动源出发，贯穿日地空间，最终到地球空间的基于物理规律的整体集成数值预报模式，在国际上正处于起步阶段。美国基金委重点支持了以波士顿（Boston）大学牵头联合几个大学组成的空间天气集成模型中心（CISM）和密执根（Michigan）大学主持空间环境模型中心（CSEM），目标是要建立初步的空间天气集成的数值模型。图6-6给出了波士顿大学牵头的空间天气集成模式的基本组成，它包括了Linker和Mikic开发的太阳日冕模型，Odstricl和Pizzo开发的太阳风模型，Lyon、Fedder和Mobarry开发的磁层模式以及美国国家大气研究中心（NCAR）开发的TIMED-GCM电离层/热层模式。这些模式都以磁流体力学基本方程为出发点。

描述日地空间，可以给出日地空间环境大尺度结构和变化趋势。在此背景上，波士顿大学牵头的空间天气集成模式还包括了太阳能量粒子、环电流及辐射带等附加模型。

与波士顿大学牵头的空间天气集成模式发展并行，密执根大学提出了空间天气模式框架（见图6-7），其基本思路与波士顿大学牵头的空间天气集成模式类似。但它只是给出一个理论框架，规定了不同空间模块和模块之间的接口关系，并不固定每一个空间区域的模式，与计算机配件类似，具有可插拔的特性（Plug and Play）。比如说，在磁层模块中，它现在使用的是密执根大学开发的BATS-R-US模型，但只要符合它规定的接口关系，

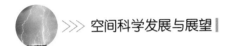

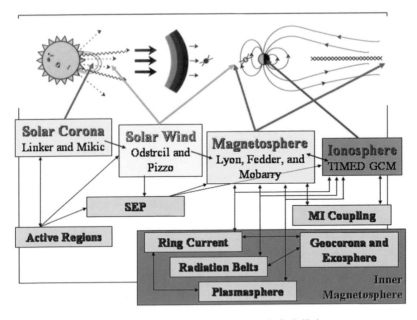

图6-6　波士顿大学牵头的空间天气集成模式

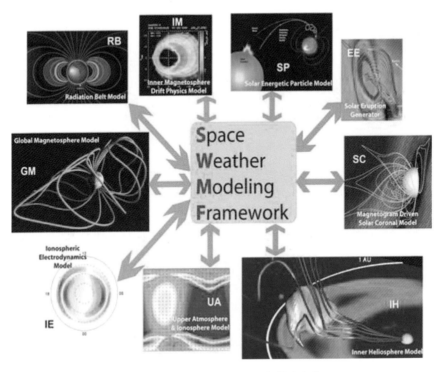

图6-7　密执根大学的空间天气模式框架

人们完全可以用自己研发的磁层模式来替换它。基于物理的空间天气集成模式目前还处于起步的阶段，远没有达到完善的地步，它已成为国际空间天气研究最具挑战的课题之一。我国重点基础研究发展计划（973计划）2012年也支持了基于子午工程和双星计划的地球空间天气数值预报建模研究，主要目标是建立起基于物理规律的具有自主知识产权的第一代空间天气数值预报模式，初步实现太阳爆发事件在日地系统的传播、演化及耗散的整体变化过程的定量化描述，并进行系统化的空间天气数值预报试验，为了解行星际扰动对地球空间环境的影响和空间天气预报提供科学基础和技术支撑。

2.2.8 数值预报崭露头角

空间等离子体运动遵守磁流体力学方程，包括运动方程、连续方程、能量守恒方程和磁感应方程等基本方程。它们构成支配等离子运动的基本方程。所谓数值空间天气预报，就是在给定初始条件和边界条件的情况下，数值求解磁流体力学基本方程组，由已知的初始时刻的空间环境状态预报未来时刻的空间环境状态。真正的空间天气数值预报应该是在我们了解日地系统整个空间环境状态，在观测到太阳爆发活动时，能够及时、准确求解描述日地系统的磁流体力学方程组，做出未来日地系统空间环境状态的判断。然而，我们离这个目标还很遥远，首先，我们没有足够的观测数据来给出当前日地系统的空间环境状态，虽然我们已经有了观测太阳和地球空间的卫星，但这些卫星所观测的局域相对于广袤的地球空间而言都是非常有限的，所观测的参数也不完备。再者，人们还没有建立起从太阳到地球的符合实际的空间天气模型。最后，现在的计算机能力还不能实现在很短的时间内完成所有的运算。但这并不意味着我们没有作为，人们已经在这个方向上迈出了坚实的一步。比如说，我们可以利用在L1点的太阳风观测数据，通过全球磁层模型来实现地球空间天气数值预报。首先我们来了解一下L1点。

如图6-8所示，在太阳—地球系统中存在一些引力平衡点。在天体力学中，拉格朗日点（Lagrangian point），又称天平点，是限制性三体问题的五个特解。例如，两个天体环绕运行，在空间中有五个位置可以放入第三个物体（质量忽略不计），并使其保持在两个天体的相应位置上。理想状态下，两个同轨道物体以相同的周期旋转，两个天体的万有引力与离心力在拉格朗日点平衡，使得第三个物体与前两个物体相对静止。其中L1点是位于日地连线上，居于日地之间，距离地球大约1.5×10^6 km。这是一个非常有利于对太阳、太阳风观测的位置。国际上有SOHO、ACE、WIND卫星处于L1点观测太阳和行星际太阳风。它有一个重要的特点就是它永远处于日地连线上，这就成为地球上游监测太阳风的最好的"前哨站"，行星际的任何扰动首先要通过它才能到达地球空间。在太阳上爆发的物质和能量不一定能到达地球空间，这些爆发的物质和能量是如何在行星际空间传播和演化的，也是一个具有挑战性的问题。但这些扰动到达L1点时，它们十有八九就会影响地球空间。地球空间天气的数值预报就是要利用在L1点观察的太阳风数据，包括行星际磁场（B），太阳风速度（V）、密度（n）等重要行星际参数。

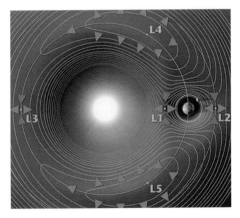

图6-8　日地系统引力平衡点示意图

这些参数输入到全球磁层物理模型中，就可以输出磁层的状态，包括磁层空间等离子体密度（n）、速度（V）和磁场（B），以及电离层状态，包括电流（I），电导（Σ）和电势（Φ）。地球空间天气数值预报的框图见图6-9。

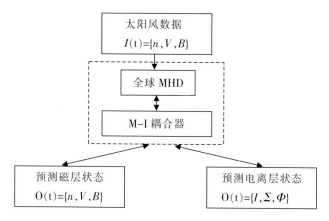

图6-9　地球空间天气预报的框图

我们可以根据磁层和电离层的参数来计算得到一系列预报产品，如磁层顶的位置、弓激波的位置、地磁指数、电离层电激流的位置和方向等。但是，行星际扰动从L点传到地球空间只需要30分钟到1个小时，如何在半个小时内完成太阳风数据实时传输到地面，再输入到磁层模式中并完成计算，目前对于卫星数据接收和高性能计算还是一个重大挑战。

最后，我们用一个超强太阳风暴的例子来说明地球空间数值预报是如何实现的。人类历史上第一次有观测记录的太阳耀斑发生在1859年9月1日，两个英国的天文学家记载了这次耀斑爆发的过程，卡林顿（Lord R.C. Carrington）就是其中之一。事实表明，Carrington观测的白光耀斑仅仅是一系列大规模太阳活动以及对地效应的一部分。后来，人们把这次太阳耀斑爆发以及随后发生的剧烈地球空间扰动称为"Carrington Event"（卡林顿事件），这是第一次也是最强的一次由太阳剧烈活动引起地球空间扰动的空间天气事件。在此超级磁暴期间，地磁Dst指数下降至低于–1 500 nT，

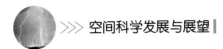

并在较低纬度上形成极光。Dst指数是地磁赤道附近 4 个均匀分布在不同经度上的地磁台站的地磁水平强度变化的小时平均值，一般磁暴的Dst变化在 -200 nT 以内。卡林顿空间天气事件严重影响了当时的电报业务，全球有 200 000 km 的电报线路受到严重损害，很多线路的通信中断 8 小时或更长时间，造成了较大的社会经济影响。然而，1859年人类还没有进入空间时代，对空间的依赖程度远没有当今社会如此强烈。有学者预测，如果现在发生类似强度的事件将造成约700亿美元的经济损失。

卡林顿事件发生的年代还没有卫星观测，没有行星际太阳风的观察数据，但地磁观测的数据有很长的历史。我们可以根据地磁观测，通过一定的理论假设来估计行星际条件。根据印度孟买地磁台的历史记录，1859年9月1~2日发生的卡林顿事件期间地磁Dst指数开始上升到达峰值120 nT，然后下降至低于 -1 500 nT。Li利用改进的Temerin and Li的Dst预测模型，为了再现卡林顿事件的Dst的变化，推算激波到达后行星际太阳风的密度达到 40 cm^{-3}，而后急剧增加到 1 800 cm^{-3}，太阳风速度先迅速增加至 1 200 km/s，而后缓慢增加至 1 750 km/s，在此期间行星际南向磁场达到 -68 nT。参考以上估算，我们在计算中选取以下太阳风参数来模拟卡林顿事件的行星际条件：

初始太阳风条件：

$Bz = 2$ nT，$N = 5$ cm^{-3}，$V_x = -450$ km/s，$T = 0.91 \times 10^5$ K

暴时太阳风条件：

$Bz = -60$ nT，$N = 40$ cm^{-3}，$V_x = -1\ 500$ km/s，$T = 14 \times 10^5$ K

我们利用三维全球磁层MHD模型PPMLR-MHD来模拟地球磁层—电离层系统对以上超强太阳风暴的响应，重点关注磁层大尺度结构、1区场向电流和电离层的越极电位等空间环境要素的变化。图6-10给出了模型计算的昼夜子午面磁层大尺度结构，图中颜色表示的是等离子体速度x—分量

（V_x）的分布。图中（a）为超强太阳风暴影响之前的背景太阳风条件下的典型磁层结构，图中黄色圆圈表示地球，点化线的圆圈是同步轨道的位置，再往外的红色虚线和点线分别为磁层顶和弓激波的拟合曲线。磁层顶和弓激波与日地连线（x轴）分别交于8.5和12.0Re。

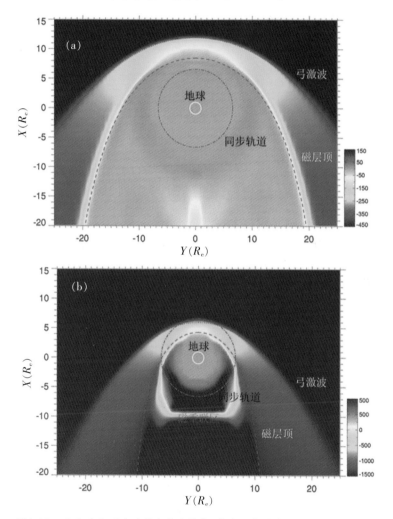

图6-10　昼夜子午面内磁层大尺度结构[等离子体速度x分量（V_x）的等值线]
（a）典型行星际条件下　（b）超强太阳风暴影响约4分钟后

图6-10（b）为引入超强太阳风暴的条件约4分钟后的磁层结构。由于行星际太阳风动压急剧增大，且行星际磁场转强南向，磁层顶在受到强大

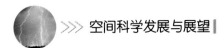

动压压缩的同时，向阳侧磁层顶处的地磁场也受到强烈的剥蚀作用，磁层顶和弓激波与日地连线的交点地向收缩为4.3Re和6.0Re，向阳侧磁层顶和弓激波均已缩至地球同步轨道（距地心约6.6Re）内。在强暴期间，磁层顶压缩到地球同步轨道内是普遍现象，地球同步轨道卫星直接暴露在太阳风中，同步卫星由于缺少地球磁层的保护而更容易受到太阳宇宙线的损害。

基于物理的空间天气数值预报模式虽然在21世纪初取得了重要进展，但由于受到观测数据、人们对物理规律的认知以及计算能力等诸多方面的限制，目前还处在起步阶段，距离实现准确及时的空间天气预报还有相当长的路要走。空间天气数值预报任重而道远。

3 空间天气预报为人类进入太空保驾护航

3.1 阿波罗计划的太阳质子事件预报

1969年7月16日，载着3名航天员的阿波罗11号载人飞船，史无前例地启程飞往月球，开始执行人类首次登陆月球的冒险探测行动。经过长途跋涉，飞行约380 000 km的距离，5天后的7月21日，阿波罗11号终于飞抵月球轨道。美国宇航员尼尔·阿姆斯特朗在踏上月球表面这一历史时刻时，道出了一句被后人奉为经典的话："我将要踏上月球。这是个人的一小步，但对人类来说是一大步。"（见图6-11）

为了实现对月球的探测，美国进行了规模庞大的探月工程——阿波罗计划。阿波罗飞行任务从1967年11月9日开始至1972年年底结束，持续5年左右，从无人到有人，从环月到登上月球，共进行了15次发射任务，其中有11次载人飞行，6次登月。

前往月球的旅途并不平静。飞船和宇航员不但将穿越辐射带这种高辐

图6-11　人类首次在月球留下的脚印

(图片来源:美国国家航空航天局官网http://www.nasa.gov/mission_pages/apollo)

射区域，到达月球后，还会脱离地球磁层的保护，直接处于行星际太阳风中。发生太阳质子事件时，飞船和宇航员所遭受的辐射强度大大增加。图6-12表示阿波罗任务期与太阳质子事件发生时间。那么，太阳质子事件的危害到底有多大，怎样确保宇航员的安全呢？

3.1.1 太空中的辐射杀手——太阳质子事件

人类生存的环境是存在背景辐射的，但辐射强度很小。从图6-13可以看到，在正常的生活中，一个人做一次胸透检查所遭受的辐射剂量为0.1 cSv，在地面生活环境中，一个人一年所遭受的总辐射剂量为0.5 cSv；地面上在辐射环境下工作的工人所遭受的辐射剂量，三个月内的标准为3 cSv，一年总量不能超过5 cSv；美国国家航空航天局宇航员的标准是三个月内不超过25 cSv，一年总量不超过50 cSv。事实上，当人遭受的辐射剂量超过100 cSv时，人体会感到恶心呕吐，如果一个月内遭受的辐射剂量超过400 cSv，人体的死亡率将超过50%。人体如果直接暴露在一次质子事件下，接受的辐射剂量将超过500 cSv，可以说，受到的危害之大是难以想象的。

3.1.2 阿波罗任务成功避开太阳质子事件

阿波罗任务期处于太阳第20活动周的峰年和下降年，太阳风暴频发，

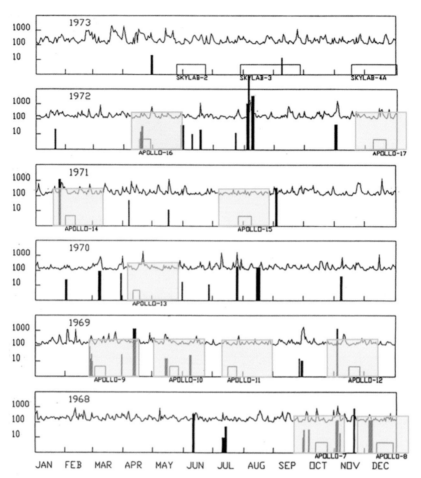

图6-12 阿波罗任务期与太阳质子事件发生时间

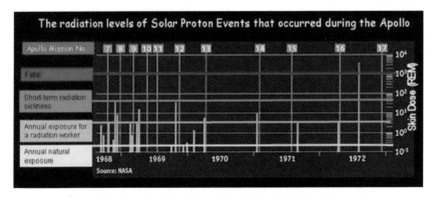

图6-13 阿波罗任务中的太阳质子事件辐射水平

(图片来源:http://www.minimagnetosphere.org)

基本上每年都多次发生太阳质子事件，而且在1972年8月发生了有记录以来的最大太阳质子事件之一，能量大于10 MeV，高能质子峰值超过60 000 pfu。但NASA对太阳质子事件的防护极其成功，除1972年阿波罗16号返回途中遭遇到小的太阳质子事件外，其余飞行都成功避开了太阳质子事件，这要归功于NASA开展的空间环境监测预报及辐射防护工作。

3.1.3 太阳质子事件预报为阿波罗护航

在阿波罗计划的初期，NASA已经认识到太阳质子事件的危害。高能粒子辐射会威胁到宇航员的健康甚至生命，特别是在月球表面，所以在实施过程中采取了大量的辐射防护措施，尽可能地对高能粒子进行屏蔽，使宇航员受到的辐射降低到安全程度。

3.1.3.1 开展了太阳质子事件的有效监测和预警

在阿波罗探月任务中，为实施空间环境预报警报工作，开展了大量的地基监测工作。现Johnson航天中心前身NASA载人飞船中心（MSC）实施了太阳粒子警报网络计划（SPAN），监测网络由分布在全球的7个天文观测台站组成，全天候地监测太阳活动。空间环境中心（SEC，现SWPC）负责对可能发生的灾害性辐射事件进行实时警报。

对于太阳质子事件的预警，要实时准确判断太阳高能粒子事件是否发生，主要是通过分析太阳耀斑及射电监测信息来完成。现在空间天气预报中心（SWPC）采用更先进的手段对太阳粒子事件进行预报和警报。

3.1.3.2 制订飞行计划

在每次飞行时都精心预报太阳质子事件，根据太阳质子事件预报选择飞行时机、制订飞行计划。

3.1.3.3 制订不同任务阶段的辐射防护预案

NASA在任务前制订了详细的不同任务阶段的辐射防护预案，见表6-1。

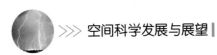

表6-1　阿波罗任务中对辐射防护预案（表格来源：**English，1973**）

阿波罗任务辐射防护规则			
环境条件	任务阶段	规则	注释
预测到有大耀斑发生	所有	任务继续。	/
大耀斑已经发生	不确认太阳质子事件是否发生。 所有	任务继续。	/
	确认质子事件发生，SPAN和实时分析表明在任务期可能超过最大可接受剂量（MOD）。 发射前	状态保持，直到资料分析表明辐射剂量不会超过MOD。	/
	地球停泊	任务继续。 如果资料分析表明，在任务完成前辐射剂量显著超过MOD，不宜进入月球转移轨道。	只有在计算表明辐射剂量将超过MOD情况下，才不宜开展月球转移。
	所有其他阶段	任务继续，考虑尽早进入地球轨道，限制宇航员进入登月舱。	任务继续，考虑尽早进入地球轨道，限制宇航员进入登月舱。
	确认质子事件发生，飞船遥测的个人辐射剂量读数推断出在整个任务期间辐射剂量将超过MOD。 月球转移轨道	任务继续。 如果总的剂量显著减少且不会增加船员总的辐射风险，考虑进入下一个最优目标点。	航天员应该启动个人剂量仪和辐测量仪。对于航天员读数，不需要考虑超过MOD。
	月球轨道	任务继续。 如果通过月球屏蔽，航天员总的剂量将显著减少，考虑延长月球轨道停留时间。	利用降低飞行高度来减少总剂量。 如果质子事件确认，航天员将从登月舱转移到指令舱。
	月球停留	如果总的剂量显著减少且不会增加船员总的辐射风险，考虑减少月球停留时间或者EVA。	建议对比登月舱、指令舱和月球表面的个人辐射剂量仪。
	所有其他阶段	任务继续。	/

注：MOD（Maximum Operational Dose），一次飞行任务最大可接受剂量。

当监测到有太阳耀斑事件发生时，综合分析判断太阳耀斑及射电监测信息，如果判断一次事件的辐射剂量将超过安全阈值，飞行控制人员将调整计划，以降低辐射对宇航员的危害。飞船上设有辐射探测器，一旦探测值上升，宇航员可以知道太阳粒子已经到达，依此减轻事件的影响。

NASA在其总结报告中指出，阿波罗载人飞行计划对辐射危害的防护是成功的。其经验可以总结为三条：一要正确认识飞船所遇到的辐射环境；二要不断完善监测和防护手段；三要对太阳质子事件的预报和任务时间的选择。

3.2 美国空间天气预报中心

美国空间天气预报中心的历史可追溯到国家标准管理局（NBS）的军队无线电传播实验室（Interservice Radio Propagation Laboratory），建立于20世纪40年代早期，用来为盟军提供高频无线电吸收预报。从1978年开始，业务模式变为全天候，每周7天，每天24小时，一直持续至今。2007年由空间环境中心（SEC）更名为空间天气预报中心（SWPC）。

美国的空间天气预报中心（SWPC）是国家官方的空间天气预报、警报发布机构。SWPC的使命是提供空间天气产品和服务，以满足国家不断变化的需求，希望国家能够通过理解和运用警报、预报和数据来减少空间天气带来的影响。SWPC隶属美国海洋和大气管理局（NOAA），位于卡罗拉多州的博尔德（见图6-14）。

SWPC提供实时的太阳和近地空间监测、预报、警报和事件通报，探究和评估新的预报模式和预报产品，并将它们转化到日常业务中。每年SWPC发布的常规产品、事件驱动产品和服务产品超过13 000个，覆盖太阳、行星际空间和地球空间，发布方式主要是Internet。订阅用户超过25 000个，另外还有其他空间天气数据服务，为用户广泛提供空间态势感知信息。

图6-14　美国NOAA的空间天气预报中心

除提供空间天气数据、预报、警报等产品外，SWPC还致力于提高预报能力。主要是增加预报的时间提前量和精度，通过数值模拟和数据同化来拓展它的空间覆盖和预报范围。同时，SWPC在政府机构（NASA和NSF、DOD）的研究团组间起到杠杆作用，联合研究者、用户和商业服务公司，来促进新模式从研究到应用的转化。2011年，SWPC完成了WSA-Enlil模型的业务转化，是其完成的第一个大尺度、基于物理的空间天气预报模型，用以提高地磁暴的预报精度。

SWPC服务的用户群很大，覆盖从私营部门到政府机构的广阔范围，包括深空任务、卫星和近地轨道空间操作、载人飞行、航空公司、电力应用、通信和导航公司等。在对国家的航天任务服务方面，SWPC与NASA JSC的空间辐射分析组之间保持密切的联系，两个机构之间每天保持电话通报，SRAG要确保航天员接受的辐射剂量在可接受的安全范围内。在有特殊的任务需求期间，例如在航天飞机任务期间和有舱外活动期间，这种空间天气服务会增加。同时SWPC也为国际空间站环境系统组（NASA）提供空间天气服务支持。在太阳活动水平比较高时，SWPC与NASA的联系更加频繁。

例如，在2003年10月底11月初，发生了万圣节强太阳风暴，太阳爆发了GOES卫星观测以来的最大级别X射线耀斑，达到X28级；太阳质子事件的峰值流量达到29 500pfu，为第23太阳活动周的最大值，是GOES卫星自1976年以来的第4大极值；同时，引发的地磁扰动也异常剧烈。对于此次太阳风暴，20天内SWPC发布各类警报278份，联系用户93 680次，其中针对太阳质子事件发布警报253份。

在万圣节太阳风暴期间，SWPC通过电话为NASA提供超过140份的各类警报产品，每天详细讨论太阳活动的变化和预测。密切的合作使得SRAG能及时采取行动，确保航天员不会遭遇超过可接受范围的辐射暴露风险。太阳风暴期间，NASA/JSC的管理部门下令ISS远征8号航天员暂时转移到星辰号服务舱的尾部和美国实验室的临时睡眠区，那里是ISS辐射屏蔽最好的位置。在10月28日，有5个20分钟时间段要求航天员留在星辰号的尾部。这些措施对航天员来说能减少50%的潜在的辐射暴露危险。

在国际空间天气联合方面，SWPC是ISES（国际空间环境服务）区域警报中心的旗帜，来促进全球13个区域警报中心的合作和信息交换。SWPC与许多国家和国际合作伙伴共享观测资料、预报产品和预报服务。由于在空间天气监测、数据和模式研究方面的优势，对预报服务的重视，再加上与欧洲、日本等保持良好的合作关系，因此，SWPC的预报服务在国际上处于领先地位。

3.3 我国载人航天和月球探测中的空间天气预报

3.3.1 我国载人航天中的空间环境预报

3.3.1.1 "红色预报员"

"东方红，太阳升……"当这清脆悦耳的电波从我国第一颗人造地球卫星"东方红一号"划破长空传向地球，我国开始进入了太空时代。太空——这个与人类生存发展息息相关的"第四领域"，是人造地球卫星、

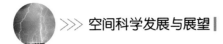

飞船、航天飞机、空间站等航天器的飞行区域，是人类开发和利用太空资源的主要活动领域，也是危害人类活动与生存环境的空间环境灾害事件的直接发生地。人类要开展空间活动，就不能忽略空间环境。

早在20世纪60年代初卫星事业刚刚起步时，中国科学院在赵九章先生的领导下就开始了空间环境的研究，当时主要研究的问题是地球辐射带中高能带电粒子对卫星的影响。在1971年编写了《人造地球卫星环境手册》，为航天工程设计人员提供了一本便于查阅的工具书。

我国航天事业的开拓者之一——钱学森先生预见到空间环境变化将是航天事业面临的一个重大问题，要求空间环境科学工作者能够预报太阳活动和空间环境的扰动，并誉之为"红色预报员"。从此，我国的空间环境预报开始了它的漫漫征程。

3.3.1.2 空间环境预报与载人同行

祖国的富强，推动了我国航天事业的发展。为保障我国航天活动安全，空间环境预报事业应运而生。从萌芽到成熟，从艰难起步到蓬勃发展，空间环境预报走过了半个世纪的光辉历程。

1992年，载人航天工程正式列入国家计划，随后在此工程支持下，按照"边建设、边研究、边服务"的指导思想，中国科学院空间环境预报中心从1993年开始筹建，1998年基本建成并投入试运行，1999年12月通过验收，正式运行，并公开向国内外发布空间环境预报，成为我国首个实现业务化运行的空间环境预报中心。

"应载人而生，为载人贡献"，这是空间环境预报中心从开始就树立的服务信念。从神舟一号到神舟九号，飞船从无人到有人，从一人一天到两人多天，从两人多天到航天员出舱，从天宫一号到无人交会对接，从无人交会对接到有人交会对接，每一步都是载入历史史册的跨越，同时我国空间环境预报也经受着历练和考验，成功地提供了空间环境保障。

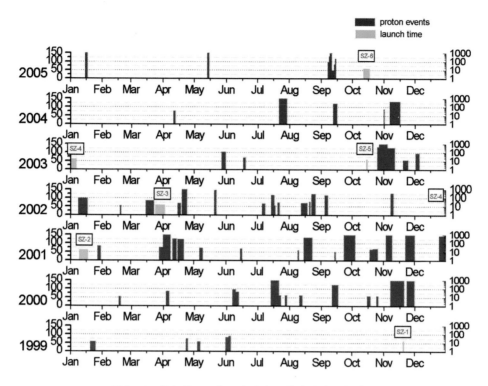

图6-15　载人航天一期工程空间环境安全期预报结果
(图片来源:中科院空间科学与应用研究中心)

在发射前的一年,空间环境预报中心就针对任务特点,进行研究和准备,陆续不断地向载人航天工程指挥部提供各空间环境要素的研究报告,图6-15是载人工程一期工程空间环境安全预报结果。在预定发射前3个月就开始提供空间环境中期预报,随着倒计时临近,预报频次加密,飞船升空入轨后,则进行24小时值班制度,全程监控空间环境的变化。

3.3.1.3 我国航天史上首次因空间环境原因改变发射计划

1999年11月20日清晨,西北大漠深处。成千上万的人们在初冬袭人的寒风中兴奋地等待着一个时刻的来临,神舟一号飞船即将发射升空。

然而,很少有人知道,神舟一号原定的发射日期是11月18日。那么,究竟是什么原因将发射计划这样如此重要的事情推迟了两天呢?

当流星雨滑过夜空，瞬间的美丽让人惊叹不已。而流星雨这种自然美景，却可能会给航天活动带来灾难。1997~2002年正值狮子座流星雨33年一次的回归期，产生这一著名流星雨的母体彗星Tempel-Tuttle回到近日点，由于与地球轨道非常接近，聚集在彗星前后的流星体微粒以高速喷向地球，产生远超平时的流星暴。在此期间发射或运行的航天器，势必要考虑可能来自于流星暴的影响。空间环境预报中心专家预测发现，神舟一号飞船原定发射时间是1998年11月18日7：00，正逢狮子座流星暴最强期，届时将有大量从彗星抛洒出来的物质——流星体穿越地球空间，以平均每小时72 000千米的速度撞击地球和在地球周围运动的卫星和载人飞船，哪怕只有一颗流星体撞击载人飞船，其后果也是不堪设想。而2天后的11月20日7：00流星暴则已结束。他们如实向领导机关报告了存在的风险（见图6-16），提出了对策建议以及可能的结果，这引起了高度重视，事后证明，上级领导将发射推迟48小时的决策十分正确。这是我国航天史上首次因空间环境的原因改变发射计划，标志着我国成为世界上少数几个将空间环境预报应用到航天工程的国家之一。

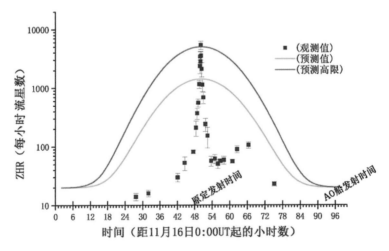

图6-16　神舟一号发射期间流星暴预报
（图片来源：中科院空间科学与应用研究中心）

3.3.1.4 任务中成长的空间环境预报

运行在高层大气中的飞行器在高层大气作用下，飞行高度不断下降，要维持它在规定高度上正常飞行，就需要不断给予推动，使它抬升高度；大气密度越大，阻力也越大，所需的助推燃料也越多。要想使燃料携带量最佳，必须通过对大气阻力的计算。对于低轨道飞行器而言，由于其飞行高度较低，轨道受大气影响更为严重。尤其是载人飞行器，在一次飞行任务中，往往需要多次变轨，以完成交会、对接、返回等任务，因而对载人飞船轨道预报的要求比一般飞行器轨道预报的要求更高。

而从神舟一号到神舟九号，任务的复杂程度在增加，并且随着24太阳活动周峰年的来临，空间环境也日渐复杂，空间环境预报保障任务愈发艰巨。在任务中成长，而成长是为了更好地完成下一次任务。

2002年，神舟三号留轨舱遭遇大型太阳扰动事件，由于大气密度增大舱体轨道衰变严重，在空间环境预报中心的建议下，有关部门密切监视留轨舱轨道变化情况，并及时对其进行了轨道维持。

2003年的神舟五号是我国载人航天的一次历史飞跃，中国航天员第一次进入太空。当年10月底，留轨舱遭遇了本次太阳活动周最大的一次太阳爆发事件。空间环境预报中心对这些事件及其对神舟留轨舱的影响进行了连续的预报和分析，对可能导致神舟五号留轨舱轨道加速衰减的结果做了充分估计。先后发出了五次警报，为留轨舱的指控部门提供了及时的参考建议。

对于空间环境保障来说，因为有了人的参与，保障任务更加艰巨。特别是对于神舟七号飞船来说，航天员的太空行走将面临太空特有的空间辐射环境，图6-17是神舟七号伴飞卫星地磁环境预测。宇宙中充满了各种人眼难于察觉的高能粒子辐射和高能电磁辐射。这就像高速运行的汽车与人体相撞会造成人体损伤一样，高能量的辐射线与人体组织细胞相撞，会引

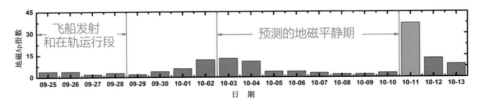

图6-17 神舟七号伴飞卫星地磁环境预测
（图片来源：中科院空间科学与应用研究中心）

起细胞损伤。在保障神舟七号航天员出舱安全这个最重要的任务中，奋斗在一线的空间环境预报人员在科学数据基础上对计划出舱的几个"窗口"进行了反复而认真的研究，做出了透彻的分析，向载人航天指挥部提交了精细的预报产品，圆满完成了神舟七号飞船的出舱保障任务！

2011年9月至2012年6月，从天宫一号到神舟七号和神舟八号两次无人交会对接，再到神舟九号的载人交会对接，创造了中国航天的多项纪录。这标志着中国载人航天事业又进入了一个崭新的阶段。对参加保障任务的空间环境预报员来说，也经历了一次考验。

2012年6月，就在神舟九号发射之前的13日、14日，发现日面上连续爆发了两个M级耀斑，并伴随有朝向地球的日冕物质抛射事件。这两次日冕物质抛射对地球磁场影响会有多大，是否会影响此次任务？

事件发生后，空间环境保障分系统立即召集预报员紧急会商，通过分析太阳观测资料、相关数值模拟结果和相似事件的特征（见图6-18），给出了预报结论：这两次日冕物质抛射预计北京时间17日凌晨左右到达地球附近，会引起小到中等地磁暴，发射窗口的空间环境是安全的。

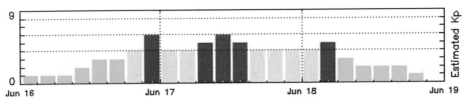

图6-18 2012年6月16至18日地磁变化情况
（图片来源：中科院空间科学与应用研究中心）

事后观测结果表明，地磁活动在飞船发射后约10小时（北京时间17日凌晨），发生了中等地磁暴事件，与预测结果完全一致。

3.3.2 我国月球探测中的空间环境预报

3.3.2.1 中国的探月计划——嫦娥工程

月球是距离地球最近的天体，也是地球唯一的一颗天然卫星。古往今来，美丽的月球给人类带来了无尽的遐想，探索月球，探索未知世界，一直是人类美好的愿望和不懈的追求。自人类开启太空时代伊始，先进的航天大国美国和苏联便启动了探月计划。终于在1969年，美国著名的阿波罗11号第一次将地球人带到了月亮上，开辟了人类的第二个家园。

"嫦娥奔月"的神话在中国流传了数千年，而勇敢的明朝官员万户则成为人类历史上第一个尝试坐火箭奔月的人。中华民族对探索月球的奥秘有着矢志不移的追求。

新中国的探月研究早在20世纪60年代便开始实施了。直到20世纪90年代以来，伴随着我国国力的迅速上升，探月计划快马加鞭。2004年，中国正式开展月球探测工程，并命名为"嫦娥工程"，这是我国继人造地球卫星、载人航天之后的又一个伟大航天活动。嫦娥工程分为"绕""落"和"回"三个阶段，最终目的是实现我国的载人登月。

2007年10月24日，一枚长征三号甲运载火箭腾空而起，带着嫦娥一号卫星驶向月球，正式揭开了我国探测月球的序幕。

那么，在探测月球的过程中，嫦娥卫星会遭到哪些恶劣空间天气的威胁呢？我们又该如何预防或者避开这些威胁呢？

3.3.2.2 探月遭遇的空间环境

犹如我们在地球上可能遭受到风霜雨雪，月球探测器在广袤的地球外空间旅行，也可能遭遇到别样的"风云雷电"。从地球到月球，漫漫长路远达380 000 km。嫦娥卫星将会受到比地球卫星更加恶劣的空间环境的"洗礼"。

首先，在地球附近，嫦娥卫星先后经历大气层、电离层和磁层三大环境。不过，嫦娥飞月的速度很快，只在大气层和电离层停留很短的时间，因此它还尚未来得及领略这里的风光，便迅速钻入广袤的磁层中。这时，就需要小心翼翼了，因为在磁层内侧存在一个受地磁场束缚而充满了很高能量粒子的区域——辐射带，如图6-19所示，强的辐射环境会对卫星的正常运行带来不利影响。特别是有太阳爆发引起地球空间环境剧烈变化时，辐射带的区域会扩展，里面的粒子数目和能量都会增强，对卫星的影响也更大。想当初在2007年嫦娥一号卫星奔月时，要环绕地球运行7天，多次穿越辐射带，在这段时间里，没有发生强烈的空间天气事件，辐射环境的影响不大。

离开地球后，嫦娥卫星便急迫地向月球迈进。此时，卫星穿出了地球磁场，已经完全运行在行星际空间环境中。在行星际空间中，能给嫦娥卫星带来影响的主要是太阳宇宙线和银河宇宙线粒子。太阳宇宙线是太阳喷发的能量很高的带电粒子流，其主要成分是高能质子，在爆发太阳风暴

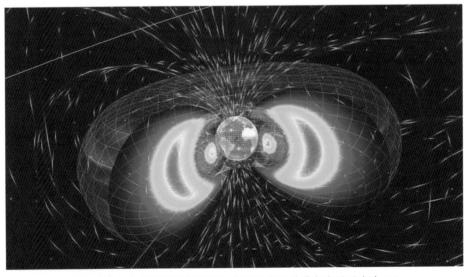

图6-19　地球辐射带(图片来源：中科院空间科学与应用研究中心)

时，高能带电粒子数量在短时间内急剧增大，因此这时叫太阳质子事件。银河宇宙线则是来自银河系超新星爆发的能量极高、但数量极少的高能带电粒子。当嫦娥卫星遭遇大量高能粒子流时，它们能够穿透卫星表面，打在卫星内部微电子器件的灵敏区域，可能引起器件逻辑状态的改变或功能状态的破坏，严重时导致卫星电子器件的损坏。另外，密集的高能粒子的照射还能引起卫星设备材料的性能衰退。高能粒子对航天员的威胁就更加严重了，在阿波罗载人登月任务间隙，1972年8月发生了有记录以来的最大太阳质子事件之一，如果在此事件期间，阿波罗飞船处在往返月球途中，航天员很可能遭受致命的急性辐射疾病甚至死亡。

经过长途跋涉，嫦娥卫星终于抵达月球，开始环绕月球飞行。与地球相比，月球是一颗不设防的星球，月球没有磁场，周围也只有非常稀薄的大气，宇宙中的各种高能粒子和流星物质可以毫无遮挡的到达月球。一般情况下，月球浸泡在太阳风中（见图6-20），它由能量和密度均较低的质子和电子构成，不会对嫦娥卫星构成大的威胁。在月球轨道环境上，嫦娥卫星主要遭遇到的仍然是太阳宇宙线和银河宇宙线粒子。

月球围绕地球公转，大部分时间处于日地之间的行星际空间里，但也

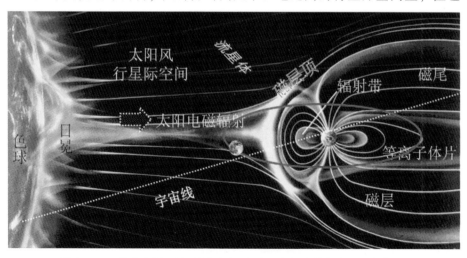

图6-20　日地月空间环境(图片来源：中科院空间科学与应用研究中心)

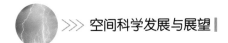

有5~6天时间，转到日地连线后面处于地球磁场控制的空间范围，如果此时发生地磁暴，月球所处的环境中可能出现在地球磁层中被加速的热等离子体和高能电子，它们能够引发卫星内部和表面充放电现象，影响卫星的安全。

3.3.2.3 探月空间天气预报

就如我们外出旅行要关注天气的变化一样，月球探测器的发射运行中，也需要监视、预报旅途可能遭遇的空间环境，才能为奔月之旅铺就坦途。

从开始开展探月活动起，人类通过认识了解月球空间环境，积极防护，有效规避恶劣空间环境的影响。20世纪60年代末至70年代初，美国的阿波罗任务对恶劣空间环境的防护就是非常完善的。借鉴国外成功经验，为了保障嫦娥卫星出行的安全，我国设计者在卫星研制中，通过器件筛选和采取必要的防护措施，使卫星受空间环境的影响降到最低。同时，中国科学院空间环境预报中心专门负责为嫦娥卫星出行提供空间环境预报，使卫星可以规避灾害性的空间环境事件。

预报中心作为嫦娥卫星的空间环境保障责任单位，已成功地为我国载人航天工程和其他多颗卫星提供了空间环境保障，积累了丰富的近地空间环境保障服务经验和参加工程任务的组织管理经验。

为保障嫦娥一号出行的空间环境安全，预报中心提前一年就开展了月球轨道空间辐射环境和等离子体环境研究，分析评估了近月轨道空间环境对嫦娥一号的影响。并根据嫦娥一号轨道特点，提前半年制订了嫦娥一号空间环境保障工程实施方案。

预报中心一方面提前完善和提升各种硬件技术系统，如地基观测设备、数据传输链路和数据监视平台等；一方面完善和改进空间环境保障业务软件系统，如月球探测空间环境保障软件用于实时分析判断嫦娥一号所处的空间环境并评估其对卫星的影响，日地月空间位置软件用于预测卫星运行至地球磁尾空间的时间段；此外还专门制订了奔月期和绕月期的空间环境安全性评估规范（见图6-21），以提供符合工程要求的保障产品。

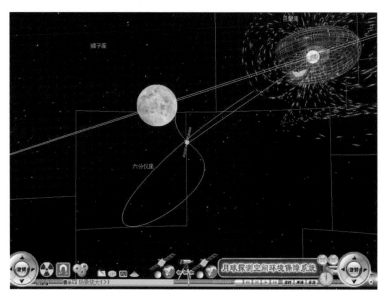

图6-21　月球探测空间环境保障系统(图片来源：中科院空间科学与应用研究中心)

　　预报中心在嫦娥一号发射三个月前就开始提供卫星发射运行安全期预报，为卫星发射窗口的选择和确认提供了及时、有效的参考意见。由于嫦娥一号在奔月过程中要多次穿越地球辐射带，辐射带的高能带电粒子将可能影响卫星部分有效载荷设备的正常探测，研究预报中心向嫦娥一号有效载荷总体部门提交了卫星穿越地球辐射带的时间。在嫦娥一号奔月期间，研究预报中心各岗位人员对空间环境进行了24小时不间断的空间环境监测预报，根据实时轨道根数，计算卫星穿越辐射带的时间，给出卫星运行的安全性评估。在嫦娥一号绕月期间，预报中心每日提供一次空间环境监测及预报（见图6-22），对嫦娥一号所要经历的各种环境及其对卫星的影响，做了细致、准确、及时的预报，顺利地完成了空间环境保障任务。

　　由于嫦娥一号绕月期间基本属于太阳的平静期，没有太阳风暴发生，

图6-22　嫦娥一号空间环境预报中心
(图片来源:中科院空间科学与应用研究中心)

可以说嫦娥一号在风和日丽中完成了对月球的各种探测。

时隔三年,2010年金秋,嫦娥二号再次造访月宫,与嫦娥一号不同,嫦娥二号被直接送入地月转移轨道,奔向月球。这样,嫦娥二号快速掠过地球附近的空间环境,遭遇辐射带高能粒子威胁的可能性要小很多。

嫦娥二号遭遇的最大威胁是太阳风暴。在太阳活动高年,发生太阳风暴的频次较高。嫦娥二号发射和运行的2010年到2011年,处于第24太阳活动周上升期的中末段 (如图6-23所示),爆发太阳风暴的概率要远高于嫦娥一号。因此,准确地预报太阳风暴,就成了嫦娥二号的空间环境预报保障最重要的任务。

面对更复杂的空间环境,更棘手的工作,预报中心做了充分的准备,不仅提供了太阳10.7 cm射电流量、太阳黑子数和太阳质子事件等数据的中长期预报,还专门分析了太阳风暴发生时对深空探测影响的案例,在嫦娥二号发射、在轨期间,及时、准确、高效地预报了发生的恶劣空间天气。

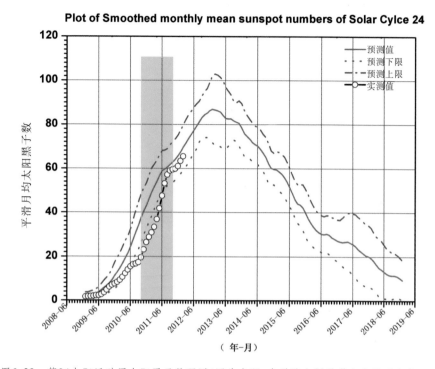

图6-23　第24太阳活动周太阳黑子数预测(图片来源:中科院空间科学与应用研究中心)

3.4 空间天气预报蓬勃发展

人类开始认识到空间天气的社会影响可以追溯到19世纪的第二次工业革命时代。1847年3月19日，英国德比电报局的业务员"看到了极其明亮的极光，在看到极光的时间内，整个电报计的指针出现了强烈的交替偏转"。1859年的卡林顿事件中，整个世界范围内的电报通信都受到干扰，强极光活动期间，欧美发达国家的一些电报站纷纷报告说，电键、电枢上会出现电弧和电火花，甚至电线被烧毁。20世纪初期，电力工业和无线电业开始受到空间天气的影响。人们开始试图把一些可以看到的现象进行关联，如黑子和地磁暴、耀斑和地磁暴、极光和地磁暴等，并试图以此为依据预测地磁扰动的发生。由于当时对空间天气的认识不足，这些关联是非常粗浅、初步，甚至是错误的，但正是这种由于空间天气的社会效应所催

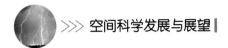

生出的预测需求，推动了空间天气预报雏形的建立。

随着人类进入太空时代，人类对空间天气的了解越来越深入，空间天气预报在竭尽所能地为太空探索服务的同时也得到了长足的发展，可以说，过去的半个多世纪里，空间天气预报伴随着人类探索太空的每一步。人们逐渐认识到从太阳到地球的一系列爆发现象和传播过程，并且建立了天地基的空间环境监测装置，实时监测日地空间天气过程，空间天气预报也迈过了20世纪六七十年代的主观预报阶段，进入依赖实时卫星监测的客观预报时期。同时，随着可用于业务预报的监测卫星的发射和监测数据的实时公布、计算机技术的发展，一些空间天气模式开始被发展起来，预报方法呈现多种多样、百家争鸣的情况，人们开始具备对太阳、行星际、地球磁层、电离层、中高层大气各个环境区域内空间天气的预报能力。过去的20年可以称为空间天气预报发展的井喷阶段，观测数据的爆炸式增长、计算机效率的迅猛发展使得数值模拟进入了空间天气预报领域，多个国家开始建立空间天气计划，把日地空间耦合模式作为终极目标，实现空间天气预报业务模型。

但是，我们必须认识到，目前的空间天气预报能力尚具有很大的局限性，仅相当于20世纪50年代的天气预报水平。虽然已经发展了一些空间天气数值模式，但这些模式的精度、准确度尚有不足，经验预报在空间天气预报中仍占有比较重的位置。随着人类航天活动的发展，探索空间的进一步拓展，对空间天气预报的需求会越来越高，对预报的时间提前量、精度要求都大大增加，可以说，精密预报需求必将提上日程。此外，科学上对空间天气的物理认识还有很大不足，而科学认识的进步才能从根本上提升预报的准确性。在未来的太空探索活动中，随着人类对空间天气过程认识的增加，空间天气预报的能力也会不断提升。

参考文献

[1] 焦维新,傅绥燕.太空探索[M].北京:北京大学出版社,2003:201.

[2] 陈颙,史培军.自然灾害[M].北京:北京师范大学出版社,2007:350.

[3] 方成.走进我们生活的新学科[J].自然杂志,2006(04):194–198.

[4] 刘天波.空间天气对导航卫星的影响[J].航海技术,2007(2):41–43.

[5] 罗霄.重视空间环境条件对航天器的作用[J].现代防御技术,2007(35):1–9.

[6] 刘玉洁,房静欣.空间天气灾害——人类的无形敌人[J].科技文萃,2004(01):31–34.

[7] 马伟宏.空间天气预报:预知太阳喜怒哀乐.中国公众科技网,2008.

[8] 高玉芬,王家龙.目前对灾害性空间天气的预报情况如何?——空间天气学十问[N].科学时报,2010.

[9] 冯学尚.空间天气学——21世纪的新兴学科[J].世界科技研究与发展,2000(02):50–53.

[10] 邓素云.国外空间天气预报研究概况[J].电波与天线,1997(04):32.

[11] 李昌兴.空间天气:从研究到预报[J].中国气象学会,2003年年会新世纪气象科技创新与大气科学发展,2003:15–18.

[12] 张英.地空间环境与空间天气预报[J].国外科技动态,2009(09):27–35.

[13] 魏奉思,朱志文.空间天气[J].科学,1999,51(1):30–33.

[14] 魏奉思.空间天气学[J].地球物理学进展,1999,14(增刊):1–7.

[15] 焦维,高超.对我国发展空间天气系列卫星的建议[J].太空,2001(1).

[16] 王家龙.太阳黑子周极小年的统计性质——兼论第22周起始极小是否已经出现[J].天体物理学报,1987,7(2):158–160.

[17] 龚建村,刘四清,师立勤,等.太阳风暴揭秘[M].北京:国防工业出版社,2001.

[18] 龚建村,刘四清,师立勤,等.太阳风暴的监测与预报[M].北京:国防工业出版社,2001.

[19] 都亨,叶宗海.低轨道航天器空间环境手册[M].北京:国防工业出版社,1996.

[20] 都亨,叶宗海.载人航天与空间环境预报[J].中国航天,1998(03):27–29.

[21] 叶宗海,都亨,龚建村.中国的空间环境研究与空间环境预报.地球物理学进

展,1999,14(增刊):20-29.

[22] 龚建村,刘四清. 为"嫦娥"奔月保驾护航[J]. 国防科技工业. 2010(9):21-23.

[23] Gonzalez W D,et al. Prediction of peak-Dst from halo CME/magnetic cloud-speed observations [J]. Journal of Atmospheric and Solar-Terrestrial Physics,2004(66): 161-165.

[24] Gopalswamy N,Lara A,Lepping R P,et al. Interplanetary acceleration of coronal mass ejections[J]. Geophys. Res. Lett.,2000(27): 145-148.

[25] Gopalswamy N,Lara A,Yashiro S,et al. Predicting the 1-Au arrival times of coronal mass ejections[J]. Geophys. Res.,2001,106(A12): 29207-29217.

[26] Manoharan P K,Gopalswamy N,Yashiro S,et al. Influence of coronal mass ejection interaction on propagation of interplanetary shocks [J]. J. Geophys. Res.,2004.

[27] Phillips,Tony. Long Range Solar Forecast: Solar Cycle 25 peaking around 2022 could be one of the weakest in centuries[J]. NASA Science,2006.

[28] Tsyganenko N A. Effects of the solar wind conditions on the global magnetospheric configuration as deduced from data-based field models [J]. in European Space Agency Publication ESA SP-389,1996:181.

[29] Wang C,Du D,Richardson J D. Characteristics of the Inter-planetary Coronal Mass Ejections in the Heliosphere between 0.3 and 5.4 AU [J]. J. Geophys. Res.,2005:110,A10107.

[30] Yurchyshyn V,et al. Correlation between speeds of coronal mass ejections and the intensity of geomagnetic storms[J]. Space Weather,2004:2(S02001).

[31] English,Robert A. Apollo experience report: protection against radiation[J]. National Aeronautics and Space Administration,1973.

[32] Fumihiko,TOMITA. 5-4 Space Weather Forecast in the Future Manned Space Era [J]. Journal of the Communications Research Laboratory,2002,49(4): 159-172.

[33] George Siscoe. Space Weather- Physics and Effects [M]. America:Springer Berlin Heidelberg,2007.

[34] Space Radiation Analysis Group,Johnson Space center. How do we protect the astronauts from space radiation,2003.